钟 帅 沈 镭◎著

中国能源安全与
碳减排的政策协同分析

ZHONGGUO NENGYUAN ANQUAN YU
TANJIANPAI DE ZHENGCE XIETONG FENXI

U0232653

湖北科学技术出版社

能源安全和碳减排是保障可持续发展的关键条件。在当前中国经济发展转型、能源供需格局转变及能源效率提升放缓、碳排放即将出现峰值的新形态下,亟需加强能源安全与碳排放之间关联性及其相互影响的研究,为推动经济发展、促进节能减排,缓解日益严峻的资源和环境压力,提供新的能源安全保障路径与策略。

为满足能源安全与碳减排的政策协同研究需要,解决非预期的冲突问题并实现协同效益,本书提出了能源安全和碳减排的政策协同研究框架。在此框架下,构建了中国2012"产业–能源–碳排放"社会核算矩阵(CHIEC-SAM2012)、"一带一路"石油贸易社会核算矩阵(BROT-SAM2012),以及基于可计算一般均衡(computable general equilibrium,CGE)框架的工业减排政策模拟(policy simulation for industrial emission reduction,PLANER)模型、"一带一路"能源贸易(Belt and Road activity with cooperation in energy,BRACE)模型。基于PLANER模型探讨了国际价格波动和碳税政策对我国实现2030年碳减排60%~65%目标的影响;基于BRACE模型预测了"一带一路"倡议下石油贸易的竞争格局及演变趋势,并提出了应对策略。

本书附录部分提供了"可用的中国CGE基础模型(basic CGE model for China's application, BEGIN)"基本结构及其基于专业数学建模软件GAMS的应用说明。BEGIN模型是PLANER模型和BRACE模型的基础框架,具有标准化、结构化和易于扩展的特点,方便读者面向具体科学问题进行针对性扩展和改进。包含BEGIN模型的GAMS工作文件夹、模型代码和中国社会核算矩阵2007(CHISAM2007)见中国科学院地理科学与资源研究所机构知识库(http://ir.igsnrr.ac.cn/handle/311030/198965)。

本书可供高等院校、科研院所从事能源安全、区域可持续发展、应对气候变化及碳减排等相关领域的研究人员和高校师生参考。

能源安全、碳减排与经济转型作为中国面向可持续发展的三大政策目标,在当前及未来一段时期的总体政策体系中占据着举足轻重的地位。其中,促进经济转型和实现可持续发展是所有政策的基本目标;能源安全和碳减排则是保障可持续发展的关键条件,基本内容是在确保稳定和充足的能源供应安全的基础上,减少生产生活过程中的碳排放量,实现经济绿色转型发展。然而,上述三大政策的目标设定、实施过程以及影响效应存在复杂的交互作用,而这种交互作用建立在经济发展、能源消费和碳排放之间存在必然的结构性联系上:一方面,随着能源资源流动,耗能产业碳排放将沿产业链自上游向下游发生纵向上的传导,产业结构转型将改变这种传导的发生节点和影响路径;另一方面,伴随经济结构转型和产能转移,一些耗能产业将向区域外或国外转移,由此引发的碳排放溢出效应在国内区域间和国别间发生横向转移和传导,碳减排政策的调整将改变碳排放的总量及其强度。因此,能源结构、碳排放和经济结构等政策关联效应及其传导过程是本书研究的核心科学问题。

本书共分为7章。第一章和第二章是全书的基础,是科学问题、研究方法以及相关政策内涵的探讨,由钟帅、孔含笑、王博等完成,沈镭、赵建安、王礼茂提供主要指导;第三章是中国2012“产业-能源-碳排放”社会核算矩阵(CHIEC-SAM2012)和“一带一路”石油贸易社会核算矩阵(BROT-SAM2012),以及基于一般均衡框架的工业减排政策模拟(PLANER)模型和“一带一路”能源贸易(BRACE)模型的基本结构与设定,由钟帅、孔含笑完成,沈镭提供主要指导;第四章是经济发展与能源消费及贸易的相互关系分析,由钟帅、孔含笑完成,沈镭提供主要指导;第五章是中国能源安全与碳减排的政策模拟,由钟帅、王博完成,沈镭和王礼茂提供主要指导;第六章是“一带一路”共建国家石油资源竞争力评价与贸易政策模拟,由孔含笑、钟帅完成,沈镭提供主要指导;第七章是中国资源型城市CGE模型建模策略与政策分析方向,由钟帅完成,沈镭提供主要指导。附录部分提供了“可用的中国CGE基础模型”基本结构及其在专业数学建模软件GAMS上的应用说明,由钟帅完成。全书由钟帅统稿,沈镭、赵建安、王礼茂提供了许多宝贵建议。张超、曹植、坎平(Khampheng Boudmyxay)、孙艳芝、武娜、屈秋实、安黎、陈宁康、朱屹东、苏越飞等在数据分析、政策建模及模拟、文献整理、插图绘制等方面提供了许多帮助,李晓菡和蔡乐在文本订正方面提供了许多帮助,特此致意。

本书研究得到"第二次青藏高原综合科学考察研究"专题"工矿区地表系统健康诊断与绿色发展考察研究"(专题号:2019QZKK1003)、国家自然科学基金面上项目"水–能源–产业关联视角下呼包鄂榆城市群低碳转型路径及政策优化研究"(项目号:42071281)、第三次新疆综合科学考察项目专题"阿尔泰山跨境保护地油气通道干扰考察"(任务编号:2022xjkk0804)、国家重点研发计划课题"技术进步对碳排放强度的作用规律及参数化"(课题号:2016YFA0602802)、国家自然科学基金重点项目"经济新常态下的国家金属资源安全管理及其政策研究"(71633006)等资助,也得到了中国科学院地理科学与资源研究所、中国科学院大学、中国自然资源经济研究院自然资源部资源环境承载力评价重点实验室、中国地质调查局国际矿业研究中心、湖北师范大学资源枯竭城市转型与发展研究中心、中国西南地缘环境与边疆发展协同创新中心、中国地质图书馆等机构的大力支持。

特别诚挚地感谢中国科学院地理科学与资源研究所的成升魁研究员、封志明研究员、廖晓勇研究员、卢宏伟研究员、姜鲁光副研究员、李鹏研究员、刘晓洁副研究员、孙东琪副研究员、肖池伟副研究员、胡纾寒副研究员,中国地质大学(北京)的沙景华教授、余际从教授、安海忠教授、葛建平教授、闫晶晶教授,日本丽泽大学的 Suminori Tokunaga 教授、Yuko Akune 副教授、Okiyama Mitsuru 博士和 Maria Ikegawa 博士,中国地质科学院的代涛研究员和张艳研究员,湖北师范大学的聂亚珍教授,中南大学的黄健柏教授、王昶教授、钟美瑞副教授,中国地质图书馆的马冰研究员在相关工作中给予的宝贵建议。感谢湖北黄石市统计局的石杰科长、湖北黄石市发展与改革委员会杨志飞主任和郭熠主任、湖北黄石市图书馆的王莉君女士在开展相关调研时提供的支持和帮助。

由于作者水平有限,书中难免存在不妥和疏漏之处,恳请广大读者批判指正。在参考或使用本书提供的模型过程中,如发现问题或错误,欢迎通过邮件与作者进行交流与讨论(zhongshuai@igsnrr.ac.cn)。

钟 帅

2024 年 5 月于北京

第一章
绪　　论

1.1 引　言

能源安全是可持续发展的重大问题,吸引了国内外媒体和专家学者们的高度关注。面对日益严峻的能源问题和环境危机,温室气体排放导致的全球环境变化也成为各国关注的重点,其中经济增长、能源消费和碳减排的冲突与协调问题已成为核心议题。

2020年9月,国家主席习近平在第七十五届联合国大会上宣布,中国二氧化碳排放力争于2030年前达到峰值,努力争取2060年前实现碳中和。2021年两会期间全国人大审议通过的《中华人民共和国国民经济和社会发展第十四个五年规划和2035年远景目标纲要》开启了执行碳达峰与碳中和相关措施。习近平主席在2021年4月22日召开的领导人气候峰会时指出"这是中国基于推动构建人类命运共同体的责任担当和实现可持续发展的内在要求作出的重大战略决策"。在当前中国经济发展转型、能源供需格局转变及能源效率提升放缓、碳排放即将出现峰值的新形势下,急需加强能源安全与碳排放之间关联性及其相互影响的研究,为推动经济发展、促进节能减排,缓解日益严峻的资源和环境压力,提供新的能源安全保障路径和策略。

1.2 科学问题与主要内容

1.2.1 科学问题

能源安全、碳减排与经济转型作为中国面向可持续发展三大政策目标,在当前及未来一段时期的总体政策体系中扮演着举足轻重的地位。其中,促进经济转型和实现可持续发展是所有政策的基本目标,能源安全和碳减排是保障可持续发展的关键条件,最基本内容是在确保稳定和充足的能源供应安全的基础上,减少生产生活过程中的碳排放量,实现经济绿色转型发展。然而,上述三大政策的目标设定、实施过程以及影响效应都存在着复杂的交互作用。这种交互作用体现在经济发展、能源消费和碳排放之间存在必然的结构性联系。一方面，随着能源资源流动，耗能产业碳排放将沿产业链自上游向下游发生纵向上的传导，产业结构转型将改变这种传导的发生节点和影响路径；另一方面，伴随经济结构转型和产能转移，一些耗能产业将向区域外或国外转移，由此引发的碳排放溢出效应在国内区域间和国别间发生横向转移和传导，碳减排政策的调整将改变碳排放的总量及强度。由此，"能源结构、碳排放和经济结构等的政策关联效应"成了引起广泛关注的核心科学问题。

1.2.2 主要研究内容

（1）对近年来经济发展、能源安全和碳减排等国内外文献进行梳理，基于当前能源安全研究的丰富内涵，在国家、区域和微观行为层面分别提出了不同的目标、对象和内容，并结合短期和长期的要求，提出了能源安全与碳减排的政策协同研究框架。

（2）根据中国能源安全与碳减排政策研究需要，构建了中国2012"产业–能源–碳排放"社会核算矩阵（CHIEC-SAM2012）和PLANER模型。其中，PLANER模型的基本框架是可计算一般均衡（computable general equilibrium，CGE）模型。

（3）面向"一带一路"倡议下的能源贸易研究需要，构建了"一带一路"石油贸易社会核算矩阵（BROT-SAM2012）和同样将CGE（computable general equilibrium，CGE）模型作为基本框架的BRACE模型。

（4）在能源安全与碳减排的政策协同研究框架下，基于历史数据和格兰杰因果模型和脉冲响应模型探讨了中国经济增长、城镇化和能源消费之间的动态关系，以及"一带一路"产油国经济增长、石油生产和石油贸易之间的动态关系，揭示其动态因果关系链及其相互作用的影响效应和持续时长。

（5）基于PLANER模型对人口的不同增速、国际能源价格波动、施加碳税等情景进行了政策模拟，分别探讨能源价格波动的长期趋势和碳税政策对于中国宏观经济和2030年减排目标的影响。

（6）基于BRACE模型对中国石油进口变化及其趋势进行模拟预测，基于对"一带一路"产油国的石油资源竞争力评价，探讨中国开展资源外交及对外投资的适应性策略。

1.3 研究方法

本研究主要采用计量分析、CGE模型、LEAP等方法，将定量分析与定性分析相结合。

1.3.1 格兰杰因果检验与脉冲响应分析

格兰杰因果检验(Granger causality test)的基本原理是认为如果x是y的因,但y不是x的因,则x的过去值可以帮助预测y的未来值,但y的过去值却不能帮助预测x的未来值(陈强,2014)。检验原假设"$H_0:\beta_1=\cdots=\beta_0$",即$x$的过去值对预测$y$的未来值没有帮助。若拒绝$H_0$,则证明$x$是$y$的"格兰杰因"(Granger cause)。调换模型中x和y的位置,可以检验y是否为x的"格兰杰因"。需要指出的是,格兰杰因果关系并非真正意义上的因果关系。它只是呈现一种动态相关关系,讨论一个变量是否对另一变量有预测能力。本研究采用向量自回归模型(vector autoregression,VAR),滞后阶数p的选择:出现显著的格兰杰因果关系(p须大)、扰动项为白噪声(p须大)、兼顾VAR系统稳定性(p须小);基本公式如(1-1)所示。

$$\begin{cases} y_{1,t}=\beta_{10}+\beta_{11}y_{1,t-1}+...+\beta_{1p}y_{1,t-p}+\gamma_{11}y_{2,t-1}+...+\gamma_{1p}y_{2,t-p}+\varepsilon_{1,t} \\ y_{2,t}=\beta_{20}+\beta_{21}y_{1,t-1}+...+\beta_{2p}y_{1,t-p}+\gamma_{21}y_{2,t-1}+...+\gamma_{2p}y_{2,t-p}+\varepsilon_{2,t} \\ y_{1,t}=\beta_{3i0}+\beta_{3i1}y_{1,t-1}+...+\beta_{3ip}y_{1,t-p}+\gamma_{3i1}y_{3i,t-1}+...+\gamma_{3ip}y_{3i,t-p}+\varepsilon_{3i,t} \\ y_{2,t}=\beta_{4i0}+\beta_{4i1}y_{2,t-1}+...+\beta_{4ip}y_{2,t-p}+\gamma_{4i1}y_{4i,t-1}+...+\gamma_{4ip}y_{4i,t-p}+\varepsilon_{4i,t} \end{cases} \tag{1-1}$$

其中,$t=1,2,\cdots,9$。

为进一步揭示变量之间相互影响的动态变化趋势,应用脉冲响应模型,分析变量间的相互影响效应。脉冲响应模型考察的是变量相互之间的短期效应与长期均衡的关系(陈强,2014),如公式(1-2)所示。

$$\frac{\partial y_{t+j}}{\partial x_t}=\phi_j \tag{1-2}$$

公式(1-2)衡量的是变量x在第t期变化1单位时,对$t+j$期变量y影响。脉冲效应不是绝对时间t的函数,而是时间间隔j的函数,意味着:一方面,单位时间内效应波动的频率越高,所涉及的响应主体越多或者与响应变量相关的因素越复杂;另一方面,效应不为0的时间越长,则效应的持续性越强。

在进行格兰杰因果检验之前,为避免出现伪回归情况,首先通过Phillips-Perron(PP)单位根检验法和Dickey-Fuller(ADF)单位根检验法对变量的平稳性进行检验。由于格兰杰因果检验只适用于平稳序列,对于存在单位根或不存在协整关系的数据,需要先差分,得到平整序列后再应用VAR模型进行格兰杰因果检验。

1.3.2 社会核算矩阵与可计算一般均衡模型

社会核算矩阵(social accounting matrix,SAM)和可计算一般均衡(CGE)模型在国内外已经广泛应用于区域规划、政策分析、资源环境效应等方面。SAM将描述生产和消费的投入产出表与国民收入分配和支出账户系统地整合在一起,全面刻画了经济系统中生产创造收入、收入导致需求、需求导致生产的经济循环过程,清楚地描述了特定年份一国或一地区的经济和社会结构,是表现社会经济系统各个部分之间相互关联的具有统一数据框架的重要形式。

CGE模型是一种同时考虑所有市场之间、具备最优化行为导向的多个经济主体之间以及经济主体和市场之间的相互联系的数值模拟模型。"可计算(computable)"表示对外部冲击或政策变动等影响的量化过程;"一般(general)"是基于整体视角刻画经济系统各组成部分的普遍联系,识别不同经济主体对外部或内部变动的反应过程,这些经济主体通常是追求效用最大化的居民、追求利润最大化或成本最小化的企业,也包括政府与贸易行为的最优化过程;"均衡(equilibrium)"是描述不同经济主体面对价格波动如何采取决策的过程,包括商品和要素市场的供需平衡、居民和企业在预算约束下的收支均衡,以及宏观经济变量均衡,确保总需求不超过总供给,最终形成一组均衡价格,在均衡价格下所有的经济变量都不再变动。

国外关注资源、能源与环境的CGE模型有经济与能源发展模型(IPAC-AIM/CGE)、能源与排放情景模型(IPAC-emission)、麻省理工学院(MIT)的EPPA模型等。国内研究中也出现许多将能源、资源和环境账户引入SAM并建立相应CGE模型的尝试,如雷明、李方的绿色SAM,高颖、李善同等引入资源和环境账户的CGE模型,邓祥征的SAM和环境CGE等。

CGE模型在研究国际贸易政策响应、模拟区域发展规划的不同冲击效果等方面具有显著优势,促进了政策模拟系统的发展。很多国家机构都已开发面向特定需求的CGE模型做政策研究,比如经济合作与发展组织(OECD)(1994)的全球环境与能源(GREEN)模型、美国普渡大学的全球贸易分析模型(Global trade analysis project, GTAP)、澳大利亚的ORANI模型、世界银行的LINKAGE模型等现成的CGE模型供研究者使用,像国际货币基金组织(2011)、亚洲发展银行(2011)和欧盟(2012)等世界组织也都将这一模型应用到实践中,积累了大量的研究成果。

CGE模型在国家间贸易政策的模拟和应急响应等领域贡献突出、应用广泛。据学者统计,CGE模型广泛应用于60多个国家政府机构,对经济影响、政策模拟、碳关税等多个领域进行了探讨(图1-1)。国外CGE模型在能源贸易政策方面的研究主要集中在能源税收带来的宏观经济影响(表1-1),解析贸易自由化、进出口贸易壁垒、进出口补贴等政策问题。国内学者关注国家层面的宏观经济政策进行分析,评估贸易政策、能源政策的经济影响,模拟不同的能源税、环境税等征收政策对GDP、能源消费量和能源价格的影响,考察石油价格政策的外部冲击影响。还有学者运用GTAP模型分析国际重大事件的影响,例如模拟美国加入TPP后会给成员国带来哪些利益、给非成员国造成何种损失。

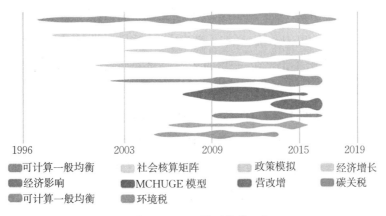

图1-1　CGE模型关联研究

表1-1　国外CGE模型在能源贸易政策方面的研究

作者	年份	研究对象	研究问题
Haji Hatibu Haji Semboja	1994	肯尼亚	石油冲击及能源税的政策影响
Rose, et al.	1995	美国	燃油税支出模式改变的影响
Gottinger	1998	欧盟成员国	单边或多边政策对减排的影响
Kemfert, Welsch	2000	德国	征收碳税的经济效应
Ronald Wendner	2001	奥地利	三种场景征收碳税的经济效应
Gurkan selcuk Kumbaroglu	2003	土耳其	环境税的经济效应
Godwin Chukwudum Nwaobi	2004	尼日利亚	减少温室气体排放的经济环境成本
Frank Scrimgeour, et al.	2005	新西兰	碳税、能源税、汽油税的经济影响
Cagatay Telli, et al.	2008	土耳其	环境减排政策的经济影响
L Aydın, et al.	2011	土耳其	石油价格冲击的经济影响
PB Dixon, et al.	2014	美国	能源政策分析
DG Tarr	2014	16个发展中国家	国际贸易政策分析

1.3.3 LEAP 模型及扩展

长期能源可替代规划模型(long range energy alternatives planning system/low emission analysis platform,)LEAP是一种自下而上的能源-环境核算工具,由斯德哥尔摩环境研究所和美国波士顿大学联合研发。该模型结合情景分析方法,可用于预测不同发展条件下中长期能源供应、能源转换、能源终端需求及污染排放,综合考虑人口、经济发展、交通、技术、价格等因素对能源发展及环境状况的影响。LEAP模型现已广泛应用于国家、区域、部门、行业的能源战略研究中。例如,LEAP模型用于预测伊朗火力发电系统面临的2011—2030年电力消费和供应趋势、成本类型、温室气体排放情况;基于四种未来情景,预测了巴基斯坦2015—2050年的电力供需状况,考虑了资源潜力、技术经济条件和CO_2排放等因素;模拟了厄瓜多尔的电力系统,探索了电力供需、燃料消费、未来电力系统结构变化等可能替代方案;据预测,不论是在"一切如常"情景还是政府政策情景,印度尼西亚2025年的电力需求将达到2010年水平的2倍以上。

面向中国的应用案例中,LEAP模型用来预测多种情景下GDP增长、工业结构调整、节能目标设置等对于能源需求的影响;基于四种情景综合评价了电力部门中长期减排路径规划的可行性和成本;基于基准情景、强电气化情景、弱电气化情景探讨了2020年、2030年、2040年和2050年的电力需求特征。

LEAP模型的主要假设是设定经济社会发展状况等影响能源环境的关键因素,包括GDP、人口、产业结构、家庭规模等。需求模块描述了能源需求部门,包括居民、工业、商业、交通、农业和其他部门。

本研究针对电力部门低碳转型对LEAP模型进行了一些扩展。电力需求情景分析主要体现在LEAP模型的能源需求模块中,该模块由各种能源终端需求部门组成。转化模块是指一次能源向二次能源的转化过程,包括发电、输电和配电。发电模块包括煤电、天然气电、风电、太阳能、水电、核电等。能源资源主要包括一系列的能源,包括一次能源和二次能源。

面向低碳转型路径分析的LEAP模型扩展如图1-2所示。

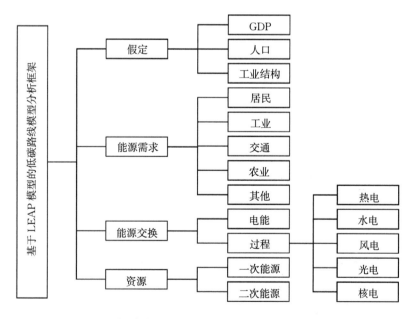

图1-2　面向低碳转型路径分析的LEAP模型扩展框架

LEAP模型的主要方程形式如公式(1-3)所示。

$$\text{Min}C = \sum_{\substack{\forall m \in \text{tech} \\ \forall n \in \text{year}}} \left(\begin{array}{l} \text{IA}_{m,n} \times \text{IC} +_{,n} \text{TA}_{m,n} \times \text{FM}_{m,n} + \text{TP}_{m,n} \times \text{VM}_{m,n} \\ + \text{TP}_{m,n} \times \text{FC}_{m,n} + \text{CE}_{m,n} \times \text{CD}_n \end{array} \right) \quad (1\text{-}3)$$

式中,C 是在用发电机组的总成本,$\text{IA}_{m,n}$、$\text{IC}_{m,n}$、$\text{TA}_{m,n}$、$\text{FM}_{m,n}$、$\text{TP}_{m,n}$、$\text{VM}_{m,n}$、$\text{FC}_{m,n}$、$\text{CE}_{m,n}$ 分别表示第 m 类机组在第 n 年的新增装机容量、投资成本、总装机容量、固定运行维护成本、总发电量、可变运行与维护成本、燃料成本和二氧化碳总排放量。CD_n 表示第 n 年二氧化碳的减排成本。

总发电量减去输电线路的功率损失,应能满足总的电力需求,如公式(1-4)所示。

$$(1 - \text{TL}_n) \times \sum_m^p (\text{TA}_{m,n} \times \text{CC}_{m,n} \times \text{MH}_{m,n}) \geqslant \text{TD}_n \quad (1\text{-}4)$$

式中,TL_n 是指输电线路损耗率,$\text{CC}_{m,n}$ 是指 m 类机组在 n 年的容量可靠性,即电厂在额定装机容量的份额。火电厂和水电厂的容量可靠性为100%,而可再生能源的容量可靠性较低;$\text{MH}_{m,n}$ 指 m 类机组在 n 年的最大利用率和一年中的最大利用小时数;TD_n 为 n 年的总电力需求;p 代表各类型发电机组的数量。

各类机组的实际发电量与理论发电量的比率小于或等于容量系数,如公式(1-5)所示。

$$\text{CC}_{m,n} \times \text{MH}_{m,n} \leqslant \text{UL}_{m,n} \quad (1\text{-}5)$$

式中,$\text{UL}_{m,n}$ 是指 m 类机组的最高运行率(发电能力系数)。

电力系统的总安装容量预留率应大于或等于电力系统的年最大负荷需求,以确保电力系统有足够的容量保证其安全、稳定、可靠运行,如公式(1-6)所示。

$$\sum_t^n \text{TA}_{m,n} \times (1 + \text{SR}_n) \geqslant \text{ML}_n \quad (1\text{-}6)$$

式中,SR_n 表示第 n 年的电力系统预留率,ML_n 表示第 n 年的最大负荷需求。

装机容量约束包括两种条件:一是新机组装机容量上限和下限约束,二是系统总装机容量的上下限。

$$\text{IA}_{m,n} \leqslant \text{IA}_{m,n,\max} \quad (1\text{-}7)$$

$$\text{IA}_{m,n} \geqslant \text{IA}_{m,n,\min} \quad (1\text{-}8)$$

$$\sum_m^p \text{TA}_{m,n} \leqslant \sum_m^p \text{TA}_{m,n,\max} \quad (1\text{-}9)$$

$$\sum_m^p \text{TA}_{m,n} \geqslant \sum_m^p \text{TA}_{m,n,\min} \quad (1\text{-}10)$$

式中,$\text{IA}_{m,n,\max}$、$\text{IA}_{m,n,\min}$ 分别表示第 n 年的第 m 类机组的最大和最小新装机容量;$\text{TA}_{m,n,\max}$、$\text{TA}_{m,n,\min}$ 分别为年总装机容量的上下限。

可再生能源的装机容量及其发电量占总装机和总发电量的比例需要达到一定的比例目标,然后再增加可再生能源目标约束,见公式(1-11)和公式(1-12)。

$$\sum_m^p \text{TA}_{m,n} \geqslant \sum_m^p \text{TA}_{m,n} \times \text{CR}_n \quad (1\text{-}11)$$

$$\sum_m^p \text{RE}_{m,n} \geqslant \sum_m^p \text{RE}_{m,n} \times \text{GR}_n \quad (1\text{-}12)$$

式中,$\sum_m^p \text{TA}_{m,n}$、CR_n 分别表示第 n 年电力系统可再生能源装机容量及其占总装机容量的比例;$\sum_m^p \mathrm{RE}_{m,n}$、$\mathrm{GR}_n$ 分别表示第 n 年可再生能源发电量在电力系统中的占比。

研究期间二氧化碳总排放量不得超过其排放限值,如公式(1-13)所示。

$$\sum_m^p \mathrm{CE}_{m,n} \leqslant \sum_m^p \mathrm{CO}_{2n,\max} \qquad (1\text{-}13)$$

式中,$\sum_m^p \mathrm{CE}_{m,n}$、$\sum_m^p \mathrm{CO}_{2n,\max}$ 分别为给定期间电力行业温室气体总排放量和最大排放量。

第二章
能源安全与碳减排的政策关联与协同路径

能源安全的内涵已从过去单一保障能源供给转向包括应对气候变化、促进碳减排和经济社会转型等多维视角下的能源安全复杂性问题，特别是经济增长、能源消费和碳减排等相关政策之间的协调与优化是解决上述问题的关键所在。随着中国能源对外依存度不断提高，能源对外投资力度不断增强，中国能源安全格局面临着复杂的国内外形势。

2.1 能源安全与碳减排的政策关联

随着社会经济发展、资源环境变化和全球化进程加快，能源安全的研究内涵逐渐丰富并且呈现阶段性特点：早期在石油危机背景下是保障能源充足供应和稳定能源价格；促进转变能源结构，引入了可持续发展的理念，更加重视环境保护和新能源发展。随着全球化发展，能源安全格局对全球能源供应链安全给予了更多的关注，逐渐形成一种综合性和系统性的研究方案。亚太能源研究中心提出了能源安全的"4A"概念，即可利用（availability）、可获得（accessibility）、可购买（affordability）、可接受（acceptability），分别基于地质因素、地缘政治因素、经济因素，以及环境和社会因素，四者存在复杂的相互作用关系，主要有三个层次的要求：一是稳定的供应；二是合理的能源价格；三是能源的勘探、开发、生产、转换、运输和消费环节不能对环境产生不可接受或不可逆转的负面影响。从区分内涵和外延出发，能源安全的内涵是反映一种"状况"，而其外延是反映能源安全风险的"冲击"与以国家为单位的系统"响应"问题。综合来看，能源安全可以界定为，满足国家经济发展需求的可靠的、买得起的、持续的能源供应，同时能源生产和使用不会破坏生态环境的可持续发展。为此，沈镭提出了"区域能源安全系统"的概念，将其定义为一个组织相对严密、牵涉众多利益群体的开放性复杂巨系统。从能源供给（包括进口）、生产、储存、输送到消费、回收再利用，任何一个环节出现梗阻均会引发"蝴蝶效应"，对地区乃至全国的工农业生产和人民生活产生重大影响。

在应对气候变化压力下，世界各国都在积极推进能源系统转型和加强低碳发展。各国能源政策的普遍特征是提高能源使用效率、减少污染物排放,同时促进清洁能源发展。在这个政策框架下,能源安全政策与碳减排政策理应存在显著的协同效应,即能源使用效率的普遍性提高和清洁能源的大力推广,将促使碳排放量不断减少且排放强度不断下降。然而,许多来自不同国家的实证研究发现,能源安全政策与碳减排政策在施行过程中出现相互抵消甚至相互冲突的局面,其原因主要分为以下三个方面。

第一,对能源安全内涵的理解存在差异,以至于相关政策框架与碳减排目标不匹配,两者的政策效果也出现低效或者冲突。例如,对于能源安全的理解倾向于保障国家利益并采取竞争性策略,而寻求全球合作解决能源短缺的尝试远未达成共识,也并不存在一种普遍认可的资源保有水平以进行长期规划。因此,在保障稳定的能源供应作为第一前提的基础上,碳减排目标常常作为一种补充策略来迎合国际社会对气候变化问题的关注。

第二,各地区经济结构、能源结构、技术条件和资源禀赋等方面的差异,以及发展阶段差异,导致能源安全政策的施行效果达不到碳减排政策的要求,即需要进一步强化碳减排政策力度。例如,石油价格及其供应链安全是法国和英国能源安全的主导因素,而对于某些欧盟成员国而言,褐煤在较长一段时期内依然是主要的燃料来源;清洁能源发电在某些地区要么难以持久,要么面临高昂的成本问题。发展中国家常常将能源安全政策优先服务于经济发展目标而非碳减排目标,发达国家则常常对未来气候变化状况过于乐观而设置不符合现实的能源政策,结果往往是能源安全问题或碳排放问题之间的某一个问题得到缓解,但另一个却会恶化。

第三,一些突发事件的冲击将对能源和碳减排政策造成负面影响,如国际能源价格波动等,同时地缘政治冲突可能导致突发性能源供应问题,进而也可能演变为长期问题,例如,自2006年俄罗斯—乌克兰天然气冲突爆发以来,欧盟许多国家能源安全被迫进行调整,但许多国家难以达成一致意见,煤炭成了一时应急之选;类似地,中国经济的快速发展使石油进口持续增长,但其石油供应链安全很大程度上受制于马六甲海峡。

气候政策也可能对能源安全产生显著的正面或负面影响。例如,IPCC(intergovernmental panel on climate change)第五次报告强调,气候政策(包括碳减排政策)可以通过减少能源进口实现与能源安全的协同效应。然而,Jewell等的研究指出,尽管削减温室气体排放可以减少能源进口,但限制能源进口对减少温室气体排放并没有显著作用。King和Gulledge回顾了近年公开发表的58篇相关论文和报告,发现气候变化可能会加剧社会不稳定性并破坏能源系统,而相关气候政策也可能影响能源安全。发达国家的经验表明,包括温室气体减排目标和排放规则在内的一系列气候政策可以产生一种激励效果,但如果实施过程出现问题,则可能会产生相反的效果。刘立涛、沈镭等发现,人均碳排放是现阶段制约中国国家能源安全的关键因素,而单位GDP碳排放强度和单位GDP能耗是影响区域能源安全的关键因素。

在世界范围内,已经有许多研究关注能源管理、能源规划和相关政策的效果。例如,中国1979年以来的煤炭政策可以划分出三个时期:①煤炭工业的迅速发展阶段(1979—1992);②小型煤矿的关停阶段(1993—2001);③资源整合阶段(2002年至今)。在这三个阶段中,政府采取了不同的政策以解决不同阶段的特殊问题并实现阶段性目标,如经济发展、转型和全球化进程。中国的碳排放峰值预计在2035年前后,或者2020—2045年出现。然而,中国政府在能源效率改善、促进节能和总能耗下降、排放控制、煤层气开发和可再生能源发展等方面常常难以实现既定政策目标。同时,中国宏观经济改革目标常常对能源政策产生限制,直接导致中国能源安全状况在30年来几乎没有改善。

因此,经济发展、能源安全与碳减排作为当前时期三大政策目标在世界范围内已经成为一种普遍共识。以可持续发展作为共同目标,三大政策在实施过程中包含以下"预期的协同效益"。

(1)丰富能源多样性,促进新能源和清洁能源的发展。

(2)激励节能减排技术的创新和推广。

(3)推动能源系统低碳化发展。

(4)制定合理的政策优先策略,解决节能减排的成本问题。

(5)加强区域间经济、技术和政策合作,在区域资源优化配置的基础上共同解决能源短缺和温室气体排放问题。

预期的协同效益之间有显著的交互促进作用。然而,这些预期的协同效益时常遭遇"非预期的冲突问题",这些非预期的冲突问题之间常常相互制约而使问题更加恶化,主要体现在以下几个方面。

(1)资源和环境限制,如发展新能源存在一些先天不足。

(2)技术推行障碍,主要指制度和成本障碍等。

(3)低效的能源市场机制,如能源价格补贴的存在使市场价格作用难以得到充分发挥。

(4)能源政策与气候政策的关键措施缺失相互冲突,如在以经济增长作为优先政策的地区,能源安全目标与碳减排目标存在短期矛盾,而在技术问题无法解决的情况下,这种矛盾可能会演变成长期问题。

(5)区域间的经济冲突乃至政治矛盾(冲突)等,包括不同国家之间、不同地区之间的矛盾和冲突都有可能对能源政策和气候政策的效果产生负面影响。

预期的协同效益和非预期的冲突问题存在着交互作用关系:预期的协同效益可以缓解乃至解决非预期的冲突问题,而非预期的冲突问题也会对实现预期的协同效益产生限制作用。区域人口、资源禀赋和经济发展阶段的差异是这些非预期的冲突问题产生的主要原因。因此,当预期的协同效益遭遇非预期的冲突问题,需要识别区域经济差异及其发展阶段的特点,通过合理的政策规划和相应措施实现预期的协同效率,同时解决非预期的冲突问题(图2-1)。

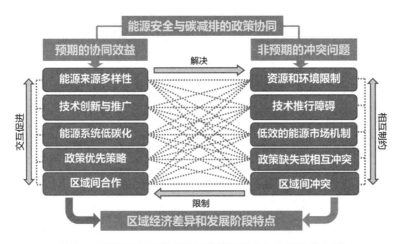

图2-1　能源安全与碳减排的政策协同效益及其冲突问题

2.2 中国能源安全与碳减排的研究现状

对于中国而言,持续增长的能源进口要求中国更深入地参与到国际金融和能源市场,然而受到俄罗斯、欧盟和美国等主要强国的影响,与中国相关的地缘政治问题也不断出现。因此,能源安全不仅是中国能源政策的一部分,也是其地缘政治战略的一部分。一项研究认为,中国未来的能源供应将很难满足需求,尤其到2030年石油进口需求仅能保障10%,而且当前中国与周边国家的领土冲突将对中国的能源外交带来挑战。同时,宏观经济改革实际上限制了能源政策效果因而对能源安全状况产生了决定性影响,致使能源政策实际上更多倾向于达到宏观经济改革目标而难以改善能源安全状况。从中国能源结构可持续性来看,当前能源政策对于能源效率、能源储备、可再生能源和天然气产生了一系列影响,而国内外局势使能源政策乃至国家地缘政治战略都遭受一系列挑战,需要维护一个稳定的供应网络以保障能源安全。能源安全问题成为长期可持续发展道路上的研究挑战,提高能源效率、节约能源、降低总能耗并控制排放、推进煤层气和特定可再生能源发展等目标存在巨大挑战。

由于发展阶段、资源禀赋和科技条件等区域差异的制约,中国以煤炭为主的能源消费结构导致了严重污染和碳排放问题,已经成为区域能源安全的主要议题。中国的煤炭资源禀赋状况与煤炭消费情况存在着区域错配现象,即煤炭的主要生产地区与煤炭的主要消费地区在地理空间上并不一致,导致能源供需的区域缺口不断扩大(图2-2):①预计到21世纪中叶,一次能源消耗依然集中在东部沿海地区,然而能源供应则主要分布在东北部、北部和西北部等地区(简称"三北"地区);②能源依存度最高的地区将集中在长江三角洲和珠江三角洲,尤其是上海、北京、浙江、江苏、广东和海南等地区,而"三北"地区的能源对外依存度依然很低。

总体上,国家尺度的能源安全研究成果丰富,但区域尺度的研究相对缺乏。自1995年"能源效率"的概念首次提出以来,其内涵和实证方法一直不断改进。例如,Patterson对能源效率计量方法中的能源质量、系统边界问题进行了探讨。Sun对导致全球1973—1990年能源效率变化的驱动因素进行分解,指出这一期间全球能源效率的提升主要来自各产业能源强度的降低。中国能源效率区域不均衡态势及其传导效应是中观层面能源安全问题的成因和主要特征。中国各地区的能源效率存在巨大差异:东部地区最高而西部地区极低,东中西部三大地区的差异显著,东中部地区能源效率整体高于西部地区,呈现出从东部沿海向西部地区递减的趋势,而且西部地区通过提高替代能源利用解决效率问题的空间较小。随着中西部地区工业化和城镇化进程加快,预计区域能源技术差异将不断扩大。其中,科技投入低和基本要素配置不合理是部分省市能源效率低的主要原因,产业结构变动对能源效率提升的贡献在空间上存在较大差异,如北京、上海、天津、辽宁和黑龙江的第二产业已显现对能源效率提高的抑制效应,在其他省份则尚未显现,而全国能源效率整体水平偏低,节能减排潜力巨大。另一方面,改善环境质量与提高能源效率相一致。然而,中国能源效率与碳排放强度的区域差异非常显著,即能源效率高的地方并非使用能源最多的地方,也并非碳排放最高的地方,而八大经济区之间的差异要大于经济区内部的差异,且一直占据主导地位。中国区域能源效率具有显著且不断增强的空间溢出作用,表明各地区的能源效率之间存在长期的内在作用机制。此外,尽管地区间"能源效率缺口"绝对量在逐年扩大且存在显著的空间滞后现象,技术进步以及相应的产业结构调整与升级仍是促进中国能源效率提高和节能减排政策实施的关键环节。值得注意的是,能源回弹效应可能会对能源技术的发展及其实施效果产生负面影响,这种负面效应约为53.2%,即节能目标仅实现了计划的46.8%,意味着中国难以简单地依靠促进能源技术的进步和推广来减少能源消耗。

同时,中国当前快速的城镇化造成了两大问题:城镇用电缺口扩大与农村能源贫困问题并存。中国人口总量预计在2030年达到峰值,伴随着成千上万的人口从农村地区移居到城市地区。然而,对电网建设的投入不足造成了东部和中部的部分城镇地区出现季节性的用电短缺。在农村地区,数以千计的人们难以承担现代能源服务,尤其是对于那些居住在中部和西部地区的人们。在这些地区,生物质能仍是主要的能源,但当地生物质能产业发展始终处于初级水平,大约55%的农村居民依然依赖煤炭和木材做饭,并且呈现出显著的区域差异。

因此,在不同的时空尺度下,由于能源服务的利益主体和利益取向不同,能源安全政策需要关注不同的问题。国家尺度上,能源供应安全一直是能源安全政策的核心问题;在区域尺度上,能源安全政策应更加关注区域间能源供需结构的优化,促进能源效率的区际平衡和协同发展。相应地,要实现碳减排与能源安全的政策协同,需要明确不同的时空尺度以契合两者的政策目标。

2.3 中国主要耗能行业技术进步对节能减排的影响与展望

应对气候变化的关键着力点之一在于推动主要耗能行业实现大幅度的节能减排。国内外关注气候变化与减排策略的研究已经认识到,电力、钢铁、水泥、交通运输、建筑等主要耗能行业技术变化及其产品生命周期变化对于碳排放变化存在重要影响。近十年来,荷兰、美国、爱尔兰、挪威、中国等国家纷纷开展了高耗能产业技术发展及其产品生命周期研究,例如,研究钢铁和水泥等基础原材料使用存量变化趋势及其影响因素、能源消耗与碳排放、水泥行业生产工艺的碳排放因子测算等。其中,关注中国的研究由于缺乏对高耗能行业实际技术情况及其变化趋势的系统考察,造成了两个问题:①微观分析上采用国际通用技术参数可能难以评判中国企业碳排放的真实情况;②宏观上常常高估了中国高耗能行业碳排放,而不利于合理规划中长期碳减排政策目标以及相应措施的改进和完善。

在中国尚未完成工业化与城镇化,能源消费规模仍将进一步增长背景下,实现2030年碳达峰,只有两个基本路径:①通过产业和能源消费结构调整,缓解增长幅度与速率,实现静态节能减排;②通过科技创新与技术进步,缓解能源消费增长幅度和降低单位能源消费碳排放因子,实现动态节能减排。动态节能减排主要包括三个方面:①通过全面体系化工程技术的科技创新与技术进步,增加核能、水能、风能、太阳能、地热能等各类清洁能源有效供给与低碳化石能源替代;②主要耗能产业部门技术装备革新,进一步提高既有化石能源氧化因子,从而提升能源消费转换效率;③通过新材料开发和工艺技术进步,增加低碳原材料替代和消费规模。

2.3.1 能源消费结构与主要耗能行业判定

进入21世纪,中国能源消费呈现快速增长态势,尤其是在2003年以后,重型化的产业规模扩张与产业结构演进,使中国能源消费量在2016年达到了436亿tce(吨标准煤),为2000年能源消费量的2.97倍和2010年的1.21倍,同期全国能源生产总量从2000年的139亿tce增长到2010年的312亿tce和2016年的346亿tce,生产总量净增长208亿tce;同时,由于中国常规化石能源资源以煤炭为主,虽致力于水能、风能、太阳能等清洁能源开发利用,但多年来煤炭消费高居不下,到2016年时一次能源消费结构煤炭仍占62%。

近年来因中国经济增长减速使能源消费增幅减缓,但作为全球制造业大国的工业能源消费依然占据高位,工业能源终端消费一直在68%以上(表2-1)。

表2-1　中国工业、交通运输等终端能源消费结构

项目	2000年	2005年	2010年	2014年	2015年
能源终端消费量,万tce	140 476	250 877	337 469	413 162	430 000
工业消费量,万tce	96 871	177 775	238 652	283 420	292 276
交通运输等消费量,万tce	11 447	191 36	27 102	36 336	38 318
工业消费比重,%	68.96	70.86	70.72	68.60	68.00
交通运输等消费比重,%	8.15	7.63	8.03	8.79	8.91

注:根据国家统计局在线公开数据库"国家数据"(http://data.stats.gov.cn/)整理。

从工业行业能源消费来看,火力发电、黑色金属冶炼、有色金属冶炼、非金属矿物制品、化学原料及化学制品等能源转换和原材料加工业行业是工业部门中的耗能大户。鉴于有色金属和化学原料及其制品业涉及门类较为复杂,且以电力消费和以煤炭、天然气等能源为原材料,在此仅以火电、黑色金属(钢铁生产)、非金属矿物制品业(水泥生产)为主要分析对象。2000年以来,三大行业占工业能源消费比重合计一直在40%以上(加上电力生产煤炭消耗占75%以上)。但近年电力热力生产供应业占比相对下降,煤炭消费量也在同步下降,表明钢铁、水泥这类原材料行业仍然是工业能源消费的主要行业;同时电力热力生产供应业自身能源消费在下降,因水电、风电、光伏、核电等装机规模与发电量的增长,以煤炭为原料的火力发电及热力生产的比重也在降低(图2-2和表2-2)。

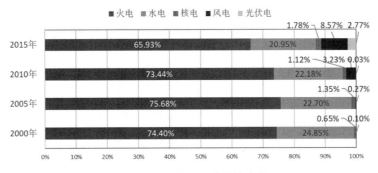

图2-2　中国电力生产结构变化

表2-2　电力、黑色金属、非金属制品行业能源消费结构

项目	2000年	2010年	2014年
工业能源消费量,万tce	89 634	231 101	295 686
黑色金属冶炼能耗比重,%	18.74	24.90	23.45
非金属制品业能耗比重,%	11.27	11.98	12.38
电力热力生产供应能耗比重,%	10.81	9.77	8.71
电力热力生产煤炭消费比重,%	44.13	48.41	42.78

注:①根据国家统计局在线公开数据库"国家数据"(http://data.stats.gov.cn/)整理;②电力热力生产煤炭消费量为加工转换消费量占全部煤炭消费比重。

相关研究表明,我国目前建筑能耗包括建筑生产和使用的全过程(广义能耗),一般建筑能耗(施工、供热、供暖、制冷、照明等)占到全部能源消费的20%～30%,其中90%以上是建筑使用过程能耗,以电力消费方式为主,故建筑能耗的技术节能减排亦是本书考察和分析的重要内容。

2.3.2 技术进步的减排路径

实现节能减排的主要途径可概括为结构性节能、技术节能和管理节能三个方面,进一步地可将实现节能减排的路径划分为存量和增量两个方面。存量节能减排是指通过调整产业结构、压缩市场需求,直接降低各产业部门生产规模,以减少化石能源及整个能源的消费量所产生的节能减排量,而增量节能减排是指通过科技创新和技术进步,以清洁能源替代化石能源,降低技术装备和单位产品能耗所节能减排量。

从我国的现代化进程分析,存量节能减排只有在基本完成工业化与城镇化后,对钢铁、水泥等各类原材料的市场刚性需求达到峰值期才能出现。而增量不受刚性市场需求限制,只要技术成型,并具有产业化的经济可行性,并加以一定的政府举措即可推进实施;同时,还可将增量节能减排技术进步划分为供给与需求两种类型(图2-3)。本书针对火电、钢铁、水泥、交通运输和建筑等产业和部门实现两类增量节能减排技术进行潜力的讨论和分析。

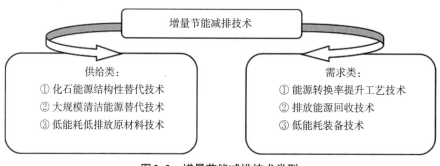

图2-3　增量节能减排技术类型

2.3.3 产业技术进步节能减排潜力

对于判断主要高耗能产业是否通过技术进步实现节能减排,以及通过技术进步所产生的产业技术进步潜力,以如下表达式表达。

$$\alpha_i = \left(\alpha_{i,\text{静}} + \alpha_{i,\text{动}} \right) \tag{2-1}$$

$$\alpha_{i,\text{静}} = \frac{\prod_t gC_i(t)}{\prod_t gQ_i(t)} = \prod_t \frac{gC_i(t)}{gQ_i(t)} \tag{2-2}$$

$$\alpha_{i,\text{动}} = \prod_t \left[\sum_j a_{i,j}(t) \right], j = 1,2,3,4,5,6 \tag{2-3}$$

公式(2-1)是将 α_i 分解为静态节能减排 $\alpha_{i,\text{静}}$ 和动态节能减排 $\alpha_{i,\text{动}}$ 后 i 产业碳排放量 t 年之后的累积变化率(或累积增长率)。

公式(2-2) $\prod_t gC_i(t)$ 与其产值在同样年份之后的累积变化率(或累积增长率) $\prod_t gQ_i(t)$ 之比的乘积,也可以表示为 i 产业的碳排放量变化率与其产值的变化率的比值在 t 年之后的累积变化率。

公式(2-3)则表示 i 产业动态节能减排的贡献 $\alpha_{\text{动}}$ 是由该产业 j 类特定技术的减排效应 $\alpha_{i,j}$ 之和在 t 年之后的累积效应过程。其中,按照我们之前的划分,j 共分为6类技术。

通过测算不同产业的不同技术进步类型,就能获得各个产业部门在各阶段结构变化技术进步潜力综合参数。

2.3.4 主要耗能行业的节能减排技术进步分析

1. 电力工业

自2011年中国一直占据全球最大电力生产国位置,2015年全国电力总装机规模达14.83万亿kW,全年发电量601万亿kW·h,分别占全球总量24.73%和25.98%。作为全球最大电力生产与消费国,中国人均电力装机和用电量均超世界平均水平。但因能源限制,以煤为主的火力发电依然占据主导地位,成为中国碳排放最大的产业排放来源。近年来中国水电、风电、太阳能电等清洁能源装机规模大幅度增长,2016年全国16.46亿kW·h装机总量中,水电、风电和太阳能电已分别占到20.18%、9.03%和4.70%;598 970亿kW·h的电力生产总量中,水电、风电和太阳能电分别占19.71%、4.02%和1.11%,火电生产量仍占据71.60%主导地位。虽然水电、风电、太阳能电等呈现出较快的发展态势,但以煤为主的火电建设仍呈高增长态势,2017年国家能源局为煤电规划建设发出警示,全国一半省区煤电规划建设主要指标处于"红色"或"橙色"预警之中。

电力生产需要成为未来国家节能减排目标实现的主要产业部门之一。近年来我国电力产业部门的技术进步呈现出较快的提升格局,但总体上未呈现出重大节能减排的突破性态势,尤其是化石能源替代的产业化技术,如可燃冰、核聚变、液态氢等系统集成技术,均难以在2030年前实现产业化。在供给类技术方面,主要是风电、太阳能电等大规模清洁能源替代技术发展较为活跃,但如果大规模风光电集能与储能技术不能实现重大突破,火力发电的高比重就难以调整;在需求类技术方面,主要是能源转换率提升的工艺技术、低能耗装备技术等方面亮点较多(表2-3)。

表2-3 电力生产行业节能减排技术进步主要类型与领域

供给类			需求类		
化石能源结构替代技术	清洁能源替代技术	低能耗低排放技术	能效提升工艺技术	排放能源回收技术	低能耗装备技术
①增压流化床联合循环发电技术(IGCC-PFBC); ②节油点火技术; ③CP1000与CP1400核电技术	①分布式风光互补发电技术; ②规模化光热发电技术; ③磁悬浮风力发电技术; ④大规模风光电集能与储能技术; ⑤水力梯度发电智能联合调度技术; ⑥新型蓄能材料技术	①脱硫技术(旋转喷雾、炉内喷钙、电子束照射、NID法); ②脱硝技术(低NO_x燃烧、烟气脱硝、液体吸附、微波、微生物法等); ③除尘技术(惯性除尘、旋风除尘、静电除尘法等)	①高参数、超临界机组燃烧技术; ②高参数、超超临界机组燃烧技术; ③热电联产改造技术; ④常压流化床联合循环发电技术(AFBC); ⑤智能电网技术	①电站锅炉排烟余热综合技术; ②除氧器余汽回收技术	①空气预热器改造技术; ②风机节能改造技术; ③汽轮机本体与辅机防风防漏改造技术; ④电器变频调速技术

注:根据相关节能减排技术集成。

电力生产行业节能减排在技术进步方面的综合性考量指标,使火电生产供电煤耗进一步下降。自2001年以来,中国平均供电煤耗已下降近70g/kW·h,2016年6000kW及以上电厂平均供电煤耗已下降到312g/kW·h,与按国别划分的世界先进水平差距不大,按工厂级别划分的先进水平(280g/kW·h)尚有32g或10%左右的差距。

因此,如果中国电力生产不能实现以煤为主的化石能源消费电力生产转型,即化石能源替代实现革命性的技术进步,则中国电力生产恐怕难以依靠技术进步实现节能减排。到2030年,以现有电力生产的技术进步水平,中国电力生产的技术进步节能减排潜力不会超过20%。

2. 钢铁工业

中国是世界最大钢铁生产国,2015年全国粗钢产能11.3亿t,虽然中央政府全面推进钢铁、煤炭去产能,但2016年粗钢有效产能却净增3659万t,达11.67亿t;同年粗钢产量8.08亿t,占世界49.64%。仅在2011—2015年,中国累计产钢量就达到38亿t。而在2000年时,中国粗钢产量为1.28亿t,仅占世界15.24%。同期中国钢铁工业吨钢综合能耗从2000年的784kgce/t,下降到2015年572kgce/t,中国钢铁工业吨钢综合能耗已接近世界先进水平。

钢铁工业因过大产能成为国家"三去一降一补"重点行业,淘汰落后产能也成为节能减排的重要内容;同时,业界预测中国钢铁消费需求已达峰值,2020年后将呈下降趋势,预计2030年钢材实际消费量为4.92亿t(折合粗钢表观消费量5.18亿t)。由此淘汰落后产能亦成为中国钢铁工业存量节能减排的主要途径。

中国钢铁工业产能快速扩张同时伴随着技术装备的全面进步。2015年1000m³及以上级别高炉已占72%,100t以上转炉(电炉)占比超过65%,高炉自动化程度和炉龄全面提升,连铸比接近100%,主要钢铁生产企业技术装备水平基本达到国际先进水平,相应的节能减排技术进步举措,在主要钢铁生产企业已得到不同程度应用。因此,未来从技术装备层面实现节能减排的空间越来越小。

实现大幅度节能减排的一项重要举措是降低铁钢比。据现有研究,中国目前铁钢比为0.9左右,要比世界平均水平高出0.24,也比中国以外的各国平均铁钢比水平高0.38。仅此一项,我国吨钢综合能耗就比工业发达国家高出80~100kgce/t。按照国务院发布的《"十三五"节能减排综合工作方案》,到2020年吨钢综合能耗要下降到560kgce/t。如果到2030年前我国钢铁产能依然以长流程(高炉—转炉)为主,而淘汰落后产能的同时大容量高炉规模不断扩张,铁钢比将居高不下,铁矿石、电价定价机制也不利于废钢电炉钢发展,加之国内废钢资源相对短缺,而且废钢资源也是发达国家钢铁工业争夺的重要原料。通过提高电炉炼钢比重以降低铁钢比的前景不容乐观,预计到2030年铁钢比可能降低到0.8左右。因此,2030年以前通过技术进步实现较大幅度的节能减排方面预计难以产生重大作用。预计中国钢铁工业依靠技术进步实现节能减排,进一步降低吨钢综合能耗的潜力只有10%左右(表2-4)。

表2-4　钢铁生产行业节能减排技术进步主要类型与领域

供给类			需求类		
化石能源结构替代技术	清洁能源替代技术	低能耗低排放技术	能效提升工艺技术	排放能源回收技术	低能耗装备技术
①块矿炼铁技术(熔融还原炼铁技术);②纳米微米节能材料技术;③高炉喷煤助燃剂技术	①高炉喷吹废旧塑料替代碳还原技术;②干熄焦燃烧技术;③蓄热式燃烧技术;④清洁电源利用提升技术	①微波炼铁技术;②无碳炼铁工艺技术;③富氧燃烧技术;④转炉干法除尘技术;⑤降低烧结漏风技术	①高炉低温快速还原反应工艺技术;②氧化铁H_2还原技术和炉顶煤气CO_2分离技术;③热轧连铸比综合技术	①高炉煤气回收发电技术;②高炉冲渣水余热回收技术;③转炉煤气回收技术;④烧结余热利用技术	①风机节能改造技术;②电器变频调速技术

注:根据相关节能减排技术集成。

3. 水泥工业

中国也是世界最大水泥产能与生产国。2016年中国水泥熟料产能18.3亿t,新型干法水泥生产线累计达到1769条,熟料实际总产能为20.22亿t,熟料产量13.76亿t,水泥产量24.03亿t,产能、产量近年来一直占全球55%～60%,多年稳居全球第一位。作为工业化与城市化基本材料,水泥行业规模扩张在时间上与钢铁同步,即大规模扩张于2003年前后。同期也是水泥节能减排取得较大成效时期,吨水泥综合能耗从2000年的168kgce/t,到2015年下降到93kgce/t,吨水泥熟料综合能耗下降到112kgce/t。与世界水泥生产先进能耗水平比较,尚有10～15kgce/t的下降空间。

水泥行业也是国家"三去一降一补"重点行业。但在淘汰落后产能同时,通过更新改造、上大压小,实际产能仍在增长,按实际产能计算的产能利用率只有68.05%,而合理的产能利用率至少要压减40亿t熟料产能;同时,近年水泥市场已表明,中国水泥消费需求已处在峰值"平台期",水泥总产量在2020年将进入到下降期,到2030年将进一步下降。据有关测算,到2030年中国水泥需求量将下降至10亿t以下。故中国水泥生产量下降是大势所趋,存量节能减排将是到2030年前水泥行业低碳化的主要途径。

与钢铁工业相似,生产规模扩张促使水泥生产技术装备同步提升,到2016年熟料生产线平均产能超过1100t/年,基本为新型干法生产工艺,新建和改造生产线最低标准产能为2500t/年,5000t/年配备9000kW和2500t/年配备4500kW低温余热发电为常态,部分生产线已处于国际乃至领先水平,通过成套技术装备更新改造实现节能减排的空间越来越小。

我国水泥生产基本以水泥用石灰岩为主要原料,在产水泥基本为硅酸盐水泥,烧成窑基本燃料为煤,因此水泥生产是典型的原料和燃料"双排放",且原料碳排放大于燃料。目前水泥生产技术节能减排主要是从两个方面着手,燃料方面主要是通过增加协同处置技术,加大对城市垃圾和工业废弃物的综合利用,以主要减少燃料,部分减少辅助原料;原料方面主要尽可能采用"四组分"配方,添加铁尾渣、高炉尾渣、转炉电炉尾渣、电石渣等,以降低石灰岩在原料中的比重。从水泥生产现有技术体系判断,对于未来"两磨一烧"基本生产工艺,燃料以煤为主、原料以水泥用灰岩为主的基本格局将不会改变(表2-5);同时,预计到2030年通过现有成熟技术,实现技术进步的潜力将在15%左右。

表2-5 水泥生产行业节能减排技术进步主要类型与领域

供给类			需求类		
化石能源结构替代技术	清洁能源替代技术	低能耗低排放技术	能效提升工艺技术	排放能源回收技术	低能耗装备技术
①农业、工业、交通运输等行业废弃油等燃料替代技术; ②城市垃圾衍生燃料协同处置技术	①纯低温余热发电技术; ②生物质燃油点火替代技术	①预分解窑外循环高固气比悬浮预热技术及NO_x燃烧减排技术; ②粉尘回收材料技术; ③混合材料替代技术	①原料辅料超细预粉磨技术; ②在线料耗、能耗数据采集分析集成技术; ③回转窑喷煤富氧燃烧技术; ④工业废渣、污泥等辅助材料协同处置技术	①旋转窑余热回收技术; ②多次送风及余热回收技术	①技术装备产能协同技术; ②新型篦式冷却机技术; ③高效辊压机、球磨机联合应用技术; ④各类电器变频调速技术

注:根据行业相关节能减排技术集成。

4. 交通运输行业

交通运输行业在规模上总体呈现持续增长态势。2011年以来,除2013年因公路客运量统计口径调整出现下降外,全社会客运周转量、货运量和货运周转量均呈现增长态势。因运输方式之间产生的运输量及周转量结构性变化,虽部分运输方式如全国铁路货物发送量和货物周转量在近年下降,但铁路客运量却连年增长。中国已进入高铁运输时代,高铁成为居民国内中远距离出行主要选择方式,2011—2016年全国铁路客运量从186亿人次增长到281亿人次;而同期铁路货运量则从393亿t下降到333亿t,货运周转量从294 658亿t·km下降到237 923亿t·km,表面原因是煤炭、矿石等大宗货运需求的下降,深层原因是中国经济结构正在发生变化,主要能源、原材料工业空间布局更趋合理,大宗煤炭、矿石来源日趋国际化和多样化,运输方式之间的竞争更有效率(如水运与铁路货物运输之间、管道运输与铁路货物运输之间、特高压电力输送与铁路煤炭运输之间等)。

上述格局表明,交通运输节能减排不是依靠存量节能减排(除部分运输方式市场需求下降外),而是注重增量节能减排,即将科技创新与技术进步作为节能减排的主要路径。运输方式的差异导致节能减排的基础性指标较为复杂,因此技术节能减排的考量将分别考察不同运输方式的主要单位能耗(表2-6),再将不同运输方式单位能耗进行无量纲化处理。表2-6还反映出一个较为直观的发现:因运输装备的能源消费方式和额定功率预先在制造环节已确定,使用过程中交通运输装备的单位能源消耗,很难产生较有前景的节能减排效果。预计由此产生的技术进步节能减排潜力到2030年不会超过5%,如果加上供给侧的技术进步,由此产生的潜力可能达到20%左右。

表2-6 不同运输方式主要单位能耗指标变化

项目	2013年	2014年	2015年	2016年
铁路单位运输工作量综合能耗,tce/(10^6t·km)	4.63	4.55	4.71	4.71
城市公交,tce/(10^4人次)	1.5	1.4	1.5	1.6
城市公交,kgce/(10^2车 km)	47.6	48.1	48.9	48.5
公路客运,kgce/(10^3p·km)	11.6	12.1	12.6	14.5
公路客运,kgce/(10^2车 km)	—	29.3	28.7	29.7
公路货运,kgce/(10^2t·km)	1.9	2.0	1.9	1.8
海洋货运,kgce/(10^3t·mL)	5.9	5.1	5.2	5.0
港口装卸,tce/(10^4t)	2.9	2.7	2.6	2.5
民航运输,kgce/(t·km)	—	—	0.432	0.431

注:相关数据根据交通运输部在线发布的相关数据整理汇集(http://www.mot.gov.cn/shuju/)。

交通运输实现技术进步节能减排,涉及基础设施(轨道、道路、管道)建设与维护、运输装备制造与维护、运输过程与组织管理三个方面,尤其与交通运输设施建设和运输装备制造高度相关。因此,积极推进国家现代综合交通运输体系和交通运输生态文明的建设与发展,贯彻落实节能减排综合方案,从供给侧的建设与制造环节强化科技创新和技术进步,提供清洁高效的设施与装备更为重要(表2-7)。

表2-7　交通运输行业节能减排技术进步主要类型与领域

供给类			需求类		
化石能源结构替代技术	清洁能源替代技术	低能耗低排放技术	能效提升工艺技术	排放能源回收技术	低能耗装备技术
①高效燃料油替代技术； ②高密度车用、船用液化燃气制造储存技术	①清洁能源转换装备技术； ②氢燃料大规模制备技术； ③清洁能源快速换装技术	①高效车用、机车、船用、飞行器发动机装备制造技术； ②高效电动、混动成套运输装备制造技术； ③轻量化运输装备材料技术； ④低能耗运输装备设计技术； ⑤低能耗运输基础设施材料技术	①交通枢纽客货高效运输转换技术； ②多式联运组织与集约化物流运行技术； ③城市智能交通运输空间管理技术； ④城市空间高效利用站场设施运行技术	①港场站废油废热回收技术； ②港场站污染物处置技术	①高能耗运输装备协同处置技术； ②高能耗运输装备监管、淘汰运行技术； ③既有运输装卸设备"油改电"技术； ④运输基础设施管理装备低能耗技术

注：根据行业相关节能减排技术集成。

5.建筑节能减排技术进步分析

与交通运输行业相似，由于中国城镇规模持续扩张，建筑行业能耗呈现出快速增长态势。虽然建筑施工建设过程的能耗占比近年来有所下降（建筑业能耗占全部能源消费从2010年的1.92％下降到2014年的1.77％），但消费总量却从6226万tce增长到7519万tce。建筑过程能耗因面积规模而持续扩大。有研究显示，中国北方城镇集中供热面积从2001年的14.60亿 m² 增长到2013年的55.66亿 m²；同时，建筑过程能耗因隐含在生产、消费各个行业以及居民生活消费中，使得能耗数据很难被准确掌握。

相关专业的典型抽样调查数据推算与研究成果表明，中国建筑能耗已占全国能源消费较高比重。中国建筑节能协会发布的《中国建筑能耗研究报告（2016）》称，2014年我国建筑能源消费总量81.4亿tce，占全国能源消费总量的19.12％，其中公共建筑能耗32.6亿tce，城镇居住建筑能耗30.1亿tce，农村建筑能耗18.7亿tce。清华大学建筑节能研究中心发布的研究成果认为中国民用建筑运行能耗占全国总能耗比例一直维持在20％～25％；2013年中国居住建筑面积为4460亿 m²，总民用建筑面积为5450亿 m²；2013年末，全国城镇累计新建节能建筑面积880亿 m²，约占城镇民用建筑面积的30％，共形成8000万tce节能能力。但也有研究认为2015年建筑能耗已占到能源消费总量的27.45％，既有约5000亿 m²建筑中97％属于高能耗建筑。总体上，相关研究与国家有关规划、标准均认为中国建筑节能减排潜力较大。2020年中国建筑节能具有10亿tce的节能能力。

不管是哪一类建筑（公共建筑、民用建筑、公共设施等），其能耗均可落实到面积上，因此,以建筑单位能耗的年均降低水平可以视为技术进步节能减排(包括管理方面)的成效。需要先分区域分类别(北方城镇采暖、公共建筑、城镇住宅、乡村住宅)核算单位面积能耗,再进行集成,而所需运用到的技术类型主要在表2-8中集中表达。

表2-8 建筑节能减排技术进步主要类型与领域

供给类			需求类		
化石能源结构替代技术	清洁能源替代技术	低能耗低排放技术	能效提升工艺技术	排放能源回收技术	低能耗装备技术
①高效热电联产替代技术; ②各类燃气(煤层气、瓦斯气、天然气等)替代煤供热技术; ③水-气联合循环蓄能技术	①地热能建筑持续供热技术; ②城乡分布式建筑风-光互补供热制冷技术; ③清洁能源建筑蓄能技术; ④水热能源替代供热制冷技术	①新型保温节能轻型墙体材料制造技术; ②新型保温节能墙体涂料制造技术; ③城乡社区布局规划与节能民用、公共建筑设计集成技术; ④建筑垃圾回收再利用技术; ⑤建筑施工节能集成技术; ⑥低能耗照明与电器设备制造技术	①既有公共建筑节能改造集成技术; ②既有小区与民用建筑近零耗绿色节能改造技术; ③公共建筑智能使用节能管理技术; ④北方不同区域供热采暖节能改造技术	①工业余热回收与建筑供热耦合节能技术; ②谷电-冰水蓄能耦合节能技术	①公共建筑高能耗电机电器节能变频改造技术; ②民用建筑集中供热监控节能改造技术; ③公用设施与建筑节能改造集成技术

注:根据行业相关节能减排技术集成。

相关研究成果显示,通过技术进步实现建筑能耗的节能减排依然具有较大潜力。预计中国建筑节能到2030年在技术进步方面可产生25%~30%的单位面积能耗年均下降水平,建筑节能减排目标通过技术进步来实现的占比在75%左右。

2.4 微观节能减排潜力及其约束条件

能源安全问题在微观层面的重点是探讨低效率、高耗能和高排放企业的节能减排潜力及其区域适应性。能源政策时常会考虑维持能源低价以支撑工业竞争力并保障社会稳定,原因是更新能源设备以促进节约用能常常花费巨大并且耗时过长。这种情况常常导致火电厂、钢铁厂和水泥厂等以煤炭为主要燃料的工厂出现技术锁定问题,这个问题限制了能源效率改良和推广。中国低效率、高耗能和高排放企业的典型代表主要指煤炭、钢铁和水泥企业。与发达国家相比,中国煤炭企业的能源效率问题表现在三个方面:①煤炭资源开采效率低,浪费严重;②煤炭加工环节比较薄弱,原煤入洗率极低;③煤炭的利用效率低。水泥和钢铁行业是能源消耗大户,也是人类活动碳排放的主要来源。2012年规模以上水泥行业能耗总量 2.07 亿 tce,占全国总能耗的 6.1%。其中,煤炭消耗约 1.49 亿 tce(2.08 亿 t 实物量),电力消耗 1680 亿 kW·h,煤、电消耗占水泥能耗总量的 96.6%。一方面,"产能过剩"使中国水泥和钢铁行业成为广为关注的热点,2014 年,水泥产能利用率进一步下降并跌破 70%,工信部原材料工业司发布《2013 年钢铁工业经济运行情况》报告显示,我国钢铁产能利用率仅 72%。另一方面,中国钢铁和水泥生产是仅次于火电之后的第二和第三大排放源。2009 年全国排放点源达到 312 个,且大规模排放点源逐年增多。节能与减排技术是减少水泥生产和钢铁生产碳排放的主要举措:水泥生产的碳减排措施主要包括提高热能效率与电力效率、原料与燃料的替代、碳捕捉与储存技术等,但长期实现缓解环境压力目标需要综合利用这些技术;钢铁生产的碳减排措施主要包括淘汰落后产能并促进产业集聚,降低生铁产量与粗钢产量之比(即铁钢比)、优化燃料结构、提高能源利用效率,向高性能和高附加值方向调整产品结构。综上,节能减排技术的改进、应用和推广是解决钢铁和水泥行业"产能过剩"问题并实现碳减排目标的关键。今后 20~30 年,中国城镇化仍有很大发展空间,但延续过去传统粗放的煤炭、钢铁和水泥生产和消耗模式,将导致能源结构失衡和效率低下等问题更加严峻、资源环境问题进一步恶化、社会和经济矛盾增多等风险。

因此,对高耗能、高排放行业的节能减排潜力研究是在微观行为层面评估能源安全问题的现实需要,需要探讨在技术进步、管理改善和政策优化等情景下,提高能源消费效率和减少污染排放,降低区域能源安全的微观风险和不确定性。同时,深入探讨高耗能高排放企业等微观主体对于节能减排政策的行为响应模式,以及这些行为模式的变化如何影响国家宏观政策的实施效果,从而探讨未来微观行为与宏观政策之间交互作用的约束条件(如人口、技术和资源禀赋等)和影响效应等(如经济、社会和生态环境等),对于区域协调发展有重要的政策借鉴意义和科学参考价值(图 2-4)。

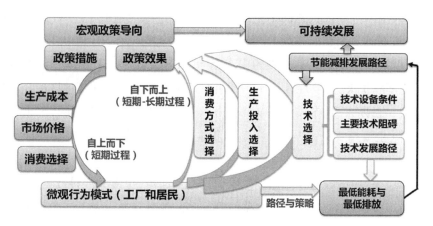

图 2-4　微观节能减排与宏观政策导向的交互作用路径

2.5 "一带一路"倡议和供给侧结构性改革对能源和碳排放的影响

国际上,中国在国际政治和经济体系中所扮演的角色愈加重要,更加积极主动地寻求更多更好的国际交流与合作机会,构建更广泛的国际合作平台,在十八届三中全会上,"丝绸之路经济带"和"21世纪海上丝绸之路"(简称"一带一路")作为未来35年中国最重要的开放战略应运而生。"一带一路"涵盖了21个产油国(不含中国),石油储量占全世界储量56.94%,石油产量占全球总产量的52.13%,在世界能源格局中占有举足轻重的地位。中国的石油资源储量占世界总量的1%左右,石油对外依存度较高,进口渠道单一,石油资源主要来自中东、非洲和东南亚国家,交通运输主要是靠海路运输,且80%的石油进口要经过马六甲海峡。2014年,中国石油净进口量增长了8.4%,超过了美国成为世界最大的石油进口国。在中国石油资源日益枯竭,对外依存度节节攀升的背景下,中国亟须加强与"一带一路"共建国家的能源合作,构建新阶段外向型经济结构,对实现石油资源进口来源地多元化和进口渠道多样化,并同时破解"马六甲困局"具有重要意义。"一带一路"建设将对经济结构、能源结构和碳减排路径等方面的改善产生实质性的影响。

然而,伴随着国际能源供需格局的转变,"一带一路"建设在政治、经济、文化和环境等方面面临着诸多挑战。保障我国充足的能源供应依然是国家能源安全的核心目标。在此基础上,不仅要合理估计"一带一路"建设过程对于我国宏观能源安全格局的影响,还应识别在此进程中能源政策和碳减排政策在短期可能面临的不确定性问题,如地缘政治风险、石油和天然气的供应风险、气候变化因素、气候谈判及相关政策对于碳减排目标、对象和措施及其区域优化布局的激励或约束作用。

在国内,中国各地区快速而不平衡的发展给能源供应造成了严峻的压力,区域能源供需矛盾、能源效率和碳排放的区域差异性问题将长期存在。与此同时,中国经济增速放缓,经济结构转型面临严峻的去产能问题,能源效率提升出现整体性放缓且东中西部差距不断扩大,主要原因在于东部沿海地区与东北和中西部地区的经济发展差距日益扩大。长期来看,节能与低碳不仅是经济发展模式的转变,而且更重要的是微观经济主体(主要指工厂和居民)在生产和生活中能源消费和碳排放等行为模式的转变。

2014年以来,中国政府开始启动供给侧结构性改革,更多关注科技创新、经济转型和产业升级等长期效益方面,开始强调能源利用的区域差异以及不同政策之间的协同问题。具体而言,以下问题需要得到更多关注:当前面临的社会层面和技术层面的瓶颈和障碍具体是什么? 如何解决各地区城乡能源利用模式的差异问题? 如何选择更有效的系统性和综合性方法评估相关政策的实施效果?

中国的经济转型和产业结构调整将遭遇许多挑战。随着国家经济结构转型大幅度推进,经济波动、阶段性的低速增长和国际市场价格波动背后的竞争压力,甚至某些能源和气候政策之间的冲突都可能导致一些关键的政策目标无法实现,不仅使中国在气候谈判中陷于不利地位,也将对社会经济发展造成负面影响。其中,由于近年来的能源消费下滑趋势在前几年并没得到准确的预见,导致前期的宏观经济规划缺乏有效的政策措施而难以解决结构性的产能供给过剩问题,甚至使问题在局部地区有愈演愈烈的趋势。

2.6 政策协同分析框架

尽管能源安全的内涵已扩展至环境保护和碳减排领域以满足可持续发展的需要,但作为一项国家根本政策言,国家能源安全的核心内容依然是在维持相对稳定的能源价格基础上,保障充足的能源供应。这个核心内容也是各国在参与国际气候谈判并提出减排目标时的普遍共识和基本立场。以国家能源安全为保障,将节能技术和减排技术共同纳入各区域发展规划中,是促进区域资源优化配置并实现政策协同效益的主要举措之一。进一步地,即在充分考虑资源和环境禀赋、人口和技术条件,以及社会经济发展状况等区域差异的情况下,从微观行为主体(即工厂和居民)出发,探索可持续的节能低碳发展模式并提出相应的政策策略。

因此,能源安全与碳减排的政策协同问题实际上是综合了短期与长期的均衡问题和微观与宏观的协调问题。

在短期与长期均衡方面,需要回答的问题是短期问题及其演变趋势对长期目标的影响,例如,能源价格波动及其变化趋势会对实现能源和气候政策长期目标产生什么影响;反过来,能源和气候政策如何应对这些短期问题,避免其演变为长期问题,同时获得能源政策和气候政策的协同效益。目前需要关注以下内容:①政府如何通过推进机构改革建立更高效的能源管理系统;②在注重区域差异的情况下,如资本、劳动力、技术条件、资源禀赋和环境条件等,如何为提高人民生活水平和解决农村能源贫困问题提供合适的方案;③技术创新及其推广所面临的挑战和不确定性问题如何立足于工厂及其设备层面,系统边界和统计标准、数据可得性、当地政府的政策导向及其管理特点等资料和信息需要进一步完善。

在微观与宏观协调方面,需要回答的问题是宏观政策变化,如能源政策和气候政策的优先策略变化及其相关措施的施行,会对微观主体行为,即工厂和居民的生产生活方式,产生什么影响;反过来,微观主体行为模式的变化会对宏观政策的预期效果产生什么影响。

综上,为满足能源安全与碳减排的政策协同分析需要,需要在国家、区域、微观行为主体等不同空间尺度协调短期与长期问题,重新界定能源安全的研究对象、目标和相应的内容。

(1)在国家层面,国家能源安全的核心内容依然是在维持相对稳定的能源价格基础上,保障充足的能源供应。

(2)在区域层面,是在保障国家能源安全的基础上,将节能技术和减排技术共同纳入区域产业链和能源供应链所构成的能源系统中,以产业结构调整和升级为依托促进区域资源的优化配置及能源效率的提高和扩散,缓解区域间的效率缺口。

(3)在微观行为层面,是在充分考虑资源和环境禀赋、人口和技术条件,以及社会经济发展状况等区域差异的情况下,探讨低效率、高耗能和高排放企业的节能减排潜力及其区域适应性,提出可持续的节能低碳发展模式和相应的政策策略。

本研究据此提出了一个研究框架(图2-5),此框架既要顾及短期问题的长期影响,又要涵盖长期目标如何影响经济形势而影响企业和居民等微观行为主体,以及这些微观主体行为的变化对长期目标的效果产生影响。在这个框架下,后续章节探讨了经济增长、城镇化和能源消费之间的长期动态关系。例如,为刻画这些动态关系的作用机理及其传导效应,设置国际能源价格波动的长期趋势作为情景模拟,并设置碳税作为长期目标,探讨能源安全与碳减排的政策在中国未来的经济发展路径中是否存在显著的相互作用,从而对其经济增长、能源安全状况和2030年减排目标产生影响。

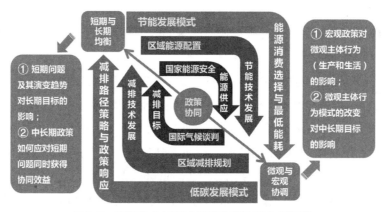

图2-5 能源安全与碳减排的政策协同分析框架

经济全球化和气候变化深刻改变了中国经济发展、能源消费和碳排放之间的相互关系及时空格局。在当前时期,国际政治局势和外交关系的变化给我国经济的对外扩张(即对外贸易、对外直接投资和对外合作等)带来了很大压力甚至出现较大损失;国内经济问题主要表现为产能过剩、需求不足和经济下行的特征。在上述双重背景下,国家能源安全战略目标必须统筹考虑"一带一路"倡议的影响、国内供给侧结构性改革等目标的协调。这些外部影响和内部问题不但分别给国家能源安全、碳减排效果和经济结构转型带来了不确定性因素,甚至会阻碍政策的顺利实施,削弱政策的协同效应而使其相互抵消甚至冲突。

在行业层面,通过对工业生产领域的电力、钢铁、水泥生产以及交通运输行业、建筑等5个方面的分析,在当前中国经济与社会正在进行持续转型的大背景下,科技创新与技术进步将在到2030年的节能减排进程中发挥重要作用。

(1)到2030年的中国节能减排目标实现进程中,能源科技创新和技术进步难以在产业领域实现革命性变化(如可燃冰、核聚变产业化等),难以形成对煤炭、石油等化石能源消费的大规模替代,技术进步的贡献将不再起决定性作用。

(2)中国工业化的峰值将在2020年前后实现,钢铁、水泥在2020年以后出现总量需求下降,且下降幅度较大,导致静态节能减排或存量节能减排的潜力在规模上要高于科技创新与技术进步(包括管理在内,下同)所产生的节能减排潜力。

(3)中国电力、钢铁、水泥生产技术装备和技术水平在总体上已接近世界先进水平,通过技术进步实现节能减排的潜力将是有限的,预计技术进步对2030年的三大行业节能减排贡献率为10%~20%。

(4)增量节能减排或动态节能减排在交通运输领域的贡献将高于存量节能减排,但主要取决于供给类的技术进步格局,预计在只考虑需求类技术进步的状态下,所产生的行业节能减排贡献率只有5%左右,加上供给类技术进步(制造业领域)的贡献率将达到20%左右。

(5)因建筑规模与总面积的绝对扩张,存量节能减排(有效撤除建筑面积)在建筑节能方面的贡献相对有限,而依据中国当前建筑节能态势和技术进步的功效和作用,增量技术进步在建筑领域的节能减排贡献率将达到75%左右。

第三章
基于CGE框架的政策建模过程

标准的CGE模型构建主要包括两个方面,一是构建统一的数据框架SAM,二是以SAM为数据基础建立CGE模型。同时,SAM也为CGE模型提供了政策分析中作为比较参照的模拟基期。在一般均衡分析框架下,对于外生冲击或政策变动所引起的相对价格变动会影响相关经济主体的最优化决策行为,建模策略的关键环节是描述各经济主体之间的交易信息来捕捉经济系统中各个经济主体的复杂联系和相互作用的传导、反馈机制,其中既有直接影响,又有间接影响,既有前向关联,又有后向关联,体现了牵一发而动全身的"一般均衡"特点。

3.1 CGE模型基础理论和基本结构

CGE模型是基于微观经济学基础的宏观经济学模型,其中包含以下基本理论。

(1)一般均衡理论。整个市场体系有一组均衡价格,保证所有市场供求都相等,经济主体唯一地根据价格信号做出最优的行为选择,从而居民效用最大化与生产部门利润最大化同时实现。

(2)生产理论。在社会经济系统中,生产是所有经济活动的基础。描述生产行为的最基本模型是生产函数,描述了要素投入以何种方式组合起来,将资源与投入转化为商品和服务的过程。

(3)效用理论与消费者行为。经济学中一个基本假设是经济人假设,即将理性视为主体选择的行为准则,表现为追求效用最大化。

(4)最优化理论。所有经济主体的决策行为都可以归为最优化问题,如居民选择商品时是在收入约束下追求效用最大化问题,生产部门在生产产品投入要素是在成本约束下追求利润最大化问题。

(5)边际条件理论。一般均衡状态下使资源获得最优配置需要满足一系列边际条件:①居民效用最大化的均衡条件,居民选择最优的商品组合,使自己花费在各种商品上的最后一元钱所带来边际效用相等;②生产部门利润最大化的均衡条件,在短期技术约束条件下,生产部门增加一单位产出所获得收入增量与所引起的成本增量,即生产的边际收益等于边际成本,在长期,生产的平均成本降到长期平均成本的最低点,商品价格也等于最低的长期平均成本,单个生产部门的利润为零。

(6)国民收支均衡理论。CGE模型中包含了宏观经济理论中最重要的三个国民经济核算恒等式:总储蓄=总投资、总支出=总收入、总需求=总供给。

CGE模型的典型特征包括:①经济的完全竞争假设,生产者在技术约束下追求利润最大化,而消费者在预算约束下追求效用最大化;②生产技术设定规模报酬不变,生产函数采用嵌套的结构,其中增加值投入采用嵌套的常替代弹性函数(constant elasticity of substitution, CES)/Cobb–Douglas函数,中间投入采用Leontief函数;③居民需求常用CES、Cobb–Douglas、Stone–Geary等效用函数描述;④贸易的Armington假设,即生产于不同地区的同类商品具有不完全替代性,进口替代一般用Armington(也即CES)函数描述,出口转换一般用常转换弹性函数(constant elasticity of transformation, CET,即弹性值为负的CES函数);⑤贸易的小国假设,即一国某种商品的需求或供给不会影响该商品的世界价格;⑥设定价格基准(numeraire)和宏观闭合规则,需要根据经济学理论和研究需要进行选择和设定。

标准的CGE模型通常包含五个模块:①生产模块,在现有的生产技术条件下,生产部门需要确定投入组合以追求利润最大化;②贸易模块,贸易模块描述的是本地产品、出口品、进口品之间形成替代,最终成为本地商品供给的过程;③居民、企业和政府模块,描述居民、企业和政府在收入约束条件下追逐最大效用的商品消费行为;④投资和储蓄模块,投资和储蓄模块描述一个"银行"部门在储蓄总额约束下追求效用最大化的投资量;⑤市场出清和宏观闭合模块,市场出清描述的是劳动力在各部门自由流动形成各部门劳动力投入,固定的劳动力供应量决定统一的劳动力工资水平;同理资本在各部门自由流动形成各部门的资本投入,固定的资本供应量形成统一的资本回报率。从供给、需求和供求关系分别定义上述五个模块,则标准CGE模型的基本结构设置可见表3-1。

表3-1 CGE模型的基本结构

项目	供给	需求	供求关系
主体	生产者 (国民经济各生产部门)	消费者 居民、企业、政府和国外	市场
行为	生产者追求利润最大化	消费者追求效用最大化	市场均衡方程
方程	生产函数	效用函数	产品市场均衡方程
	约束方程	约束方程	要素市场均衡方程
	优化条件方程	优化条件方程	居民收支均衡方程

续表

项目	供给	需求	供求关系
	生产要素的需求方程	产品需求方程	政府预算均衡方程
		生产要素的供给方程	国际市场均衡方程
变量	商品和生产要素的价格与数量、政策工具变量、技术进步变量、宏观变量等		

来源:赵永和王劲峰(2008)对李志刚(2006)的修改。

CGE模型兼容了投入产出、线性规划等模型方法的优点,同时克服了投入产出模型忽略市场作用的弊端,把商品市场和要素市场通过价格信号有机地联系在一起。CGE模型用非线性函数取代了传统投入产出模型中的许多线性函数,在投入产出模型所体现的生产部门的商品供给与需求基础上引入了要素报酬在各经济主体之间(如企业、居民、政府等)的一次收入分配,以及各经济主体之间的再次收入分配(如税收和转移支付)等(图3-1)。

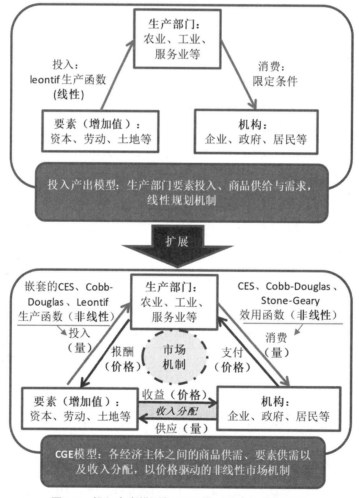

图3-1 投入产出模型与CGE模型的比较及其扩展

基于标准CGE模型框架,参考ECOMOD Network(https://ecomod.net/)的建模范例,本书构建了"可用的中国CGE基础模型"(basic CGE model for China's application,BEGIN)。BEGIN是一个教学模型,也是本书后续的工业减排政策模拟PLANER模型和"一带一路"能源贸易模型BRACE的基础模型。本书附录提供了BEGIN模型的基本说明、基本结构和模型代码。

3.2 中国2012"产业-能源-碳排放"社会核算矩阵(CHIEC-SAM2012)

3.2.1 SAM的基本结构

SAM是在国民经济核算框架内对投入产出(IO)表的扩展,在IO表的基础上增加了非生产性机构,如居民、政府、国外等,不仅反映生产部门之间、非生产部门之间以及生产部门与非生产部门之间的联系,而且反映了国民经济的再分配和决定社会福利水平的收入分配关系。因此,SAM是将描述生产的投入产出表与国民经济收入和生产账户结合在一起,全面刻画了经济系统中生产创造收入、收入引致需求、需求导致生产的经济循环过程,清楚地描述了特定年份一国或一地区的经济结构或社会结构。

SAM表是一个正方形矩阵,每行和每列代表一个国民核算账户,相同的行和列代表同一个账户。SAM表中行代表账户的收入,列代表账户的支出,而每行的行和与每列的列和必须相等,即每一账户部门的总收入和总支出必须平衡。这种平衡关系体现了三种含义:①各种生产活动的总投入等于总产出;②各类机构账户的总收入等于总支出;③各种商品的总供给等于总需求。一个典型的宏观SAM框架见表3-2。该SAM包括居民、企业和政府三类国内机构部门账户和开放经济条件下的"世界其他地区(rest of world,ROW)"账户。生产部门细分为活动账户和商品账户,要素部门(增加值)细分为劳动力与资本,机构部门细分为居民、企业和政府,以及处理投资和储蓄的积累账户和处理国际贸易的"世界其他地区"账户。表3-2中未加深的部分一般直接来源于投入产出表,而加深部分则是SAM表对投入产出表的扩展,来源于各种统计年鉴或调查资料中的国民经济账户的收支数据。

本书基于SAM的理论框架,构建了中国社会核算矩阵2007(CHISAM2007),后者的基础数据来自中国投入产出表2007和其他相关统计数据或资料,主要参考了赵永、王劲峰、王其文和李善同等的相关研究,可直接应用于BEGIN模型中作为演示或教学,详情请参考中国科学院地理科学与资源研究所机构知识库(http://ir.igsnrr.ac.cn/handle/311030/198965)。CHISAM2007也作为本书后续的中国2012"产业-能源-碳排放"社会核算矩阵(CHIEC-SAM2012)和"一带一路"石油贸易社会核算矩阵(BROT-SAM2012)的基础框架,其中CHIEC-SAM2012和BROT-SAM2012的数据更新至2012年。

表3-2 典型的宏观SAM框架

			支出								
			生产部门		要素部门(增加值)		机构部门			积累账户(投资/储蓄)	世界其他地区	合计
			活动	商品	劳动力	资本	居民	企业	政府			
			1	2	3	4	5	6	7	8	8	10
收入	生产部门	活动 1		国内商品供给					出口|补贴		出口需求	总产出
		商品 2	中间需求				居民最终消费		政府最终消费	投资		国内需求
	要素部门(增加值)	劳动力 3	工资								自国外的要素收入	要素收入
		资本 4	资本回报									
	机构部门	居民 5			劳动供应收入	资本供应收入	居民间转移支付	转移支付	转移支付		转移支付	居民收入
		企业 6				企业留利			转移支付		转移支付	企业收入
		政府 7	增值税	关税、间接税	要素税	要素税	个人所得税	企业直接税			转移支付	政府收入
	积累账户(投资/储蓄) 8						居民储蓄	企业储蓄	政府储蓄		资本转移	总储蓄
	世界其他地区(ROW) 9			进口	要素回报			对国外的现金转移				外汇支出
	合计 10		总投入	国内供给	要素报酬		居民支出	企业支出	政府支出	总投资	外汇收入	

注:对应数字的行账户与列账户的名称相同;ROW, rest of world。

资料来源:王其文和李善同(2007),在不改变原意并保证本研究前后文所用变量名称一致的情况下有所修改。

3.2.2 部门设置与2012年碳排放核算

中国2012"产业-能源-碳排放"社会核算矩阵(CHIEC-SAM2012)的编制参考了CHISAM2007的框架,数据来源包括《2012年中国投入产出表》《中国统计年鉴2014》《中国能源统计年鉴2014》《中国财政年鉴2014》《中国劳动统计年鉴2014》,以及国家统计局网站"国家数据"(data.statas.cn)和中国知网主管的"中国社会经济统计数据库"(data.cnki.net)。以下将具体进行解释。

1. 部门设置

与典型的宏观SAM表式结构一致,CHIEC-SAM2012包含生产部门、要素部门、机构部门、投资/储蓄和世界其他地区等部分。为关注能源安全与碳减排的政策问题,在部门方面进行了设置。

生产部门包含45个部门,数据来源于《2012年中国投入产出表》。为避免出现数据不一致问题,SAM部门设置与《中国能源统计年鉴2014》中分行业能源消费总量的部门设置一致。因此,SAM某些部门数据需要通过对《2012年中国投入产出表》中相关部门的数据进行集结。SAM中的生产部门设定且与《2012年中国投入产出表》部门的对应关系见表3-3。其中,"能源部门"包括"煤炭开采和洗选业"(S2)、"石油和天然气开采业"(S3)、"石油加工、炼焦和核燃料加工业"(S20)、"燃气生产和供应业"(S40)、"电力、热理生产和供应业"(S39)等五个部门。

表3-3　中国2012宏观SAM生产部门设定

部门序号	中国2012宏观SAM生产部门名称	中国2012投入产出表生产部门二级代码
S1	农、林、牧、渔、水利业	001, 002, 003, 004, 005, 125
S2	煤炭开采和洗选业	006
S3	石油和天然气开采业	007
S4	黑色金属矿采选业	008
S5	有色金属矿采选业	009
S6	非金属矿采选业	010
S7	开采辅助活动和其他采矿业	011
S8	农副食品加工业	012, 013, 014, 015, 016, 017, 018
S9	食品制造业	019, 020, 021, 022

续表

部门序号	中国2012宏观SAM生产部门名称	中国2012投入产出表生产部门二级代码
S10	酒、饮料和精制茶制造业	023，024
S11	烟草制品业	025
S12	纺织业	026，027，028，029，030
S13	纺织服装、服饰业	031
S14	皮革、毛皮、羽毛及其制品和制鞋业	032，033
S15	木材加工和木、竹、藤、棕、草制品业	034
S16	家具制造业	035
S17	造纸和纸制品业	036
S18	印刷和记录媒介复制业	037
S19	文教、工美、体育和娱乐用品制造业	038
S20	石油加工、炼焦和核燃料加工业	039，040
S21	化学原料和化学制品制造业	041，042，043，044，045，046，047
S22	医药制造业	048
S23	化学纤维制造业	049
S24	橡胶和塑料制品业	050，051
S25	非金属矿物制品业	052，053，054，055，056，057，058
S26	黑色金属冶炼和压延加工业	059，060，061
S27	有色金属冶炼和压延加工业	062，063
S28	金属制品业	064
S29	通用设备制造业	065，066，067，068，069，070
S30	专用设备制造业	071，072，073，074
S31	汽车制造业	075，076

部门序号	中国2012宏观SAM生产部门名称	中国2012投入产出表生产部门二级代码
S32	铁路、船舶、航空航天和其他运输设备制造	077，078，079
S33	电气机械和器材制造业	080，081，082，083，084，085
S34	计算机、通信和其他电子设备制造业	086，087，088，089，090，091
S35	仪器仪表制造业	092
S36	其他制造业	093
S37	废弃资源综合利用业	094
S38	金属制品、机械和设备修理业	095
S39	电力、热力生产和供应业	096
S40	燃气生产和供应业	097
S41	水的生产和供应业	098
S42	建筑业	099，100，101，102
S43	交通运输、仓储和邮政业	104，105，106，107，108，109，110，111
S44	批发、零售业和住宿、餐饮业	103，112，113
S45	其他行业	114，115，116，117，118，119，120，121，122，123，124，126，127，128，129，130，131，132，133，134，135，136，137，138，139

非生产部门即要素部门、机构部门和其他部门(表3-4)：要素部门包含劳动力和资本；机构部门包含农村居民、城镇居民、政府和企业；其他部门包含投资/储蓄、直接税、间接税、关税、世界其他地区等。

表3-4 中国2012宏观SAM生产部门设定

非生产部门设定	部门设定名称	在SAM中简写
要素部门	劳动力	LAB
	资本	CAP
机构部门	农村居民	HHDRUAL

非生产部门设定	部门设定名称	在SAM中简写
机构部门	城镇居民	HHDURBN
	政府	GOV
	企业	ENT
其他部门	投资/储蓄	S_I
	直接税	DTAX
	间接税	INDTAX
	关税	TAR
	世界其他地区	ROW

在编制 CHIEC-SAM2012 时,由于《2012 年中国投入产出表》存在误差项,使 CHIEC-SAM2012 生产部门的行和与列和并不相等。本研究采用交叉熵方法消除误差项,使其达到行与列平衡。对于非生产部门,则通过设置平衡项的方法对各个部门的收入和支出进行调平:①农村居民、城镇居民、企业和政府部门的平衡项分别为"农村居民储蓄""城镇居民储蓄""企业储蓄""政府储蓄";②资本部门的平衡项为企业的资本收益;③国际收支的差额设"国际储蓄"作为平衡项。

2. 2012 年各部门碳排放核算

煤炭投入、油气投入、焦炭/成品油投入和燃气投入等四种能源投入的碳排放系数,参考了 Dong 等(2015)的取值(表 3-5)。需要说明的是,由于本研究将原油与天然气合并为油气产品,将炼焦和石油加工品合并为焦炭/成品油。油气产品作为中间产品时,大多是经过加工之后才成为燃料,因此不核算油气投入碳排放,而核算燃气投入的碳排放时则应用天然气的碳排放系数。表 3-6～表 3-10 分别为核算后作为模型模拟基期的各部门煤炭、焦炭、石油加工品、燃气等投入的碳排放量。

同时,由于模型将所有价格变量的初始值设为 1,在模型中各种能源投入的初始值是以 2012 年不变价格计算的价值量。在通过 CGE 进行模拟预测并且求碳排放量时,要将下述四种能源 t 期实物量乘以模型结果得到的 $t+1$ 期增长率(四种增长率,假定油气增长率相同、炼焦和石油加工品相同),得到四种能源实物量 $t+1$ 期的预测值(公式 3-1)。其中,每一期得到的能源实物量按照公式(3-2)核算即可得到碳排放量。

$$能源实物量_{t+1} = 能源实物量_t \times \frac{能源价值量_{t+1}}{能源价值量_t}, t = 1, 2, \ldots, j \quad (3-1)$$

$$能源碳排放\left(\frac{t}{万t}\right)=能源投入实物量(万t)\times 折标系数\left(\frac{万tce}{万t实物煤}\right)$$

$$\times 万tce净热值\left(\frac{TJ}{万tce}\right)\times 碳排放因子\left(\frac{t}{TJ}\right)\times 氧化率$$

$$(3-2)$$

在模拟碳税时,由于碳税是对碳排放量的实物量进行征收,即按每吨计算,而CGE模型中的投入量是价值量,以万元为单位。因此,碳税税率在引入CGE模型时需要按照公式(3-3)进行单位调整,并参考表(3-5)核算碳排放量,最终所征收的碳税实际上是按照每万元能源投入量(2012年不变价)进行征收。

$$碳税税率\left(\frac{元}{万元}\right)=\frac{能源投入实物量(万t)}{能源投入价值量(不变价=2012,万元)}$$

$$\times \frac{碳排放量(t)}{能源投入实物量(万t)}\times \frac{碳税值(元)}{碳排放量(t)}$$

$$(3-3)$$

表3-5 能源碳排放系数的核算

化石能源投入	碳排放因子* (t CO$_2$/TJ)	氧化率*	折标系数**
煤炭	94.6	0.916	0.7143
焦炭	56.1	0.982	0.9714
石油加工品	74.1	0.928	1.4714(汽油、煤油)、1.4517(柴油)、1.4286(燃料油)
燃气(天然气)	56.1	0.995	13.300

数据来源:*Dong等(2015);**《中国能源统计年鉴2014》。

表3-6 各部门煤炭消耗引致的碳排放量核算(2012年)

部门	实物量(万t)*	折标煤量(万t)	折标煤热量(TJ)	碳排放量(万t)
S1	2266	1619	474 374	4111
S2	40 786	29 133	8 538 312	73 988
S3	495	354	103 625	898
S4	438	313	91 693	795
S5	220	157	46 056	399
S6	973	695	203 692	1765
S7	188	134	39 357	341
S8	3302	2359	691 255	5990
S9	1866	1333	390 636	3385
S10	1479	1056	309 620	2683
S11	67	48	14 026	122

部门	实物量(万t)*	折标煤量(万t)	折标煤热量(TJ)	碳排放量(万t)
S12	3053	2181	639 128	5538
S13	347	248	72 642	629
S14	202	144	42 288	366
S15	662	473	138 586	1201
S16	76	54	15 910	138
S17	5271	3765	1 103 453	9562
S18	64	46	13 398	116
S19	98	70	20 516	178
S20	41 838	29 885	8 758 542	75 896
S21	25 843	18 460	5 410 082	46 880
S22	1374	981	287 639	2492
S23	1049	749	219 602	1903
S24	1145	818	239 699	2077
S25	32 205	23 004	6 741 930	58 421
S26	34 104	24 360	7 139 474	61 866
S27	7368	5263	1 542 448	13 366
S28	698	499	146 122	1266
S29	452	323	94 624	820
S30	460	329	96 298	834
S31	583	416	122 048	1058
S32	307	219	64 269	557
S33	701	501	146 750	1272
S34	249	178	52 127	452
S35	45	32	9420	82
S36	876	626	183 386	1589
S37	68	49	14 235	123
S38	11	8	2303	20
S39	181 090	129 353	37 910 139	328 505
S40	1075	768	225 045	1950
S41	64	46	13 398	116
S42	767	548	160 567	1391

续表

部门	实物量(万t)*	折标煤量(万t)	折标煤热量(TJ)	碳排放量(万t)
S43	614	439	128 537	1114
S44	3752	2680	785 459	6806
S45	3883	2774	812 883	7044
合计	402 474	287 487	84 255 592	730 105

注:(1)*《中国能源统计年鉴2014》;(2)10^4tce = 293.076TJ。

表3-7 各生产部门焦炭消耗引致的碳排放量核算(2012年)

部门	实物量(万t)*	折标煤量(万t)	折标煤热量(TJ)	碳排放量(万t)
S1	57	55	16 228	89
S2	65	63	18 505	102
S3	—	0	0	0
S4	126	122	35 871	198
S5	14	14	3986	22
S6	46	45	13 096	72
S7	—	0	0	0
S8	12	12	3416	19
S9	2	2	569	3
S10	1	1	285	2
S11	—	0	0	0
S12	3	3	854	5
S13	3	3	854	5
S14	1	1	285	2
S15	0	0	0	0
S16	4	4	1139	6
S17	1	1	285	2
S18	0	0	0	0
S19	5	5	1423	8
S20	74	72	21 067	116
S21	3105	3016	883 975	4870
S22	2	2	569	3
S23	1	1	285	2
S24	4	4	1139	6

部门	实物量(万t)*	折标煤量(万t)	折标煤热量(TJ)	碳排放量(万t)
S25	987	959	280 993	1548
S26	38 367	37 270	10 922 856	60 174
S27	617	599	175 656	968
S28	104	101	29 608	163
S29	839	815	238 858	1316
S30	45	44	12 811	71
S31	185	180	52 668	290
S32	12	12	3416	19
S33	18	17	5124	28
S34	9	9	2562	14
S35	4	4	1139	6
S36	1	1	285	2
S37	20	19	5694	31
S38	12	12	3416	19
S39	—	0	0	0
S40	7	7	1993	11
S41	0	0	0	0
S42	6	6	1708	9
S43	0	0	0	0
S44	7	7	1993	11
S45	2	2	569	3
合计	44 768	43 488	12 745 182	70 213

注:(1)*《中国能源统计年鉴2014》;(2)10^4tce = 293.076TJ。

表3-8 各生产部门石油加工品消耗引致的碳排放量核算(2012年)

部门	实物量(万t)*	折标煤量(万t)	折标煤热量(TJ)	碳排放量(万t)
S1	1532	2234	654 814	4503
S2	235	342	100 262	689
S3	91	132	38 775	267
S4	119	174	51 002	351
S5	44	64	18 765	129
S6	71	104	30 469	210
S7	149	217	63 560	437

部门	实物量(万t)*	折标煤量(万t)	折标煤热量(TJ)	碳排放量(万t)
S8	87	127	37 116	255
S9	39	56	16 532	114
S10	26	37	10 972	75
S11	5	8	2212	15
S12	46	67	19 646	135
S13	41	60	17 601	121
S14	20	29	8628	59
S15	22	32	9442	65
S16	13	19	5712	39
S17	37	54	15 792	109
S18	13	19	5632	39
S19	19	27	8041	55
S20	1370	1960	574 288	3949
S21	645	927	271 630	1868
S22	29	42	12 247	84
S23	10	14	4208	29
S24	65	95	27 805	191
S25	530	766	224 419	1543
S26	112	163	47 783	329
S27	130	187	54 927	378
S28	70	103	30 095	207
S29	88	128	37 546	258
S30	61	89	26 070	179
S31	85	125	36 524	251
S32	65	94	27 540	189
S33	65	95	27 792	191
S34	37	54	15 889	109
S35	11	16	4554	31
S36	6	9	2533	17
S37	6	8	2345	16
S38	8	12	3400	23
S39	124	181	53 082	365

续表

部门	实物量(万t)*	折标煤量(万t)	折标煤热量(TJ)	碳排放量(万t)
S40	5	8	2213	15
S41	5	8	2248	15
S42	840	1227	359 647	2473
S43	17 676	25 796	7 560 180	51 987
S44	466	683	200 054	1376
S45	2999	4392	1 287 107	8851
合计	28 116	40 983	12 011 099	82 594

注:(1)*《中国能源统计年鉴2014》;(2)10⁴tce = 293.076TJ;(3)核算石油加工品时的碳排放时,是先依据《中国能源统计年鉴2014》将作为各部门投入的汽油、煤油、柴油和燃料油先折成标煤,然后将各产品的标煤量加总再核算碳排放。

表3-9　各生产部门燃气(天然气)消耗引致的碳排放量核算(2012年)

部门	实物量(万t)*	折标煤量(万t)	折标煤热量(TJ)	碳排放量(万t)
S1	1	13	3898	22
S2	11	146	42 877	239
S3	128	1702	498 933	2785
S4	0	0	0	0
S5	0	0	0	0
S6	1	13	3898	22
S7	9	120	35 081	196
S8	2	27	7796	44
S9	6	80	23 387	131
S10	3	40	11 694	65
S11	2	27	7796	44
S12	2	27	7796	44
S13	1	13	3898	22
S14	0	0	0	0
S15	0	0	0	0
S16	1	13	3898	22
S17	4	53	15 592	87
S18	1	13	3898	22
S19	2	27	7796	44

部门	实物量(万t)*	折标煤量(万t)	折标煤热量(TJ)	碳排放量(万t)
S20	99	1317	385 893	2154
S21	275	3658	1 071 925	5983
S22	5	67	19 490	109
S23	2	27	7796	44
S24	4	53	15 592	87
S25	69	918	268 956	1501
S26	33	439	128 631	718
S27	26	346	101 346	566
S28	7	93	27 285	152
S29	7	93	27 285	152
S30	7	93	27 285	152
S31	14	186	54 571	305
S32	11	146	42 877	239
S33	6	80	23 387	131
S34	7	93	27 285	152
S35	1	13	3898	22
S36	1	13	3898	22
S37	0	0	0	0
S38	1	13	3898	22
S39	225	2993	877 030	4896
S40	9	120	35 081	196
S41	0	0	0	0
S42	1	13	3898	22
S43	155	2062	604 176	3372
S44	39	519	152 019	849
S45	33	439	128 631	718
合计	1211	16 106	4 720 370	26 349

注:(1)*《中国能源统计年鉴2014》;(2)10^4tce = 293.076TJ。

表3-10　居民部门生活碳排放量核算(2012年)

能源种类	生活消费实物量 (万 t)*	折标煤量 (万 t)	折标煤热量 (TJ)	碳排放量 (万 t)
煤炭,万 t	42 306	30 219	8 856 515	76 745
原油,万 t	0	0	0	0
焦炭,万 t	38	37	10 818	60
汽油,万 t	1667	2452		
煤油,万 t	26	38	1 141 394	7849
柴油,万 t	964	1405		
燃油,万 t	0	0	0	0
燃气(天然气),亿 m³	288	3830	1 122 598	6266
合计	2656	37 981	11 131 326	90 920

注:*来源于《中国能源统计年鉴(2014)》;10^4tce = 293.076TJ。

本研究核算后的碳排放总量为100.02亿 t。根据的丁铎尔气候变化研究中心(复旦大学和复旦–丁铎尔中心的合作伙伴)所发布的"全球碳计划"2012年度报告和2013年度数据显示,2012和2013年全球碳排放总量分别为356亿 t和360亿 t,其中中国占比分别为28%和29%,即99.68亿 t和104.4亿 t。与本研究所估算的2012年数值接近。在应用CGE模型预测碳排放由于SAM表中各生产部门能源投入量的零值与《中国能源统计年鉴2014》的零值不一致,即SAM中某些生产部门没有某种能源投入,而《中国能源统计年鉴2014》显示有实物量投入,或者SAM中某些生产部门存在某种能源投入但在《中国能源统计年鉴2014》中显示为不存在实物量投入。由于涉及的总量较少,本研究将这两种情况均设置为无碳排放。

3.3 "一带一路"石油贸易社会核算矩阵(BROT-SAM2012)

"一带一路"石油贸易社会核算矩阵(BROT–SAM2012)是基于CHIEC–SAM2012进行了扩展,表3-11中颜色未加深的部分直接来自CHIEC–SAM2012,颜色加深的部分是BROT–SAM2012的拓展,编制数据来自《中国统计年鉴2013》《中国能源统计年鉴2013》《中国劳动统计年鉴2013》《2012年中国投入产出表》和世界贸易数据库UN Comtrade Database (https://comtrade.un.org/)。

表3-11 BROT-SAM2012框架

				支出								
				生产部门		要素部门（增加值）		机构部门			积累账户（投资/储蓄）	"一带一路"产油国（22个）	其他主要产油国（10个）
				活动	商品	劳动力	资本	居民	企业	政府			
				1	2	3	4	5	6	7	8	9	10
收入	生产部门	活动	1		国内商品供给					出口补贴		出口需求	出口需求
		商品	2	中间需求				居民最终消费		政府最终消费	投资		
	要素部门（增加值）	劳动力	3	工资									
		资本	4	资本回报									
	机构部门	居民	5			劳动供应收入	资本供应收入	居民间转移支付	转移支付	转移支付			
		企业	6				企业留利			转移支付			
		政府	7	增值税	关税、间接税	要素税	要素税	个人所得税	企业直接税				
	积累账户（投资/储蓄）		8					居民储蓄	企业储蓄	政府储蓄		国外储蓄	国外储蓄
	"一带一路"产油国（22个）		9		进口								
	其他主要产油国（10个）		10		进口								
	其他国家		11		进口								

续表

收入			支出								
			生产部门		要素部门（增加值）		机构部门			积累账户（投资/储蓄）	"一带一路"产油国（22个）	其他主要产油国（10个）
			活动	商品	劳动力	资本	居民	企业	政府			
			1	2	3	4	5	6	7	8	9	10
收入	合计	12	总投入	国内供给	要素报酬		居民支出	企业支出	政府支出	总投资	总出口	

BROT-SAM2012包括生产部门、要素（增加值）部门、机构部门、积累账户和贸易部门。生产部门由37个部门组成，数据来自《2012年中国投入产出表》，由于国别数据的可获得性受限，部门设置是在《中国能源统计年鉴2013》的分行业能源消费总量的部门基础上进行了综合。表3-12说明了BROT-SAM2012的生产部门设定与《2012年中国投入产出表》的部门设定之间的对应关系。结合研究需要，本书着重将"能源部门"细化为"煤炭开采和洗选业（S2）""石油开采业（S3）""天然气开采业（S4）""石油加工、炼焦和核燃料加工业（S18）""电力、热力生产和供应业（S34）""燃气生产和供应业（S35）"等6个部门。

BROT-SAM2012的生产部门扩展具体操作如下：首先，根据2012年的能源价格和《BP世界能源统计年鉴》中的产量比重来计算各种能源的贸易额替换原能源部门的行；其次，根据能源价格和《BP世界能源统计年鉴》中各种能源资源分部门的比例计算得出各部门贸易额的替换列；最后，拆分能源部门后对其他部门进行合并。由于《2012年中国投入产出表》存在误差项，导致在BROT-SAM2012编制过程中出现了行和与列和不相等的情况，采用交叉熵方法来消除误差项，实现BROT-SAM2012的行和列的平衡。

表3-12　BROT-SAM2012的生产部门与2012年中国投入产出表的对应关系

序号	BROT-SAM2012生产部门名称	对应部门	序号	BROT-SAM2012生产部门名称	对应部门
S1	农、林、牧、渔、水利业	S1	S20	医药制造业	S22
S2	煤炭开采和洗选业	S2	S21	化学纤维制造业	S23
S3	石油开采业	S3	S22	橡胶和塑料制品业	S24
S4	天然气开采业	S3	S23	非金属矿物制品业	S25

序号	BROT-SAM2012生产部门名称	对应部门	序号	BROT-SAM2012生产部门名称	对应部门
S5	金属矿采选业	S4、S5	S24	黑色金属冶炼和压延加工业	S26
S6	非金属矿采选业	S6	S25	有色金属冶炼和压延加工业	S27
S7	农副食品加工业	S8	S26	金属制品业	S28
S8	食品制造业	S9	S27	通用设备制造业	S29
S9	酒、饮料和精制茶制造业	S10	S28	汽车制造业	S31
S10	烟草制品业	S11	S29	铁路、船舶、航空航天和其他运输设备制造	S32
S11	纺织业	S12	S30	电气机械和器材制造业	S33
S12	纺织服装、服饰业	S13	S31	计算机、通信和其他电子设备制造业	S34
S13	皮革、毛皮、羽毛及其制品和制鞋业	S14	S32	仪器仪表制造业	S35
S14	木材加工和木、竹、藤、棕、草制品业	S15	S33	其他制造业	S19、S30、S36
S15	家具制造业	S16	S34	电力、热力生产和供应业	S39
S16	造纸和纸制品业	S17	S35	燃气生产和供应业	S40
S17	印刷和记录媒介复制业	S18	S36	水的生产和供应业	S41
S18	石油加工、炼焦和核燃料加工业	S20	S37	其他行业	S7、S37、S38、S42-45
S19	化学原料和化学制品制造业	S21			

非生产部门的设定主要包括四部分：要素（增加值）、机构、积累账户和贸易部门（表3-13）。为了确保各部门的收入和支出调平，采用设置平衡项的方法，分别设置"居民储蓄""企业储蓄""政府储蓄""企业资本收益""国际储蓄"作为平衡项。

表3-13 非生产部门设定

非生产部门设定	部门设定名称		在BROT–SAM2012中简写
要素部门	劳动力		LAB
	资本		CAP
机构部门	居民		HHD
	政府		GOV
	企业		ENT
其他部门	投资/储蓄		S_T
	直接税		DTAX
	间接税		INDTAX
	关税		TAR
	"一带一路"产油国	阿塞拜疆	R1
		文莱	R2
		埃及	R3
		印度	R4
		印度尼西亚	R5
		哈萨克斯坦	R6
		科威特	R7
		马来西亚	R8
		阿曼	R9
		卡塔尔	R10
		罗马尼亚	R11
		俄罗斯	R12
		沙特阿拉伯	R13
		泰国	R14
		土库曼斯坦	R15
		阿联酋	R16
		乌兹别克斯坦	R17
		越南	R18
		也门	R19
		伊朗	R20
		伊拉克	R21
		叙利亚	R22
	其他主要产油国	苏丹	R23
		阿尔及利亚	R24
		安哥拉	R25
		澳大利亚	R26
		巴西	R27
		哥伦比亚	R28

非生产部门设定	部门设定名称		在BROT-SAM2012中简写
其他部门	其他主要产油国	刚果	R29
		赤道几内亚	R30
		利比里亚	R31
		委内瑞拉	R32
	其他国家		R33

其中,贸易模块的扩展包括:首先,收集整理2012年"一带一路"产油国和其他主要产油国(共32个)37部门的贸易额;其次,假定各个国家的汇率相同,各部门的汇率不同,对贸易额进行单位换算;第三,用这些数据分别替换原SAM表的进口行和出口列;最后,对行列的总额(Total)分别进行校对,确保行列均衡。

需要说明两点:①选择这32个国家开展研究是由于中国石油进口的统计数据表明,这些国家向中国出口的石油量近95%,每个国家向中国的石油输出量占比大于0.05%,具有一定的代表性(图3-2);②数据来自UN Trade数据库中的各个国家的99类产品,根据中国投入产出表的编制说明对产品进行归类整理到37个部门当中。本书重点关注石油资源,进一步将能源产品类的15种能源产品汇总到煤炭、石油、天然气、石油加工、电力等部门。

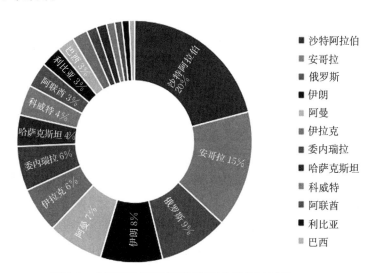

图3-2　中国石油进口来源国贸易比重(2012年)

3.4 工业减排政策模拟(PLANER)模型

如前所述,工业减排政策模拟PLANER模型是从BEGIN模型扩展而来,主要扩展是根据政策建模的需要增加能源模块、碳排放模块和政策模拟模块等。国内外CGE模型的相关研究在考察能源政策与环境政策等方面已经有了许多成果。本研究根据政策研究需要引进这些成果并进行调整和修正,再基于中国经济长期发展的预测和战略规划设定动态化条件,是构建PLANER模型的主要思路。

3.4.1 基本假设

PLANER模型的最优化设置要确保生产部门的利润最大化和居民效用最大化同时实现。在微观上采用完全竞争条件下的生产部门利润最大化和消费者效用最大化同时实现的假设,通过设定商品市场均衡、要素市场均衡、国际贸易均衡、宏观经济变量均衡和各经济主体收支平衡实现从微观到宏观的链接。宏观闭合规则设定为储蓄驱动的"新古典闭合":固定政府税率和各机构储蓄率,使资本形成和储蓄总额内生;固定国际贸易差额(国外储蓄)使汇率内生;固定要素供应总额使要素在各生产部门间自由流动,统一的要素报酬率使市场出清。需要说明的是,在下述公式中,下标prima表示农业部门(即表3-3中的S1)集合;下标inse表示非农部门(即表3-3中的S2~S45)集合;下标sec表示所有的生产部门集合(即表3-3中的S1~S45);下标nen表示非能源部门(即除五种能源部门之外的所有部门)集合;下标insdng表示居民和企业的集合(即表3-3中的HHDRUAL、HHDURBN和ENT);下标hou表示城镇居民和农村居民的集合(即表3-3中的HHDRUAL和HHDURBN)。

1. 生产部门利润最大化条件下的要素投入方程形式

假定生产部门sec仅有劳动力和资本两种要素投入,要确定实现利润最大化的劳动力投入L_{sec}和资本投入K_{sec},其中资本收益与劳动力工资分别为P_K和P_L[公式(3-4)]:

$$\mathrm{Max}\pi = P_{\mathrm{VA}_{sec}} \times \mathrm{VA}_{sec} - (P_L \times L_{sec} + P_K \times K_{sec}) \tag{3-4}$$

满足
$$\mathrm{VA}_{sec} = \alpha_{F_{sec}} \times \left(\gamma_{F_{sec}} \times K_{sec}^{-\frac{1-\sigma_{F_{sec}}}{\sigma_{F_{sec}}}} + (1-\gamma_{F_{sec}}) \times L_{sec}^{-\frac{1-\sigma_{F_{sec}}}{\sigma_{F_{sec}}}} \right)^{-\frac{\sigma_{F_{sec}}}{1-\sigma_{F_{sec}}}} \tag{3-5}$$

公式(3-4)和公式(3-5)表明生产部门的利润最大化服从于要素投入的CES函数形式。公式(3-5)中,$\alpha_{F_{sec}}$是效率参数,$\gamma_{F_{sec}}$是资本投入的份额参数,劳动的份额参数为$\alpha_{F_{sec}}$,$\sigma_{F_{sec}}$是劳动力投入与资本投入的替代弹性。在规模报酬不变的假设前提下,利用拉格朗日函数求解公式(3-4)和公式(3-5),则可以得到应用于CGE模型中满足生产部门利润最大化的资本投入量[公式(3-6)]和劳动投入量[公式(3-7)],以及用来确定组合投入价格水平的零利润条件[公式(3-8)]。

$$K_{sec} = \left(\frac{\mathrm{VA}_{sec}}{\alpha_{F_{sec}}} \right) \times \left(\frac{1-\gamma_{F_{sec}}}{P_K} \right)^{\sigma_{F_{sec}}} \times \left(\begin{array}{c} \gamma_{F_{sec}}^{\sigma_{F_{sec}}} \times P_K^{(1-\sigma_{F_{sec}})} \\ + (1-\gamma_{F_{sec}})^{\sigma_{F_{sec}}} \times P_L^{(1-\sigma_{F_{sec}})} \end{array} \right)^{\frac{\sigma_{F_{sec}}}{(1-\sigma_{F_{sec}})}} \tag{3-6}$$

$$L_{\text{sec}} = \left(\frac{\text{VA}_{\text{sec}}}{\alpha_{F_{\text{sec}}}} \right) \times \left(\frac{\gamma_{F_{\text{sec}}}}{P_L} \right)^{\sigma_{F_{\text{sec}}}} \times \left(\begin{array}{c} \gamma_{F_{\text{sec}}}{}^{\sigma_{F_{\text{sec}}}} \times P_K{}^{(1-\sigma_{F_{\text{sec}}})} \\ + (1 - \gamma_{F_{\text{sec}}})^{\sigma F_{\text{sec}}} \times P_L{}^{(1-\sigma_{F_{\text{sec}}})} \end{array} \right)^{\frac{\sigma_{F_{\text{sec}}}}{(1-\sigma_{F_{\text{sec}}})}} \tag{3-7}$$

$$P_{\text{VA}_{\text{sec}}} \times \text{VA}_{\text{sec}} = P_L \times L_{\text{sec}} + P_K \times K_{\text{sec}} \tag{3-8}$$

由公式(3-6)和公式(3-7)可看出,资本投入量和劳动投入量与资本收益和劳动力工资水平的相对变动相关,变动幅度取决于外生的替代弹性值。需要说明的是,当替代弹性值分别等于1和0时,可以得到作为特殊CES函数形式的Cobb–Douglas和Leontief函数。在对标准CGE模型的扩展中,生产函数结构将应用嵌套的CES、Cobb–Douglas和Leontief函数,其中满足利润最大化条件下的Cobb–Douglas函数推导同样采用拉格朗日函数求解得到最终的方程形式。此外,这些求解后满足利润最大化条件的CES函数形式将应用于所有模型的生产函数结构中其他投入,以及贸易模块中的进口、本地产品需求和出口描述中。本研究模型中的效率参数和份额参数由校准得来,弹性参数来源于现有研究。

2.居民效用最大化条件下的消费需求方程形式

同样得到满足效用最大化条件下的居民消费量的公式表达。公式(3-9)和公式(3-10)描述了居民需求在消费总预算CBUD约束下追求效用最大化的前提假定,由Stone–Geary效用函数设定。式中下标hou为居民集合,如包含城市居民和农村居民;U_{hou}指居民的效用水平;$C_{\text{hou,sec}}$为居民的商品消费;$\mu_{H_{\text{hou,sec}}}$表示居民所需的最低消费水平;$\alpha_{\text{HLES}_{\text{hou,sec}}}$为边际预算份额,且 $\sum\limits_{\text{sec}} \alpha_{\text{HLES}_{\text{sec,hou}}} = 1$。

$$\text{Max} U_{\text{hou,sec}} = \left(C_{\text{hou,sec}} - \mu_{H_{\text{hou,sec}}} \right)^{\alpha_{\text{HLES}_{\text{hou,sec}}}} \tag{3-9}$$

满足
$$\text{CBUD}_{\text{hou}} = \sum_{\text{sec}} P_{\text{sec}} \times C_{\text{hou,sec}} \tag{3-10}$$

同样利用拉格朗日函数求解最终的满足效用最大化的消费需求方程,即公式(3-11)。公式(3-11)表示居民需求包含两部分:一部分是不受价格影响的最低需求 $\mu_{H_{\text{hou,sec}}}$;另一部分是除去最低需求之后的额外消费需求($\text{CBUD}_{\text{hou}} - P_{\text{sec}} \times \mu_{H_{\text{hou,sec}}}$)。

$$C_{\text{hou,sec}} = \mu_{H_{\text{hou,sec}}} + \frac{\alpha_{\text{HLES}_{\text{hou,sec}}}}{P_{\text{sec}}} \times \left(\text{CBUD}_{\text{hou}} - P_{\text{sec}} \times \mu_{H_{\text{hou,sec}}} \right) \tag{3-11}$$

3.4.2 生产模块

生产函数结构是PLANER模型相对于BEGIN模型的主要扩展所在。生产函数结构采用嵌套CES函数结构,能源部分包含的是作为生产投入的五种能源产品:煤炭,是"煤炭开采和洗选业"(S2)的产品;油气,是"石油和天然气开采业"(S3)的产品;焦炭/成品油,是"石油加工、炼焦和核燃料加工业"(S20)的产品;燃气,是"燃气生产和供应业"(S40)的产品;电力,是"电力、热力生产和供应业"(S39)的产品。

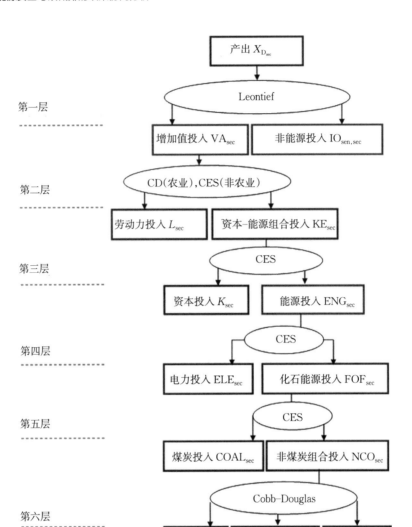

图3-3　PLANER模型的生产函数结构

如图3-3所示,生产函数结构有六层。以下解释是从第六层至第一层。需要说明的是,在模型中呈现的方程是经过在约束条件下实现最优化处理的方程形式,如生产部门利润最大化条件下的要素投入量或居民效用最大化条件下的商品消费量。

1. 第六层

非煤组合投入 NCO_{sec} 由油气、焦炭/成品油、燃气等投入以Cobb–Douglas函数表现。将Cobb–Douglas函数在零利润约束下通过拉格朗日函数求解,得到油气投入 OG_{sec} 需求方程[公式(3-12)]、焦炭/成品油投入 GAO_{sec} 需求方程[公式(3-13)]、燃气投入 GAS_{sec} 需求方程[公式(3-14)],以及非煤能源投入 NCO_{sec} 需求方程[公式(3-15)]。$P_{"S3"}$、$P_{"S20"}$、$P_{"S40"}$ 分别是油气、焦炭/成品油和燃气投入的销售价格,$P_{NCO_{sec}}$ 是非煤组合投入的价格。$\beta_{OG_{sec}}$、

$\beta_{\text{GAO}_{\text{sec}}}$、$\beta_{\text{GAS}_{\text{sec}}}$分别为油气投入、焦炭/成品油投入、燃气投入在Cobb–Douglas函数中的份额参数。OGcm_{sec}、$\text{GAOcm}_{\text{sec}}$、$\text{GAScm}_{\text{sec}}$分别为油气、焦炭/成品油和燃气等能源投入在使用过程中的碳排放系数。$\text{OGctx}_{\text{sec}}$、$\text{GAOctx}_{\text{sec}}$、$\text{GASctx}_{\text{sec}}$分别为针对油气、焦炭/成品油和燃气等能源使用所征收的碳税。在这里根据中国目前碳税的试点情况采用从量税设置。

1) 油气投入在Cobb–Douglas函数中的需求方程

$$\text{OG}_{\text{sec}} = \beta_{\text{OG}_{\text{sec}}} \times P_{\text{NCO}_{\text{sec}}} \times \text{NCO}_{\text{sec}} / (P_{\text{"S3"}} + \text{OGcm}_{\text{sec}} \times \text{OGctx}_{\text{sec}}) \tag{3-12}$$

2) 焦炭/成品油投入在Cobb–Douglas函数中的需求方程

$$\text{GAO}_{\text{sec}} = \beta_{\text{GAO}_{\text{sec}}} \times P_{\text{NCO}_{\text{sec}}} \times \text{NCO}_{\text{sec}} / (P_{\text{"S20"}} + \text{GAOcm}_{\text{sec}} \times \text{GAOctx}_{\text{sec}}) \tag{3-13}$$

3) 燃气投入在Cobb–Douglas函数中的需求方程

$$\text{GAS}_{\text{sec}} = \beta_{\text{GAS}_{\text{sec}}} \times P_{\text{NCO}_{\text{sec}}} \times \text{NCO}_{\text{sec}} / (P_{\text{"S40"}} + \text{GAScm}_{\text{sec}} \times \text{GASctx}_{\text{sec}}) \tag{3-14}$$

4) 非煤组合投入在Cobb–Douglas函数中的需求方程

$$\text{NCO}_{\text{sec}} = b\text{NCO}_{\text{sec}} \times (\text{OG}_{\text{sec}}{}^{\beta\text{OG}_{\text{sec}}} \times \text{GAO}_{\text{sec}}{}^{\beta\text{GAO}_{\text{sec}}} \times \text{GAS}_{\text{sec}}{}^{\beta\text{GAS}_{\text{sec}}}) \tag{3-15}$$

2. 第五层

化石能源投入FOF_{sec}由煤炭投入和非煤组合投入组成,以CES函数形式表现。将CES函数在零利润约束下通过拉格朗日函数求解,得到煤炭投入COAL_{sec}需求方程[公式(3-16)]、非煤组合投入NCO_{sec}需求方程[公式(3-17),公式(3-15)已表达了NCO_{sec},故此公式实际是求其价格$P_{\text{NCO}_{\text{sec}}}$)],以及化石能源投入价格$P_{\text{FOF}_{\text{sec}}}$的零利润条件方程[公式(3-18)]。$\alpha_{\text{FOF}_{\text{sec}}}$是CES函数的效率参数、$\gamma_{\text{FOF}_{\text{sec}}}$是煤炭投入的份额参数,因此非煤组合投入的份额参数为$(1 - \gamma_{\text{FOF}_{\text{sec}}})$。$\sigma_{\text{FOF}_{\text{sec}}}$是煤炭投入与非煤组合投入的价格替代弹性参数。$\text{COALcm}_{\text{sec}}$为煤炭投入在使用过程中的碳排放系数,$\text{COALctx}_{\text{sec}}$为针对煤炭使用所征收的碳税,同样采用从量税设置。

1) 煤炭投入在CES函数中的需求方程

$$\text{COAL}_{\text{sec}} = \left(\frac{\text{FOF}_{\text{sec}}}{\alpha_{\text{FOF}_{\text{sec}}}}\right) \times \left(\frac{\gamma_{\text{FOF}_{\text{sec}}}}{P_{\text{"S2"}} + \text{COALcm}_{\text{sec}} \times \text{COALctx}_{\text{sec}}}\right)^{\sigma_{\text{FOF}_{\text{sec}}}}$$
$$\times \left(\begin{array}{l} \gamma_{\text{FOF}_{\text{sec}}}{}^{\sigma_{\text{FOF}_{\text{sec}}}} \times (P_{\text{"S2"}} + \text{COALcm}_{\text{sec}} \times \text{COALctx}_{\text{sec}})^{(1-\sigma_{\text{FOF}_{\text{sec}}})} \\ + (1 - \gamma_{\text{FOF}_{\text{sec}}})^{\sigma_{\text{FOF}_{\text{sec}}}} \times P_{\text{NCO}_{\text{sec}}}{}^{(1-\sigma_{\text{FOF}_{\text{sec}}})} \end{array}\right)^{\frac{\sigma_{\text{FOF}_{\text{sec}}}}{(1-\sigma_{\text{FOF}_{\text{sec}}})}} \tag{3-16}$$

2) 非煤组合投入在CES函数中的需求方程

$$\text{NCO}_{\text{sec}} = \left(\frac{\text{FOF}_{\text{sec}}}{\alpha_{\text{FOF}_{\text{sec}}}}\right) \times \left(\frac{1 - \gamma_{\text{FOF}_{\text{sec}}}}{P_{\text{NCO}_{\text{sec}}}}\right)^{\sigma_{\text{FOF}_{\text{sec}}}}$$
$$\times \left(\begin{array}{l} \gamma_{\text{FOF}_{\text{sec}}}{}^{\sigma_{\text{FOF}_{\text{sec}}}} \times (P_{\text{"S2"}} + \text{COALcm}_{\text{sec}} \times \text{COALctx}_{\text{sec}})^{(1-\sigma_{\text{FOF}_{\text{sec}}})} \\ + (1 - \gamma_{\text{FOF}_{\text{sec}}})^{\sigma_{\text{FOF}_{\text{sec}}}} \times P_{\text{NCO}_{\text{sec}}}{}^{(1-\sigma_{\text{FOF}_{\text{sec}}})} \end{array}\right)^{\frac{\sigma_{\text{FOF}_{\text{sec}}}}{(1-\sigma_{\text{FOF}_{\text{sec}}})}} \tag{3-17}$$

3) 零利润条件

$$P_{\text{FOF}_{\text{sec}}} \times \text{FOF}_{\text{sec}} = (P_{\text{"S2"}} + \text{COALcm}_{\text{sec}} \times \text{COALctx}_{\text{sec}}) \times \text{COAL}_{\text{sec}} + P_{\text{NCO}_{\text{sec}}} \times \text{NCO}_{\text{sec}} \quad (3\text{-}18)$$

3. 第四层

能源投入 ENG_{sec} 由电力投入和化石能源投入组成,以 CES 函数形式表现。将 CES 函数在零利润约束下通过拉格朗日函数求解,得到电力投入 ELE_{sec} 需求方程[公式(3-19)]、化石组合投入 FOF_{sec} 需求方程[公式(3-20)],以及能源投入价格 $P_{\text{ENG}_{\text{sec}}}$ 的零利润条件方程[公式(3-21)]。$\alpha_{\text{ENG}_{\text{sec}}}$ 是 CES 函数的效率参数、$\gamma_{\text{ENG}_{\text{sec}}}$ 是电力投入的份额参数,因此化石能源投入的份额参数为 $(1-\gamma_{\text{ENG}_{\text{sec}}})$。$\sigma_{\text{ENG}_{\text{sec}}}$ 是电力投入与化石能源投入的价格替代弹性参数。

1) 电力投入在 CES 函数中的需求方程

$$
\begin{aligned}
\text{ELE}_{\text{sec}} = &\left(\frac{\text{ENG}_{\text{sec}}}{\alpha_{\text{ENG}_{\text{sec}}}}\right) \times \left(\frac{\gamma_{\text{ENG}_{\text{sec}}}}{P_{\text{"S39"}}}\right)^{\sigma_{\text{ENG}_{\text{sec}}}} \\
&\times \left(\begin{array}{l} \gamma_{\text{ENG}_{\text{sec}}}{}^{\sigma_{\text{ENG}_{\text{sec}}}} \times P_{\text{"S39"}}{}^{(1-\sigma_{\text{ENG}_{\text{sec}}})} \\ + (1-\gamma_{\text{ENG}_{\text{sec}}})^{\sigma_{\text{ENG}_{\text{sec}}}} \times P_{\text{FOF}_{\text{sec}}}{}^{(1-\sigma_{\text{ENG}_{\text{sec}}})} \end{array}\right)^{\frac{\sigma_{\text{ENG}_{\text{sec}}}}{(1-\sigma_{\text{ENG}_{\text{sec}}})}}
\end{aligned}
\quad (3\text{-}19)
$$

2) 化石能源投入在 CES 函数中的需求方程

$$
\begin{aligned}
\text{FOF}_{\text{sec}} = &\left(\frac{\text{ENG}_{\text{sec}}}{\alpha_{\text{ENG}_{\text{sec}}}}\right) \times \left(\frac{1-\gamma_{\text{ENG}_{\text{sec}}}}{P_{\text{FOF}_{\text{sec}}}}\right)^{\sigma_{\text{ENG}_{\text{sec}}}} \\
&\times \left(\begin{array}{l} \gamma_{\text{ENG}_{\text{sec}}}{}^{\sigma_{\text{ENG}_{\text{sec}}}} \times P_{\text{"S39"}}{}^{(1-\sigma_{\text{ENG}_{\text{sec}}})} \\ + (1-\gamma_{\text{ENG}_{\text{sec}}})^{\sigma_{\text{ENG}_{\text{sec}}}} \times P_{\text{FOF}_{\text{sec}}}{}^{(1-\sigma_{\text{ENG}_{\text{sec}}})} \end{array}\right)^{\frac{\sigma_{\text{ENG}_{\text{sec}}}}{(1-\sigma_{\text{ENG}_{\text{sec}}})}}
\end{aligned}
\quad (3\text{-}20)
$$

3) 零利润条件

$$P_{\text{ENG}_{\text{sec}}} \times \text{ENG}_{\text{sec}} = P_{\text{"ELE"}} \times \text{ELE}_{\text{sec}} + P_{\text{FOF}_{\text{sec}}} \times \text{FOF}_{\text{sec}} \quad (3\text{-}21)$$

4. 第三层

资本-能源组合投入 KE_{sec} 由资本投入和能源投入组成,以 CES 函数形式表现。将 CES 函数在零利润约束下通过拉格朗日函数求解,得到电力投入 K_{sec} 需求方程[公式(3-22)]、能源投入 ENG_{sec} 需求方程[公式(3-23)]和资本-能源组合投入价格 $P_{\text{KE}_{\text{sec}}}$ 的零利润条件方程[公式(3-24)]。$\alpha_{\text{KE}_{\text{sec}}}$ 是 CES 函数的效率参数、$\gamma_{K_{\text{sec}}}$ 是资本投入的份额参数,因此能源投入的份额参数为 $(1-\gamma_{\text{KE}_{\text{sec}}})$。$\sigma_{\text{KE}_{\text{sec}}}$ 是资本投入与能源投入的价格替代弹性参数。

1) 资本投入在 CES 函数中的需求方程

$$
K_{\text{sec}} = \left(\frac{\text{KE}_{\text{sec}}}{\alpha_{\text{KE}_{\text{sec}}}}\right) \times \left(\frac{\gamma_{\text{KE}_{\text{sec}}}}{P_{K_{\text{sec}}}}\right)^{\sigma_{\text{KE}_{\text{sec}}}} \times \left(\begin{array}{l} \gamma_{\text{KE}_{\text{sec}}}{}^{\sigma_{\text{KE}_{\text{sec}}}} \times P_{K_{\text{sec}}}{}^{(1-\sigma_{\text{KE}_{\text{sec}}})} \\ + (1-\gamma_{\text{KE}_{\text{sec}}})^{\sigma_{\text{KE}_{\text{sec}}}} \times P_{\text{ENG}_{\text{sec}}}{}^{(1-\sigma_{\text{KE}_{\text{sec}}})} \end{array}\right)^{\frac{\sigma_{\text{KE}_{\text{sec}}}}{(1-\sigma_{\text{KE}_{\text{sec}}})}}
$$

$$(3\text{-}22)$$

2）能源投入在CES函数中的需求方程

$$\mathrm{ENG_{sec}}=\left(\frac{\mathrm{KE_{sec}}}{\alpha_{\mathrm{KE_{sec}}}}\right)\times\left(\frac{1-\gamma_{\mathrm{KE_{sec}}}}{P_{\mathrm{ENG_{sec}}}}\right)^{\sigma_{\mathrm{KE_{sec}}}}\times\left(\begin{array}{c}\gamma_{\mathrm{KE_{sec}}}{}^{\sigma_{\mathrm{KE_{sec}}}}\times P_{K_{sec}}{}^{(1-\sigma_{\mathrm{KE_{sec}}})}\\+(1-\gamma_{\mathrm{KE_{sec}}})^{\sigma_{\mathrm{KE_{sec}}}}\times P_{\mathrm{ENG_{sec}}}{}^{(1-\sigma_{\mathrm{KE_{sec}}})}\end{array}\right)^{\frac{\sigma_{\mathrm{KE_{sec}}}}{(1-\sigma_{\mathrm{KE_{sec}}})}} \tag{3-23}$$

3）零利润条件

$$P_{\mathrm{KE_{sec}}}\times\mathrm{KE_{sec}}=P_{K_{sec}}\times K_{sec}+P_{\mathrm{ENG_{sec}}}\times\mathrm{ENG_{sec}} \tag{3-24}$$

5. 第二层

根据生产部门的差异分为两种设定。一是对农业生产部门：增加值投入 $\mathrm{VA_{prima}}$ 由劳动力投入和资本-能源组合投入构成，以 Cobb–Douglas 函数形式表现。将 Cobb–Douglas 函数在零利润约束下通过拉格朗日函数求解，得到劳动力投入 L_{prima} 需求方程［公式(3-25)］、资本-能源组合投入 $\mathrm{KE_{prima}}$ 需求方程［公式(3-26)］，以及增加值投入需求方程［公式(3-27)］。$\beta_{\mathrm{FK_{prima}}}$、$\beta_{\mathrm{FL_{prima}}}$ 分别是在 Cobb–Douglas 函数中资本-能源组合投入和劳动力投入的份额参数。

1）资本-能源组合投入在Cobb–Douglas函数中的需求方程

$$\mathrm{KE_{prima}}=\beta_{\mathrm{FK_{prima}}}\times P_{\mathrm{VA_{prima}}}\times\mathrm{VA_{prima}}/P_{\mathrm{KE_{prima}}} \tag{3-25}$$

2）劳动力投入在Cobb–Douglas函数中的需求方程

$$L_{\mathrm{prima}}=\beta_{\mathrm{FL_{prima}}}\times P_{\mathrm{VA_{prima}}}\times\mathrm{VA_{prima}}/P_L \tag{3-26}$$

3）增加值投入在Cobb–Douglas函数中的需求方程

$$\mathrm{VA_{prima}}=bF_{\mathrm{prima}}\times\left(\mathrm{KE_{prima}}{}^{\beta_{\mathrm{FK_{prima}}}}\times L_{\mathrm{prima}}{}^{\beta_{\mathrm{FL_{prima}}}}\right) \tag{3-27}$$

二是对工业部门：增加值投入 $\mathrm{VA_{inse}}$ 由劳动力投入和资本-能源组合投入构成，以 CES 函数形式表现。将 CES 函数在零利润约束下通过拉格朗日函数求解，得到资本-能源组合投入 $\mathrm{KE_{inse}}$ 需求方程［公式(3-28)］、劳动力投入 L_{inse} 需求方程［公式(3-29)］，和增加值投入价格 $P_{\mathrm{VA_{inse}}}$ 的零利润条件方程［公式(3-30)］。$\alpha_{\mathrm{VA_{inse}}}$ 是CES函数的效率参数、$\gamma_{\mathrm{VA_{inse}}}$ 是劳动力投入的份额参数，因此资本-能源组合投入的份额参数为 $(1-\gamma_{\mathrm{VA_{inse}}})$。$\sigma_{\mathrm{VA_{inse}}}$ 是劳动力投入与资本-能源组合投入的价格替代弹性参数。

4）资本-能源组合投入在CES函数中的需求方程

$$\mathrm{KE_{inse}}=\left(\frac{\mathrm{VA_{inse}}}{\alpha_{F_{inse}}}\right)\times\left(\frac{1-\gamma_{F_{inse}}}{P_{\mathrm{KE_{inse}}}}\right)^{\sigma_{F_{inse}}}\times\left(\begin{array}{c}\gamma_{F_{inse}}{}^{\sigma_{F_{inse}}}\times P_{L_{inse}}{}^{(1-\sigma_{F_{inse}})}\\+(1-\gamma_{F_{inse}})^{\sigma_{F_{inse}}}\times P_{\mathrm{KE_{inse}}}{}^{(1-\sigma_{F_{inse}})}\end{array}\right)^{\frac{\sigma_{F_{inse}}}{(1-\sigma_{F_{inse}})}}$$

$$\tag{3-28}$$

5）劳动力投入投入在CES函数中的需求方程

$$L_{\mathrm{inse}}=\left(\frac{\mathrm{VA_{inse}}}{\alpha_{F_{inse}}}\right)\times\left(\frac{\gamma_{F_{inse}}}{P_L}\right)^{\sigma_{F_{inse}}}\times\left(\begin{array}{c}\gamma_{F_{inse}}{}^{\sigma_{F_{inse}}}\times P_{L_{inse}}{}^{(1-\sigma_{F_{inse}})}\\+(1-\gamma_{F_{inse}})^{\sigma_{F_{inse}}}\times P_{\mathrm{KE_{inse}}}{}^{(1-\sigma_{F_{inse}})}\end{array}\right)^{\frac{\sigma_{F_{inse}}}{(1-\sigma_{F_{inse}})}} \tag{3-29}$$

6）零利润条件

$$P_{VA_{inse}} \times VA_{inse} = P_L \times L_{inse} + P_{KE_{inse}} \times KE_{inse} \tag{3-30}$$

6. 第一层

总产出 $X_{D_{sec}}$ 由增加值投入和不包含能源产品的中间产品投入（简称"非能源中间投入"）构成，以 Leontief 函数形式表现，即假定增加值投入 VA_{cro} 与非能源中间投入 $IO_{nen,sec}$ 的价格替代弹性为零，两种投入的相对价格变动与其投入量不相关。由此得到非能源中间投入 $IO_{nen,sec}$ 需求方程[公式（3-31）]、增加值投入 VA_{sec} 需求方程[公式（3-32）]，以及表现生产者价格 $P_{D_{sec}}$ 与增加值投入价格 $P_{VA_{sec}}$ 和非能源中间产品销售价格 P_{nen} 之间关系的方程[公式（3-33）]。tva_{sec} 是附在增加值投入价格上的生产税率。

1）非能源中间投入在 Leontief 函数中的需求方程

$$IO_{nen,sec} = iio_{nen,sec} \times X_{D_{sec}} \tag{3-31}$$

2）增加值投入在 Leontief 函数中的需求方程

$$VA_{sec} = iva_{sec} \times X_{D_{sec}} \tag{3-32}$$

3）生产者价格与增加值价格及其他中间投入价格的关系

$$P_{D_{sec}} = iva_{sec} \times P_{VA_{sec}} \times (1 + tva_{sec}) + \sum_{nen} P_{nen} \times iio_{nen,sec} \tag{3-33}$$

3.4.3 贸易模块

贸易模块描述的是本地产品、出口品、进口品之间形成替代，最终成为本地商品供给的过程（图3-4）。生产活动所带来的本地产出 $X_{D_{sec}}$ 在本地产品需求 $X_{DD_{sec}}$ 和出口 E_{sec} 之间分配，用 CET 函数描述用于出口的产品和用于国内销售的产品具有不完全转换弹性。进口商品 M_{sec} 采用 Armington 假设，即进口商品和本地产品之间具有不完全的替代性，并用 CES 函数（也可专称为 Armington 函数）合成为本地商品供给。本地商品供给用以满足国内各种消费需求，包括居民消费 $C_{hou,sec}$、政府消费 CG_{sec}、投资需求 I_{sec}、非能源中间投入 $IO_{nen,sec}$ 和五种能源投入（$COAL_{sec}$、OG_{sec}、GAS_{sec}、GAO_{sec}、ELE_{sec}）等。

本地产出 $X_{D_{sec}}$ 通过 CET 函数分配给出口 E_{sec} 和本地产品 $X_{DD_{sec}}$。将 CET 函数在零利润约束下通过拉格朗日函数求解，得到出口产品 E_{sec} 需求方程[公式（3-34）]、本地产品 $X_{DD_{sec}}$ 需求方程[公式（3-35）]和生产者价格 $P_{D_{sec}}$ 的零利润条件方程[公式（3-36）]。$\alpha_{T_{sec}}$ 是 CET 函数的效率参数、$\gamma_{T_{sec}}$ 是本地产品需求的份额参数，因此出口产品需求的份额参数为 $(1 - \gamma_{T_{sec}})$。$\sigma_{T_{sec}}$ 是进口商品与本地产品的价格替代弹性参数。

1）服从 CET 函数的出口需求

$$E_{sec} = \left(\frac{XD_{sec}}{\alpha_{T_{sec}}} \right) \times \left(\frac{1 - \gamma_{T_{sec}}}{P_{E_{sec}}} \right)^{\sigma_{T_{sec}}} \times \left(\begin{array}{c} (1 - \gamma_{T_{sec}})^{\sigma_{T_{sec}}} \times P_{E_{sec}}^{(1-\sigma_{T_{sec}})} \\ + \gamma_{T_{sec}}^{\sigma_{T_{sec}}} \times P_{DD_{sec}}^{(1-\sigma_{T_{sec}})} \end{array} \right)^{\frac{\sigma_{T_{sec}}}{(1-\sigma_{T_{sec}})}} \tag{3-34}$$

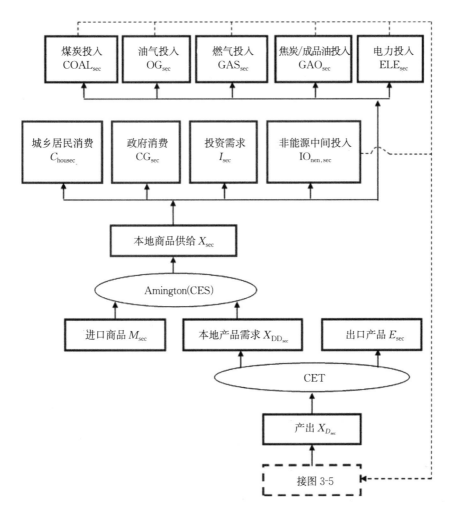

图3-4　PLANER模型的贸易函数结构

2）服从CET函数的本地产品需求

$$X_{DD_{sec}} = \left(\frac{X_{D_{sec}}}{\alpha_{T_{sec}}}\right) \times \left(\frac{\gamma_{T_{sec}}}{P_{DD_{sec}}}\right)^{\sigma_{T_{sec}}} \times \left(\begin{array}{c}(1-\gamma_{T_{sec}})^{\sigma_{T_{sec}}} \times P_{E_{sec}}^{(1-\sigma_{T_{sec}})}\\ +\gamma_{T_{sec}}^{\sigma_{T_{sec}}} \times P_{DD_{sec}}^{(1-\sigma_{T_{sec}})}\end{array}\right)^{\frac{\sigma_{T_{sec}}}{(1-\sigma_{T_{sec}})}} \quad (3\text{-}35)$$

3）CET函数的零利润条件

$$P_{D_{sec}} \times X_{D_{sec}} = P_{E_{sec}} \times E_{sec} + P_{DD_{sec}} \times X_{DD_{sec}} \quad (3\text{-}36)$$

本地商品供给X_{sec}由进口商品M_{sec}和本地产品$X_{DD_{sec}}$构成，以Armington函数形式表现。将Armington函数在零利润约束下通过拉格朗日函数求解，得到进口商品M_{sec}需求方程［公式(3-37)］、本地产品$X_{DD_{sec}}$需求方程［公式(3-38)］、本地商品销售价格$P_{X_{sec}}$的零利润条件方程［公式(3-39)］。$\alpha_{A_{sec}}$是Armington函数的效率参数、$\gamma_{M_{sec}}$是进口商品需求的份额参数，故本地产品需求的份额参数为$(1-\gamma_{M_{sec}})$。$\sigma_{M_{sec}}$是进口商品与本地产品的价格替代弹性参数。

4）服从 Armington 函数的进口需求

$$M_{\text{sec}} = \left(\frac{X_{\text{sec}}}{\alpha_{A_{\text{sec}}}}\right) \times \left(\frac{\gamma_{A_{\text{sec}}}}{P_{M_{\text{sec}}}}\right)^{\sigma_{A_{\text{sec}}}} \times \left(\begin{array}{c}\gamma_{A_{\text{sec}}}{}^{\sigma_{A_{\text{sec}}}} \times P_{M_{\text{sec}}}{}^{(1-\sigma_{A_{\text{sec}}})} \\ +(1-\gamma_{A_{\text{sec}}})^{\sigma_{A_{\text{sec}}}} \times P_{\text{DD}_{\text{sec}}}{}^{(1-\sigma_{A_{\text{sec}}})}\end{array}\right)^{\frac{\sigma_{A_{\text{sec}}}}{(1-\sigma_{A_{\text{sec}}})}} \quad (3\text{-}37)$$

5）服从 Armington 函数的本地产出需求

$$X_{\text{DD}_{\text{sec}}} = \left(\frac{X_{\text{sec}}}{\alpha_{A_{\text{sec}}}}\right) \times \left(\frac{1-\gamma_{A_{\text{sec}}}}{P_{\text{DD}_{\text{sec}}}}\right)^{\sigma_{A_{\text{sec}}}} \times \left(\begin{array}{c}\gamma_{A_{\text{sec}}}{}^{\sigma_{A_{\text{sec}}}} \times P_{M_{\text{sec}}}{}^{(1-\sigma_{A_{\text{sec}}})} \\ +(1-\gamma_{A_{\text{sec}}})^{\sigma_{A_{\text{sec}}}} \times P_{\text{DD}_{\text{sec}}}{}^{(1-\sigma_{A_{\text{sec}}})}\end{array}\right)^{\frac{\sigma_{A_{\text{sec}}}}{(1-\sigma_{A_{\text{sec}}})}}$$

$$(3\text{-}38)$$

6）Armington 函数的零利润条件

$$P_{\text{sec}} \times X_{\text{sec}} = P_{M_{\text{sec}}} \times M_{\text{sec}} + P_{\text{DD}_{\text{sec}}} \times X_{\text{DD}_{\text{sec}}} \quad (3\text{-}39)$$

本研究采取小国假设，因此进口商品和出口产品的国际价格（分别为 $p_{\text{WmZ}_{\text{sec}}}$、$p_{\text{WeZ}_{\text{sec}}}$）均设为外生变量，即假设本国某种商品的需求或供给不会影响该商品的国际价格，但汇率水平 ER 由本国国际收支均衡情况决定。tm_{sec} 为关税税率。公式（3-40）和公式（3-41）分别为以本币结算的进口商品价格方程和出口产品价格方程。

7）以本币结算的进口商品价格方程

$$P_{M_{\text{sec}}} = (1+\text{tm}_{\text{sec}}) \times \text{ER} \times \overline{p_{\text{WmZ}_{\text{sec}}}} \quad (3\text{-}40)$$

8）以本币结算的出口产品价格方程

$$P_{E_{\text{sec}}} = \text{ER} \times \overline{p_{\text{WeZ}_{\text{sec}}}} \quad (3\text{-}41)$$

3.4.4 机构与投资/储蓄模块

机构包括城乡居民、企业和政府等部门，模块结构见图3-5。

本研究采用 Stone–Geary 效用函数描述城乡居民消费，利用拉格朗日函数求解最终收入约束条件下满足效用最大化的消费需求 $C_{\text{hou,sec}}$ 方程（公式3-42）。$\mu_{H_{\text{hou,sec}}}$ 表示居民所需的最低消费水平；$\alpha_{\text{HLES}_{\text{hou,sec}}}$ 为边际预算份额，且 $\alpha_{\text{HLES}_{\text{hou,sec}}} = 1$。

1）居民商品消费需求方程

$$P_{\text{sec}} \times C_{\text{sec,hou}} = P_{\text{sec}} \times \mu_{H_{\text{hou,sec}}} + \alpha_{\text{HLES}_{\text{hou,sec}}} \times \left[\text{CBUD}_{\text{hou}} - \sum_{\text{sec}} \mu_{H_{\text{hou,sec}}} \times P_{\text{sec}}\right]$$

$$(3\text{-}42)$$

居民和企业的储蓄水平 $\text{SP}_{\text{insdng}}$ 由其收入水平和固定的储蓄率 $\text{mps}_{\text{insdng}}$ 决定，也受到政府所征收的直接税 $\text{ty}_{\text{insdng}}$ 的影响，见公式（3-43）。

2）居民与企业储蓄

$$\text{SP}_{\text{insdng}} = \text{mps}_{\text{insdng}} \times (1-\text{ty}_{\text{insdng}}) \times Y_{\text{insdng}} \quad (3\text{-}43)$$

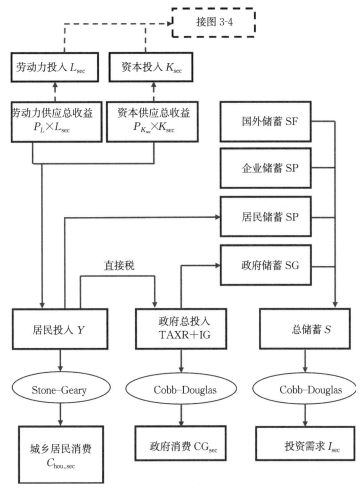

图3-5 PLANER模型的机构收入分配结构

3) 居民与企业收入

居民和企业收入 Y_{insdng} 包含剔除国外投资收益 $\overline{\text{KSRW}}$ 后的资本总收益 $\left(\sum\limits_{\text{sec}} P_{K_{\text{sec}}} \times K_{\text{sec}} - \text{ER} \times \overline{\text{KSRW}}\right)$、劳动报酬 $\text{PL} \times \text{LS}$、国际转移支付 $\text{ER} \times \overline{\text{NFD}}$、来自政府的转移支付 $\overline{\text{TRI}}_{\text{insdng,"GOV"}}$ 和来自企业的转移支付 $\overline{\text{TRI}}_{\text{insdng,"ENT"}}$ 之和 PCINDEX $\times \left(\overline{\text{TRI}}_{\text{insdng,"GOV"}} - \overline{\text{TRI}}_{\text{insdng,"ENT"}}\right)$ 等,见公式(3-44)。式中,$\text{share}_{\text{KS}_{\text{insdng}}}$ 为各机构部门对资本收益分配比例,PCINDEX 为价格指数,"GOV" 和 "ENT" 分别表示政府部门和企业部门。

$$Y_{\text{insdng}} = \left(\sum_{\text{sec}} P_{K_{\text{sec}}} \times K_{\text{sec}} - \text{ER} \times \overline{\text{KSRW}}\right) \times \text{share}_{\text{KS}_{\text{insdng}}}$$
$$+ \text{PL} \times \text{LS}_{\text{insdng}} + \text{ER} \times \overline{\text{NFD}}_{\text{insdng}} + \text{PCINDEX} \times \left(\overline{\text{TRI}}_{\text{insdng,"GOV"}} + \overline{\text{TRI}}_{\text{insdng,"ENT"}}\right)$$

(3-44)

4）居民总消费

城乡居民总消费$CBUD_{hou}$是居民可支配收入$(1-ty_{hou})\times Y_{hou}$扣除居民储蓄$SP_{hou}$和居民向政府的转移支付$\overline{TRI}_{GOV,hou}$之后的余额，见公式(3-45)。

$$CBUD_{hou}=(1-ty_{hou})\times Y_{hou}-SP_{hou}-\overline{TRI}_{"GOV",hou} \tag{3-45}$$

5）居民福利水平

城乡居民福利水平由等价变化(equivalent variations，EV)决定，衡量的是价格变动对于城乡居民福利水平的影响。在价格不变的情况下，初始值为0，因此福利水平只有比较的意义，没有绝对意义，见公式(3-46)~公式(3-50)。式中，$PLESZ_{hou}$是城乡居民消费价格指数的基期值；$PLES_{hou}$是政策模拟后的城乡居民消费价格指数；$PLES_{10_{hou}}$是城乡居民消费价格指数相对于基期的变化率；SIZ_{hou}是城乡居民基期的额外消费量；SI_{hou}是政策模拟后城乡居民的额外消费量；EV_{hou}是城乡居民的等价变化量，一般用来代表居民福利；CV_{hou}是城乡居民的补偿变量，其变化情况与EV_{hou}相同，一般不予讨论；EV_{hou}和CV_{hou}在基期为0，即假定外部情况不变的条件下居民的福利水平不会发生变化。

$$PLES_{hou}=\prod_{sec}P_{sec}{}^{\alpha_{HLES_{sec,hou}}} \tag{3-46}$$

$$PLES_{10_{hou}}=PLES_{hou}/PLESZ_{hou} \tag{3-47}$$

$$SI_{hou}=CBUD_{hou}-P_{sec}\times \mu_{H_{sec,hou}} \tag{3-48}$$

$$EV_{hou}=SI_{hou}/PLES_{10_{hou}}-SIZ_{hou} \tag{3-49}$$

$$CV_{hou}=SI_{hou}-SIZ_{hou}\times PLES_{10_{hou}} \tag{3-50}$$

6）政府储蓄

政府储蓄SG由总税收收入TAXR和储蓄率mpg决定。

$$SG=mpg\times TAXR \tag{3-51}$$

7）政府投资收益

政府投资收益由社会总储蓄S和政府投资收益分配比例α_{IG}决定。

$$IG=\alpha_{IG}\times S \tag{3-52}$$

8）政府消费

政府消费CG_{sec}由Cobb–Douglas函数描述，为政府总收入（即政府总税收收入与政府投资收益之和）扣除对居民和企业的转移支付、政府对国外支出和政府储蓄等项目后，通过份额参数$\alpha_{CG_{sec}}$得到。

$$P_{sec}\times CG_{sec}=\alpha_{CG_{sec}}\times \left[\begin{array}{l} TAXR+IG \\ -\left(PCINDEX\times \sum_{insdng}\overline{TRI}_{insdng,"GOV"}+ER\times \overline{EGF}+SG\right) \end{array}\right] \tag{3-53}$$

9) 政府总税收收入

政府总税收包括以增值税表现的生产税税收、关税税收和直接税税收，以及针对四种化石能源使用所征收的碳税税收之和。

$$
\begin{aligned}
\text{TAXR} =& \sum_{\text{sec}} \text{tva}_{\text{sec}} \times \left(P_{\text{VA}_{\text{sec}}} \times \text{VA}_{\text{sec}} \right) + \sum_{\text{sec}} \text{tm}_{\text{sec}} \times \overline{p_{\text{wmz}_{\text{sec}}}} \times \text{ER} \times M_{\text{sec}} + \sum_{\text{insdng}} \text{ty}_{\text{insdng}} \times Y_{\text{insdng}} \\
&+ \sum_{\text{sec}} \text{COAL}_{\text{sec}} \times \text{COALcm}_{\text{sec}} \times \text{COALctx}_{\text{sec}} \\
&+ \sum_{\text{sec}} \text{OG}_{\text{sec}} \times \text{OGcm}_{\text{sec}} \times \text{OGctx}_{\text{sec}} \\
&+ \sum_{\text{sec}} \text{GAO}_{\text{sec}} \times \text{GAOcm}_{\text{sec}} \times \text{GAOctx}_{\text{sec}} \\
&+ \sum_{\text{sec}} \text{GAS}_{\text{sec}} \times \text{GAScm}_{\text{sec}} \times \text{GASctx}_{\text{sec}}
\end{aligned}
$$

$$(3\text{-}54)$$

10) 总储蓄

总储蓄为各机构储蓄之和再加上国外储蓄SF。所谓国外储蓄即国际收支差额。

$$S = \sum_{\text{insdng}} \text{SP}_{\text{insdng}} + \text{SG} + \text{ER} \times \overline{\text{SF}} \tag{3-55}$$

11) 银行的部门投资

$$P_{\text{sec}} \times I_{\text{sec}} = \alpha_{I_{\text{sec}}} \times S \tag{3-56}$$

3.4.5 市场出清与宏观闭合

市场出清条件要求劳动力市场均衡 [公式(3-57)]、非能源商品市场均衡 [公式(3-58)]、煤炭市场均衡 [公式(3-59)]、油气市场均衡 [公式(3-60)]、焦炭/成品油市场均衡 [公式(3-61)]、燃气市场均衡 [公式(3-62)]、电力市场均衡 [公式(3-63)]、国际收支平衡 [公式(3-64)] 等。需要注意的是，动态模型中的资本投入 K_{sec} 表示资本存量，在基期是作为外生变量并假定不同生产部门之间不能流动，而在动态过程中，资本存量的增长来源于新增投资的推动。

1) 劳动力市场均衡

$$\sum_{\text{sec}} L_{\text{sec}} = \overline{\text{LS}} \tag{3-57}$$

2) 非能源商品市场均衡

$$X_{\text{nen}} = \sum_{\text{hou}} C_{\text{nen, hou}} + I_{\text{nen}} + CG_{\text{nen}} + \sum_{\text{sec}} \text{IO}_{\text{nen, sec}} \tag{3-58}$$

3) 煤炭市场均衡

$$X_{\text{"S2"}} = \sum_{\text{hou}} C_{\text{"S2", hou}} + I_{\text{"S2"}} + CG_{\text{"S2"}} + \sum_{\text{sec}} \text{COAL}_{\text{sec}} \tag{3-59}$$

4) 油气市场均衡

$$X_{\text{"S3"}} = \sum_{\text{hou}} C_{\text{"S3", hou}} + I_{\text{"S3"}} + CG_{\text{"S3"}} + \sum_{\text{sec}} \text{OG}_{\text{sec}} \tag{3-60}$$

5）焦炭/成品油市场均衡

$$X_{"S20"} = \sum_{hou} C_{"S20", hou} + I_{"S20"} + CG_{"S20"} + \sum_{sec} GAO_{sec} \tag{3-61}$$

6）燃气市场均衡

$$X_{"S40"} = \sum_{hou} C_{"S40", hou} + I_{"S40"} + CG_{"S40"} + \sum_{sec} GAS_{sec} \tag{3-62}$$

7）电力市场均衡

$$X_{"S39"} = \sum_{hou} C_{"S39", hou} + I_{"S39"} + CG_{"S39"} + \sum_{sec} ELE_{sec} \tag{3-63}$$

8）国际收支平衡

$$\sum_{sec} \overline{p_{WmZ_{sec}}} \times M_{sec} + \overline{KSRW} + (PK/ER) \times \overline{EGF} = \sum_{sec} \overline{p_{WeZ_{sec}}} \times E_{sec} + \overline{SF} + \sum_{insdng} \overline{NFD}_{insdng} \tag{3-64}$$

3.4.6 碳排放模块

本研究直接计算化石能源作为燃料的碳排放量，不区分直接碳排放量和间接碳排放量。以IPCC提供的碳排放核算作为参考。参考Dong等（2015）的基于标准煤消耗的碳排放量核算方法。在公式（3-65）～公式（3-72）中，$COALcm_{sec}$、$OGcm_{sec}$、$GAOcm_{sec}$、$GAScm_{sec}$分别为煤炭、油气、焦炭/成品油、燃气的碳排放系数，$covert_{COAL_{sec}}$、$covert_{OG_{sec}}$、$covert_{GAO_{sec}}$、$covert_{GAS_{sec}}$分别为四种能源转换为标准煤的转换系数，$emsCO_{2COAL}$、$emsCO_{2OG}$、$emsCO_{2GAO}$、$emsCO_{2GAS}$分别为四种能源的碳排放因子，$Oxid_{COAL}$、$Oxid_{OG}$、$Oxid_{GAO}$、$Oxid_{GAS}$分别为四种能源的氧化率。

1）煤炭投入的碳排放量

$$CO_{2COAL_{sec}} = COAL_{sec} \times COALcm_{sec} \tag{3-65}$$

$$COALcm_{sec} = convert_{COAL_{sec}} \times emsCO_{2COAL} \times Oxid_{COAL} \tag{3-66}$$

2）油气投入的碳排放量

$$CO_{2OG_{sec}} = OG_{sec} \times OGcm_{sec} \tag{3-67}$$

$$OGcm_{sec} = convert_{OG_{sec}} \times emsCO_{2OG} \times Oxid_{OG} \tag{3-68}$$

3）焦炭/成品油投入的碳排放量

$$CO_{2GAO_{sec}} = GAO_{sec} \times convert_{GAO} \times emsCO_{2GAO} \times Oxid_{GAO} \tag{3-69}$$

$$GAOcm_{sec} = convert_{GAO_{sec}} \times emsCO_{2GAO} \times Oxid_{GAO} \tag{3-70}$$

4）燃气投入的碳排放量

$$CO_{2GAS_{sec}} = GAS_{sec} \times convert_{GAS} \times emsCO_{2GAS} \times Oxid_{GAS} \tag{3-71}$$

$$GAScm_{sec} = convert_{GAS_{sec}} \times emsCO_{2GAS} \times Oxid_{GAS} \tag{3-72}$$

3.4.7 模型的动态机制

PLANER模型的动态机制是基于新古典增长理论，根据中国经济增速快和经济结构变动显著的特点，采用递推动态方法。在递推动态过程中，经济增长主要由要素增长决定,本研主要考虑两种驱动因素,即劳动力总供给的增长、新增投资催动的资本存量的增长,以及全要素技术进步过程。在公式(3-73)~公式(3-79)中,glab_t表示t期的劳动力年均增长率;IT_t为t期可用的投资总额;AR_t为t期的平均收益率,作为分配投资总额的依据;INVZ_{sec}为基期的新增投资;ρ为各生产部门资本存量价格的替代弹性,设其值为0.5表示风险中性的特征;$\text{depri}_{\text{sec}}$为各生产部门资本折旧率,参考现有研究一般设为0.05;gt_{sec}为各生产部门的全要素增长率。其中,新增投资催动的资本存量的增长的过程:t期的投资集结形成可用投资总额,可用投资总额根据当期各生产部门资本存量价格与平均资本收益率的比值决定下一期新增投资的分配系数,可用投资总额乘以新增投资的分配系数即下一期用于增加各生产部门资本存量的新增投资。

1) 劳动力增长

$$\text{LS}_{t+1} = \text{LS}_t \times (1 + \text{glab}_t) \tag{3-73}$$

2) 基期($t=0$)可用的投资总额

$$\text{IT}_t = \sum_{\text{sec}} I_{\text{sec},t} \tag{3-74}$$

3) 平均资本收益率

$$\text{AR}_t = \frac{\sum_{\text{sec}} P_{K_{\text{sec}},t} K_{\text{sec},t}}{\sum_{\text{sec}} K_{\text{sec},t}} \tag{3-75}$$

4) 新增资本在各生产部门的分配系数

$$\alpha_{\text{INV}_{\text{sec}}} = \frac{\overline{\text{INVZ}}_{\text{sec}}}{\sum_{\text{sec}} \overline{\text{INVZ}}_{\text{sec}}} \left(\frac{P_{K_{\text{sec}},t}}{\text{AR}_t} \right)^{\rho} \tag{3-76}$$

5) 各生产部门分配到的新增资本

$$\text{INV}_{\text{sec},t} = \alpha_{\text{INV}_{\text{sec}}} \text{IT}_t \tag{3-77}$$

6) $t+1$期资本存量的增长量

$$\overline{K}_{\text{sec},t+1} = (1 - \text{depri}_{\text{sec},t}) \overline{K}_{\text{sec},t} + \text{INV}_{\text{sec},t} \tag{3-78}$$

7) 全要素技术进步

$$b_{F_{\text{sec}},t+1} = b_{F_{\text{sec}},t} (1 + \text{gt}_{\text{sec},t}) \tag{3-79}$$

3.4.8 模型参数设定

中国能源CGE模型中需要设定的外生参数主要是价格弹性参数,包括CES生产函数中的不同投入的价格替代参数,以及Stone-Geary效用函数校准过程中需要的城乡居民消费收入弹性和Frisch参数,参考了以往文献的取值,具体可见表3-14。

表3-14　PLANER模型中价格弹性参数取值

Sector codes	资本–能源组合投入与劳动投入的价格替代弹性(KE-L)*	资本与能源投入的替代弹性(K–E)*	电力和化石能源的价格替代弹性(ELE-FOF)*	不同化石能源之间的替代弹性(FOF)*	Armington函数的价格替代弹性**	CET函数的价格替代弹性**	农村居民的收入弹性***	城市居民的收入弹性***
S1	1	0.3	0.70	1.5	2.5	3.6	0.853	0.371
S2	0.2	0.3	0.65	1.3	3.1	4.6	0.254	0.857
S3	0.2	0.3	0.65	1.3	7.4	4.6	0.254	0.857
S4	0.9	0.3	0.70	1.5	2.8	4.6	0.254	0.857
S5	0.9	0.3	0.70	1.5	2.8	4.6	0.254	0.857
S6	0.9	0.3	0.70	1.5	2.8	4.6	0.254	0.857
S7	0.9	0.3	0.70	1.5	2.8	4.6	0.254	0.857
S8	0.9	0.3	0.70	1.5	2.6	4.5	0.937	0.813
S9	0.9	0.3	0.70	1.5	2.2	4.5	0.937	0.813
S10	0.9	0.3	0.70	1.5	1.2	4.7	0.937	0.813
S11	0.9	0.3	0.70	1.5	1.2	4.7	0.937	0.813
S12	0.9	0.3	0.70	1.5	2.8	4.6	0.937	0.813
S13	0.9	0.3	0.70	1.5	2.8	4.6	0.937	0.813
S14	0.9	0.3	0.70	1.5	2.8	4.6	0.937	0.813
S15	0.9	0.3	0.70	1.5	2.8	4.6	0.937	0.813
S16	0.9	0.3	0.70	1.5	2.8	4.6	0.937	0.813
S17	0.9	0.3	0.70	1.5	2.8	4.6	0.937	0.813
S18	0.9	0.3	0.70	1.5	2.8	4.6	0.937	0.813
S19	0.9	0.3	0.70	1.5	2.8	4.6	0.937	0.813
S20	0.9	0.3	0.60	1.25	2.1	3.8	0.937	0.813
S21	0.9	0.3	0.70	1.5	2.8	4.6	0.937	0.813
S22	0.9	0.3	0.70	1.5	2.8	4.6	0.937	0.813
S23	0.9	0.3	0.70	1.5	2.8	4.6	0.937	0.813
S24	0.9	0.3	0.70	1.5	2.8	4.6	0.937	0.813
S25	0.9	0.3	0.70	1.5	2.8	4.6	0.937	0.813
S26	0.9	0.3	0.70	1.5	2.8	4.6	0.937	0.813
S27	0.9	0.3	0.70	1.5	2.8	4.6	0.937	0.813
S28	0.9	0.3	0.70	1.5	2.8	4.6	0.937	0.813
S29	0.9	0.3	0.70	1.5	2.8	4.6	0.937	0.813
S30	0.9	0.3	0.70	1.5	2.8	4.6	0.937	0.813
S31	0.9	0.3	0.70	1.5	2.8	4.6	0.937	0.813
S32	0.9	0.3	0.70	1.5	2.8	4.6	0.937	0.813
S33	0.9	0.3	0.70	1.5	2.8	4.6	0.937	0.813
S34	0.9	0.3	0.70	1.5	2.8	4.6	0.937	0.813
S35	0.9	0.3	0.70	1.5	2.8	4.6	0.937	0.813
S36	0.9	0.3	0.70	1.5	2.8	4.6	0.937	0.813

续表

Sector codes	资本-能源组合投入与劳动投入的价格替代弹性(KE-L)*	资本与能源投入的替代弹性(K-E)*	电力和化石能源的价格替代弹性(ELE-FOF)*	不同化石能源之间的替代弹性(FOF)*	Armington函数的价格替代弹性**	CET函数的价格替代弹性**	农村居民的收入弹性***	城市居民的收入弹性***
S37	0.9	0.3	0.70	1.5	2.8	4.6	0.937	0.813
S38	0.9	0.3	0.70	1.5	2.8	4.6	0.937	0.813
S39	0.2	0.3	0.60	1.25	2.8	3.8	0.988	0.862
S40	0.2	0.3	0.60	1.25	2.8	3.8	0.988	0.862
S41	0.2	0.3	0.70	1.5	2.8	2.8	0.988	0.862
S42	0.5	0.3	0.70	1.5	1.9	3.8	—	—
S43	0.5	0.3	0.70	1.5	1.9	3.8	0.664	1.224
S44	0.5	0.3	0.90	1.5	1.9	2.8	0.849	1.220
S45	0.5	0.3	0.90	1.6	1.9	2.8	1.077	0.820

数据来源：* Bao等（2013）；** Zhong等（2014）；***赵永和王劲锋（2008）。

3.5 "一带一路"能源贸易(BRACE)模型

BRACE模型是由PLANER模型扩展而来。生产模块与PLANER模型一致。主要扩展在贸易模块、机构和投资/储蓄模块。

贸易模块描述了本底产品和进出口商品之间的替代，将二者合成为本地供应商品的过程。图3-6中的灰色部分是本书对这一模块的扩展，即"一带一路"CGE模型的主要贡献，从进口和出口两方面分别将世界其他国家扩展为"一带一路"产油国、其他主要产油国和其他国家。

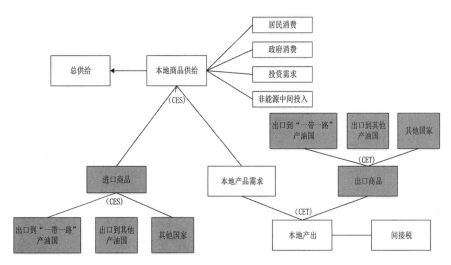

图3-6　BRACE模型基于PLANER模型的贸易模块扩展

在针对多国进口的描述中,使用 CES 函数公式(3-80)定义了 CES 的进口价格(即人民币计价的到岸价格),表示中国的进口量与这些国家的相对进口价格成反比(价格越低进口越多)。$P_{M_{sec}}$ 是以各国进口的份额参数 $\beta^{MRW}_{sec,row}$ 作为权重对各国进口价格 $P_{MRW_{row,sec}}$ 进行加权后得到的均值。公式(3-81)表示中国对各国进口的最优需求。

$$P_{M_{sec}} = \left\{ \sum_{row} \beta^{MRW}_{row,sec} \left[P_{MRW_{row,sec}} \times (1 + subIMP_{row,sec}) \right]^{(1-\sigma^{MRW}_{sec})} \right\}^{(1-\sigma^{MRW}_{sec})} \tag{3-80}$$

$$MRW_{row,sec} = \beta^{MRW}_{sec,row} \left(\frac{P_{M_{sec}}}{P_{MRW_{row,sec}} \times (1 + subIMP_{row,sec})} \right)^{\sigma^{MRW}_{sec}} \times M_{sec} \tag{3-81}$$

式中,σ^{MRW}_{sec} 为各国进口需求的 CES 弹性,$subIMP_{row,sec}$ 为中国对各国的进口补贴(初始值设为 0),$MRW_{row,sec}$ 为各国进口量,M_{sec} 表示 CES 函数给定的进口量。

在针对多国出口的描述中,采用了 CET 函数表示中国的出口量与这些国家的相对出口价格成正比(价格越高出口越多)。公式(3-82)和公式(3-83)是出口价格(即人民币计价的离岸价格)$P_{E_{sec}}$ 和各市场上出口量 $ERW_{sec,row}$ 的表达式。

$$P_{E_{sec}} = \left\{ \sum_{row} \beta^{ERW}_{sec,row} \left[P_{ERW_{sec,row}} \times (1 + subEXP_{sec,row}) \right]^{(1+\sigma^{ERW}_{sec})} \right\}^{(1+\sigma^{ERW}_{sec})} \tag{3-82}$$

$$ERW_{sec,row} = \beta^{ERW}_{sec,row} \left(\frac{P_{ERW_{sec,row}} \times (1 + subEXP_{sec,row})}{P_{E_{sec}}} \right)^{\sigma^{ERW}_{sec}} \times E_{sec} \tag{3-83}$$

式中,σ^{ERW}_{sec} 为 CET 弹性,$\beta^{ERW}_{sec,row}$ 为份额参数,$ERW_{sec,row}$ 指在中国对各国的各种商品出口量,E_{sec} 表示各种商品出口量的加总。

$P_{ERW_{sec}}$ 是中国出口商品的离岸价格(人民币计价),$\overline{p_{WerZ_{sec,row}}}$ 是出口目的地国货币计价的出口价格。$P_{MRW_{sec,row}}$ 是对多国的进口价格(人民币计价的国外价,即到岸价格),$\overline{p_{WmrZ_{row,sec}}}$ 是进口来源国货币计价的进口价格。ERR_{row} 是出口目的国货币兑人民币的汇率。其中,根据"小国假设"将 $\overline{p_{WerZ_{sec}}}$ 和 $\overline{p_{WmrZ_{row}}}$ 设为外生变量。公式(3-84)~公式(3-86)表示外币计价的国际贸易收支均衡。具体公式如下:

$$P_{ERW_{sec,row}} = ERR_{row} \times \overline{p_{WerZ_{sec,row}}} \tag{3-84}$$

$$P_{MRW_{row,sec}} = ERR_{row} \times \overline{p_{WmrZ_{row,sec}}} \tag{3-85}$$

$$\sum_{sec} \overline{p_{WmrZ_{row,sec}}} \times MRW_{row,sec} = \sum_{sec} \overline{p_{WerZ_{sec,row}}} \times ERW_{sec,row} + SFR_{row} \tag{3-86}$$

在此将国外储蓄总额 SF(即总进口与总出口的差额,也即"负的"外汇储备)设置为外生变量,表示中国政府具备对外汇储备的宏观调控能力;将汇率总体水平 ER 设置为内生变量,表示汇率将随着多国市场贸易的变动而变动。在针对多国国外储蓄(即各种商品进出口的国别差额)的描述中,采用了 CET 函数表示中国对各国的国外储蓄与这些国家货币兑人民币的汇率成正比(汇率越高储蓄越多)。公式(3-87)和公式(3-88)

是出口价格(即人民币计价的离岸价格)$P_{E_{\text{sec}}}$ 和各市场上出口量 $\text{ERW}_{\text{sec,row}}$ 的表达式。

$$\text{ER} = \left[\sum_{\text{row}} \beta_{\text{row}}^{\text{SF}} (\text{ERR}_{\text{row}})^{(1+\sigma^{\text{SF}})}\right]^{(1+\sigma^{\text{SF}})} \tag{3-87}$$

$$\text{SFR}_{\text{row}} = \beta_{\text{row}}^{\text{SF}} \left(\frac{\text{ERR}_{\text{row}}}{\text{ER}}\right)^{\sigma^{\text{SF}}} \times \overline{\text{SF}} \tag{3-88}$$

BRACE模型的机构模块包含政府、企业和居民等部门,收入分配包括初次收入和再分配(图3-8)。在收入的初次分配中,各要素主体根据在生产中的贡献分别获得劳动力总收益和资本总收益。在收入再次分配中,各种收入通过税收、补贴和转移支付在政府、企业和居民之间调节再分配。模型用Cobb-Douglas效用函数描述政府和居民的消费决策,根据Armington假设合成商品的总需求。

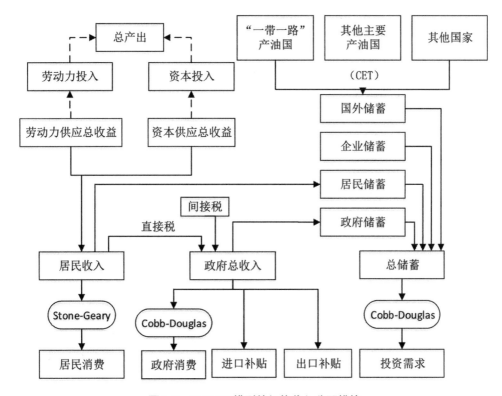

图3-7　BRACE模型的机构收入分配模块

政府税收TAXR、汇率ER和中国在各国的国外储蓄SFR_{row}(即中国与各国的进出口差额),计算公式为公式(3-89)。其中,tva_{sec}是间接税率,$P_{\text{VA}_{\text{sec}}}$是各生产部门的增加值投入价格,$\text{VA}_{\text{sec}}$是各生产部门的增加值投入,$\text{tm}_{\text{sec}}$是关税税率,$P_{M_{\text{sec}}}$是各种商品的进口价格,$M_{\text{sec}}$是各种商品的进口量,$\text{ty}_{\text{insdng}}$是企业和居民所承担的直接税率,$Y_{\text{insdng}}$是企业和居民的总收入。因此,政府的收入为间接税总额$\sum_{\text{sec}} \text{tva}_{\text{sec}} \times (P_{\text{VA}_{\text{sec}}} \times \text{VA}_{\text{sec}})$、关税总额

$\sum\limits_{\text{sec}} \text{tm}_{\text{sec}} \times \left(P_{M_{\text{sec}}} \times M_{\text{sec}} \right)$ 和直接税总额 $\sum\limits_{\text{insdng}} \text{ty}_{\text{insdng}} \times Y_{\text{insdng}}$ 加总。本研究假设由中国政府承担对各国的进出口补贴(模拟基期设为 0)。其中,出口补贴总额为 $\sum\limits_{\text{sec},\text{row}} P_{\text{ERW}_{\text{sec},\text{row}}} \times \text{subEXP}_{\text{sec},\text{row}} \times \text{ERW}_{\text{sec},\text{row}}$,进口补贴总额为 $\sum\limits_{\text{row},\text{sec}} P_{\text{MRW}_{\text{row},\text{sec}}} \times \text{subIMP}_{\text{row},\text{sec}} \times \text{MRW}_{\text{row},\text{sec}}$。

$$\text{TAXR} = \sum_{\text{sec}} \text{tva}_{\text{sec}} \times \left(P_{\text{VA}_{\text{sec}}} \times \text{VA}_{\text{sec}} \right) + \sum_{\text{sec}} \text{tm}_{\text{sec}} \times \left(P_{M_{\text{sec}}} \times M_{\text{sec}} \right) + \sum_{\text{insdng}} \text{ty}_{\text{insdng}} \times Y_{\text{insdng}} + \sum_{\text{sec},\text{row}} P_{\text{ERW}_{\text{sec},\text{row}}} \times \text{subEXP}_{\text{sec},\text{row}} \times \text{ERW}_{\text{sec},\text{row}} + \sum_{\text{row},\text{sec}} P_{\text{MRW}_{\text{row},\text{sec}}} \times \text{subIMP}_{\text{row},\text{sec}} \times \text{MRW}_{\text{row},\text{sec}}$$

$$(3\text{-}89)$$

第四章
经济发展与能源消费及贸易的相互关系

本章是基于长时序数据探讨中国的经济增长、城镇化和化石能源消费之间的动态交互关系,包括识别这些关系的显著性、交互作用大小和持续时长。

4.1 中国经济增长、城镇化与化石能源消费的动态交互关系

4.1.1 脱钩分析

2016 年 7 月 25 日,地理学顶级期刊 *Nature Geoscience* 中一篇题为(*China's post-coal growth*),认为中国的煤炭消费已经到达拐点,其依赖煤炭消费的增长模式将很快出现转变,因此他们的结论是中国经济增长已经与煤炭消费脱钩,并总结了两个导致经济增长与煤炭消费脱钩的因素:首先是经济下行,尤其是建筑业和制造业不景气;其次是有关政策对治理空气污染和发展清洁能源的力度。从历史数据来看,煤炭消费峰值确实在中国经济发展过程中扮演了一种里程碑式的角色。然而,这种角色更多地被理解为一种自然而然的过程而非一种政策目标。事实上,经济增长与煤炭消费的变化趋势呈现出一种"钩联—脱钩—复钩—再脱钩"的关系。

应用脱钩指数(decoupling index,DI)来量化这种关系及其变化趋势,公式为

$$煤炭脱钩指数(DI)=\frac{煤炭消耗指数}{GDP增长指数} \tag{4-1}$$

当 0<DI<1 时,为"相对脱钩状态";当 DI>1 时,为"绝对脱钩状态"。

结果如图 4-1 所示,煤炭脱钩指数在绝大部分时期都处于相对脱钩状态,仅有 2003 年超过 1。同样将该指标应用于石油和天然气进行对比,发现石油脱钩指数在这个时期处于相对脱钩状态。天然气则分别在 1997、1999、2001、2004—2006、2014 等年份处于绝对脱钩状态,考虑到天然气在中国能源结构中的占比依然较小,而其对外依存度较大而较容易受到国际天然气价格的冲击,因此该指标并不能说明天然气消费已经与中国经济增长出现脱钩。

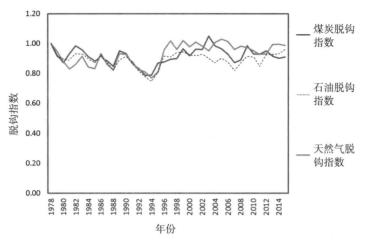

图4-1　1978—2015年化石能源脱钩指数

数据来源：国家统计局

4.1.2 数据检验

应用格兰杰因果模型对"经济增长–城镇化""经济增长–煤炭消费""城镇化–煤炭消费""经济增长–石油消费""城镇化–石油消费"等五对关系进行两两检验,检验结果见表4-1,零假设条件为"相互之间不存在格兰杰因果关系"。在表4-1中,用国内生产总值(gross domesitc products, GDP)增长(不变价＝1978)表示经济增长(简写为GDP);用城镇人口占总人口的比例表示城镇化(简写为CIT);煤炭消费和石油消费分别简写为COA和OIL,P值的意思是"在多大的概率上可以拒绝零假设条件",当$P<0.01$、$P<0.05$、$P<0.10$时,认为可以拒绝零假设条件。结果显示,经济增长是城镇化的格兰杰原因($P=0.009$),但反之不成立($P=0.141$);城镇化是煤炭消费的格兰杰原因($P=0.028$),但反之不成立($P=0.462$);煤炭消费是GDP增长的格兰杰原因($P=0.005$),但反之不成立($P=0.166$)。同样对于石油消费而言,经济增长是石油消费的格兰杰原因($P=0.000$),反之亦然($P=0.085$);城镇化并不是石油消费的格兰杰原因($P=0.412$),但石油消费是城镇化的格兰杰原因($P=0.000$)。VAR模型滞后阶数的选择兼顾了模型系统的稳定性和扰动项的问题。

表4-1　格兰杰因果检验结果

原假设	P值	滞后阶数	原假设	P值	滞后阶数
GDP ↛ CIT	0.009	6	CIT ↛ GDP	0.141	6
GDP ↛ COA	0.166	9	COA ↛ GDP	0.005	9
CIT ↛ COA	0.028	7	COA ↛ CIT	0.462	7

原假设	*P*值	滞后阶数	原假设	*P*值	滞后阶数
GDP ⇸ OIL	0.000	7	OIL ⇸ GDP	0.085	7
CIT ⇸ OIL	0.412	8	OIL ⇸ CIT	0.006	8

注:符号⇸表示前者变动不是后者的格兰杰因。

4.1.3 格兰杰因果分析

结果表明,经济增长、城镇化和煤炭消费之间存在一条称之为"格兰杰因果链"的动态逻辑联系,VAR模型滞后阶数确定了这个关系发生的先后顺序:"经济增长→城镇化→煤炭消费→经济增长",经济增长引领了城镇化发展,城镇化发展促进了煤炭消费增长,而煤炭消费增长反过来进一步增强了经济增长水平。

同样,对于经济增长、城镇化和石油消费三者而言,其格兰杰因果链表现为"经济增长↔石油消费→城镇化"的动态逻辑关系,经济增长与石油消费增加相互促进,同时经济增长与石油消费增加共同推进了城镇化进程(表4-2)。

表4-2　因果链关系

因果链:GDP变动→城镇化变动→煤炭消费变动→GDP变动	因果链:GDP变动↔石油消费变动→城镇化变动

4.1.4 脉冲响应分析

对"经济增长→城镇化→煤炭消费→经济增长"和"经济增长↔石油消费→城镇化"两条格兰杰因果链中与煤炭消费和石油消费相关的"城镇化→煤炭消费""煤炭消费→经济增长""经济增长→石油消费""石油消费→经济增长""石油消费→城镇化"等关系分别进行脉冲响应分析,目的是发掘这些关系之间的影响效应和持续时长。

在"城镇化→煤炭消费"关系中,城镇化变动对煤炭消费变动的影响在10年内为正,且波动性较强,第8年之后效应持续减弱直至负效应,到第15年之后才逐渐增强直至第22年后,22年后缓慢减弱为负效应,然后逐渐趋向于0。由于该效应波动并不频繁,可以看出城镇化对煤炭消费的影响传导过程比较简单,可能是所涉及的响应主体较少但持续性较强,也可能是所涉及的响应主体与城镇化变动具有较为紧密的长期联系(图4-2)。

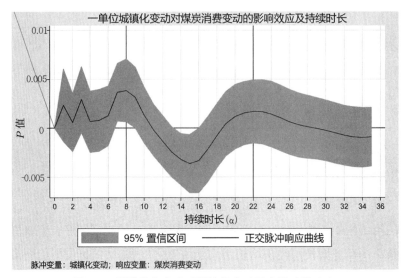

图4-2 煤炭消费变动对城镇化变动正交脉冲的响应

(城镇化变动→煤炭消费变动)

在"煤炭消费→经济增长"关系中,煤炭消费变动对GDP变动的影响呈现出频繁的正负效应交替变动趋势,并且从第15年开始,效应的波动幅度趋于稳定且将长期持续。体现出煤炭消费变动对GDP变动的影响具有广泛性和长期性的特点,可能是涉及的响应主体较多并且与GDP变动的联系较为紧密,因此效应传导的变动性(正负效应变动频率)和持续性(显著不趋于0)均较强(图4-3)。

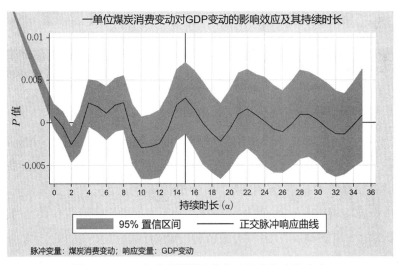

图4-3 GDP变动对煤炭消费变动正交脉冲的响应

(煤炭消费变动→GDP变动)

在"经济增长→石油消费"的关系中,GDP变动对石油消费变动的影响效应最显著体现在前18年:前18年GDP变动对石油消费变动的影响效应较为显著且波动性较强,18年后影响效应的变动幅度逐渐减弱但持续存在,正负效应交替出现意味着石油消费变动过程中所涉及的影响面较为广泛或者响应主体较多,但波动性也会减弱意味着影响面越来越小或者响应主体的反应程度逐渐减弱(图4-4)。

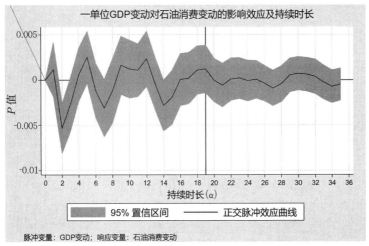

图4-4　石油消费变动对GDP变动正交脉冲的响应

(GDP变动→石油消费变动)

在"石油消费→经济增长"的关系中,石油消费变动对GDP变动的影响从负效应开始,然后逐渐增强至正效应后出现正负效应交替,最显著的时期发生在前14年,波动性较强而且波动幅度较为显著,14年后效应显著减弱趋向于0,持续性相对不长。说明GDP变动中对于石油消费变动的响应主体仅在短期较为敏感,其与石油消费变动的长期联系并不紧密,随着时间推移这些影响效应的波及面会越来越小,或者涉及的响应主体反应程度减弱(图4-5)。

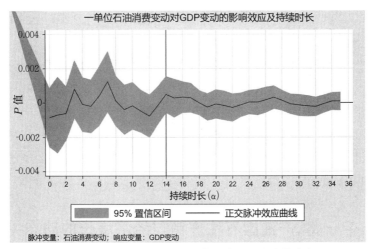

图4-5　GDP变动对石油消费变动正交脉冲的响应

(石油消费变动→GDP变动)

在"石油消费→城镇化"的关系中,石油消费变动对城镇化变动的影响较为显著,波动性较弱但持续性较长,持续了18年后才逐渐减弱而趋向于0。可能由于城镇化变动中对石油消费变动的响应主体相对较少或者影响波及面较小,但值得注意的是这些响应主体的反应较为显著,具有长期联系,因此响应效应的持续性较强(图4-6)。

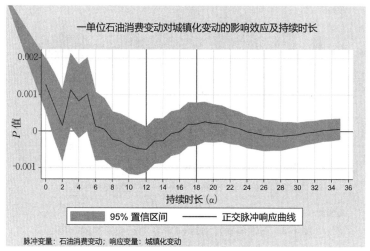

图4-6　城镇化变动对石油消费变动正交脉冲的响应

(石油消费变动→城镇化变动)

综上,经济增长、城镇化与煤炭消费和石油消费之间的交互作用在短期的波动性变化较为显著,在长期则趋于平稳但依然持续存在。然而,上述分析仅能发现这种动态关系的存在,止步于量化这些动态关系的交互作用大小和持续时长,而难以对这些作用进行更深入的机理分析,从而对这些作用的影响过程和传导路径缺乏理解。

中国已经成为石油、天然气和煤炭的净进口国。人均能源消费和人均累积能源消费还有较大的上升空间;能源消费峰值预计在2035—2040年到来。到2035年,中国天然气消费达到世界净增长水平的1/4,石油消费则将过半。

可以预计,在较长一段时间里,煤炭依然将在中国能源消费结构中占据主导地位,主要有以下三个原因。

(1)当前的清洁能源技术条件和转型能力还不足以全面支撑庞大的人口规模和工业体系。

(2)中国也是世界最大的能源消费国家,其能源安全问题不能也无法依赖于能源进口。

(3)煤炭作为能源结构中的主要能源在短期内无法改变,这是由中国资源禀赋特征和经济发展模式共同决定的。

4.2 "一带一路"产油国石油产销与经济增长的动态关系

4.2.1 中国石油资源及其贸易状况

随着中国经济社会的发展,对石油资源的需求越来越高,从图4-7中可以看出,

2000—2015年,中国石油生产量和消费量均呈上升趋势,生产量增长速度明显落后于消费量:2000年中国石油生产量约为消费量的1/2,其间由于石油消费量的迅猛增长,2015年石油资源的生产量仅为同年石油消费量的1/3。可见,近年来中国的石油资源缺口不断扩大,自给能力逐年下降,供需矛盾日益加剧。

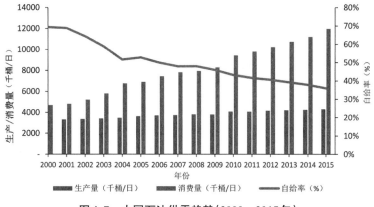

图4-7　中国石油供需趋势(2000—2015年)

对2000—2015年中国石油资源进出口数据整理分析,中国始终处于石油净进口的状态,净进口量从2000年的近0.6亿t增至2015年的近3亿t,而石油对外依存度则从2000年的26.85%增至2015年的60%,几乎处于持续上升状态(图4-8)。中国作为世界第二大石油消费国,是各大产油国竞相争取的对象。

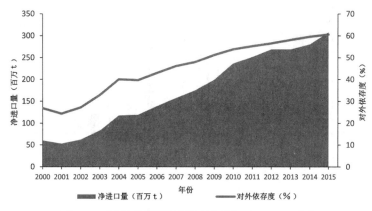

图4-8　中国石油资源净进口变化(2000—2015年)

中国的石油资源储量仅占世界总量的1%左右,对外依存度较高且不断攀升。2015年中国石油进口来源国有46个,石油进口依存度高达60%,再次成为世界最大石油需求增量来源国,迫切要求加大对外投资力度并扩展进口渠道。

4.2.2 "一带一路"产油国的资源禀赋、经济与石油贸易状况

2015年底,世界已探明的石油资源储量为239.4亿t。如图4-9所示,石油资源主

要集中在中东地区,接近世界石油总量的一半,各地区差异很大,石油资源分布不均衡。

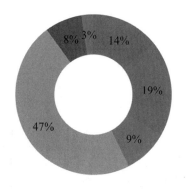

北美洲　■中、南美洲　■欧洲及欧亚大陆　中东地区　■非洲　■亚太地区

图4-9　世界石油储量分布比重(2015年)

世界各地的石油资源禀赋差异显著,不仅体现在石油资源储量上,2015年全球石油资源的生产和消费情况也反映了这一现象,中东地区、亚太地区和非洲的石油资源生产量和消费量极度不均衡,世界石油资源供需矛盾突出(图4-10)。

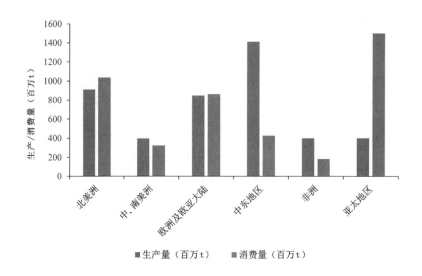

■生产量(百万t)　　■消费量(百万t)

图4-10　分地区石油资源的生产量和消费量(2015年)

"一带一路"产油国(不含中国)长期以来在全球石油资源市场中地位比较稳定,石油储量占世界比重略有下降,生产量比重基本平稳,至2015年沿线产油国的石油资源储量占全世界的56.94%,石油产量占全球的总产量的52.13%,可见"一带一路"共建国家在世界石油格局中占有举足轻重的地位(图4-11)。

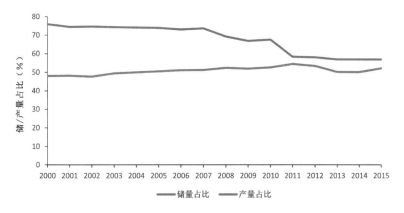

图4-11 "一带一路"共建国家石油储量与产量占世界的比重变化

全球化趋势下,石油资源在国际市场上的均衡合理分配遇到了机遇和挑战。"一带一路"蕴藏了过半的全球石油储备,是世界上最大的石油资源富集带,沿线涵盖了许多战略资源的供给源地,在世界石油资源贸易中迅速崛起,发挥着越来越重要的作用。在国际石油贸易中,无论是进口国还是出口国,都力求通过石油资源贸易谋取战略经济利益,满足本国能源需求,提高在国际市场上的政治经济地位。加强政治、经济、科技等方面的建设,有助于本国石油资源竞争力的增强,从而推动其在世界石油贸易市场中的角色转变和地位提升。

1. 经济规模

"一带一路"共建国家的GDP均值低于世界水平,但该区域多为发展中国家和新兴经济体,经济增长速度较快、未来的增长潜力较大,有很高的投资价值。从GDP总量来看,"一带一路"区域的经济发展水平不高,2015年沿线各国平均GDP为3638.43亿美元,低于同年世界水平(3764.09亿美元)。

分国家而言,沿线国家中GDP超过1000亿美元的国家只有24个,其中仅有中国、印度、俄罗斯、印度尼西亚、土耳其和沙特阿拉伯6个国家超过5000亿美元。

2015年"一带一路"共建国家的人均GDP水平为1.06万美元,高于2015年世界人均GDP的平均水平(8027.7美元)。其中,有18个国家的人均GDP在区域平均水平以上,主要集中在中东、欧洲和西亚地区,超过2万美元的国家只有9个,即卡塔尔、新加坡、阿联酋、文莱、以色列、科威特、巴林、斯洛文尼亚和沙特阿拉伯。

从GDP增长率来看,2015年"一带一路"共建国家的平均GDP增速为3.02%,高于同年世界GDP的平均增长速度(2.63%)。分国家而言,有半数的国家超过区域平均水平。其中,11个国家GDP增长速度超过5%的国家,主要集中在中国—中南半岛、孟中印缅和中国—中亚—西亚3条经济走廊带上,乌兹别克斯坦、印度和柬埔寨3个国更是超过7%(表4-3)。

表4-3 "一带一路"共建国家GDP增速在5%以上的国家(2015年)

经济带	国家	GDP增速(%)
中国—中亚—西亚经济走廊带	乌兹别克斯坦	8.00
	土库曼斯坦	6.50
中巴经济走廊带	巴基斯坦	5.54
孟中印缅经济走廊带	缅甸	6.99
	孟加拉国	6.55
	印度	7.57
中国—中南半岛经济走廊带	越南	6.68
	老挝	6.99
	柬埔寨	7.04
	菲律宾	5.81

2. 石油资源禀赋

从空间分布来看,"一带一路"的22个产油国(不含中国)主要集中在5条经济走廊带,即中国—中亚—西亚经济走廊带、中蒙俄经济走廊带、新亚欧大陆桥经济走廊带、中国—中南半岛经济走廊带和孟中印缅经济走廊带(图4-12)。其中,中国—中亚—西亚经济走廊带产油国最为集中,2015年已探明的石油资源储量占"一带一路"区域总量的83.61%,产能占64.71%;中蒙俄经济走廊带仅有俄罗斯1个产油国,储量和产能分别占10.6%和22.98%;新亚欧大陆桥经济走廊带有哈萨克斯坦、阿塞拜疆和罗马尼亚3个产油国,石油储量和产能分别占3.83%和5.25%;孟中印缅经济走廊带仅有印度1个产油国,储量和产能各占了0.59%和1.83%;中国—中南半岛经济走廊带有5个产油国,但资源量最少,储量和产能仅占总量的0.38%和7.73%。可见,在"一带一路"区域中,中国—中亚—西亚经济走廊带的石油资源最丰富。其中沙特阿拉伯表现最为突出:2015年石油储量高达2666亿桶,超过第2名近70%;其次是伊朗、伊拉克、俄罗斯和科威特,石油储量在1000亿桶以上;阿联酋、哈萨克斯坦、卡塔尔3国次之,石油储量也在100亿桶以上。

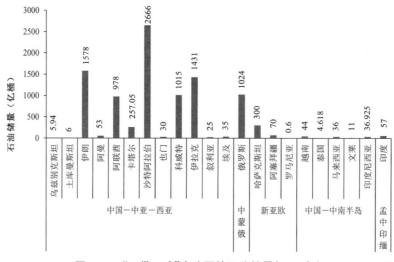

图4-12 "一带一路"产油国的石油储量(2015年)

"一带一路"产油国石油储量与产量之间的关系,即石油储采比,可以反映一国或地区未来石油生产潜力。为了更加准确客观地反映石油生产潜力,在此采用相对储采比这一指标,即使用一国储量在全球范围内占比与该国产量在全球范围内占比的比值来刻画一国石油生产的潜力与重要性,该项指标越高,说明一国未来石油生产潜力越大。各经济走廊带中,中国—中亚—西亚经济走廊带的石油相对储采比的潜力最大,位于150%~200%;中国—中南半岛经济走廊带的石油相对采储比的潜力最小,位于50%以下。就变化趋势而言,最近两年中国—中亚—西亚经济走廊带的石油开采潜力有下降的趋势,而新欧亚经济走廊带的石油开采潜力却有所上升(图4-13)。

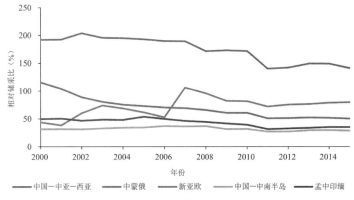

图4-13　各经济走廊带的相对储采比变化

对比2015年"一带一路"产油国的石油产能和相对储采比,沙特阿拉伯、俄罗斯、伊拉克、伊朗、阿联酋、科威特、卡塔尔、哈萨克斯坦、阿曼和印度10国均位列其中,但这10个产油国的排名次序有所差异。具体而言,沙特阿拉伯和俄罗斯的石油资源产能较强,但其相对储采比却处于中低水平,而伊拉克的石油产能虽不及沙特阿拉伯突出,但相对储采比却处于较高水平,开发潜力较大(图4-14)。

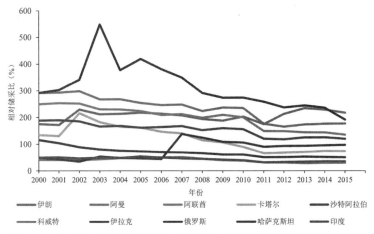

图4-14　"一带一路"产油国的相对储采比变化(产能排名前十位的国家)

2003年伊拉克战争爆发,石油生产受到影响,伊拉克的石油相对采储比骤升。2005年之后,随着伊拉克局势逐渐恢复稳定、石油产量恢复上升,其相对储采比在逐渐下降。其他大部分国家石油资源采储比处于稳中有降的状态。

4.2.3 数据检验

为保证研究的客观、科学性,首先要确认时间序列的平稳性。采用Phillips-Person (PP)检验法和Dickey-Fuller检验法对"一带一路"21个产油国(不含伊拉克)的各个变量进行单位根检验。每个产油国包括3个变量:可比价国内生产总值、石油产量、石油贸易量,取对数后,分别用lngdp、lnpro、lntra表示,计算过程如下。

首先,对可比价国内生产总值、石油产量、石油贸易量3个变量进行单位根检验。如果变量序列不平稳就要对变量进行差分。若得到平稳序列则可用于格兰杰因果检验,如果还是不平稳序列就进行二次差分。依次进行,直到确保所有变量均为平稳的时间序列。

按照以上步骤,对"一带一路"21个产油国(不含伊拉克)的数据对数化后进行单位根检验,汇总计算结果如表4-4所示。经过差分后,所有变量的时间序列都是平稳的,也避免了伪回归的出现,说明由该时间序列得到的拟合曲线在未来的一段时间内仍然会按照现有形态发展下去,在此基础上的预测是有效的。

表4-4 单位根检验结果

国家	可比价GDP	石油生产	石油贸易	国家	可比价GDP	石油生产	石油贸易
阿塞拜疆	一阶	二阶	一阶	叙利亚	一阶	一阶	二阶
马来西亚	一阶	一阶	一阶	阿联酋	二阶	一阶	一阶
哈萨克斯坦	一阶	二阶	单位根	也门	一阶	三阶	二阶
俄罗斯	一阶	二阶	二阶	埃及	二阶	二阶	一阶
土库曼斯坦	二阶	二阶	一阶	文莱	二阶	二阶	一阶
乌兹别克斯坦	二阶	一阶	二阶	印度	二阶	二阶	二阶
伊朗	二阶	一阶	一阶	印度尼西亚	二阶	单位根	一阶
科威特	二阶	一阶	一阶	泰国	一阶	一阶	一阶
阿曼	一阶	二阶	单位根	越南	二阶	一阶	二阶
卡塔尔	一阶	二阶	单位根	罗马尼亚	一阶	二阶	二阶
沙特阿拉伯	二阶	一阶	一阶				

4.2.4 格兰杰因果分析

通过单位根检验的变量时间序列对3对变量进行格兰杰因果关系检验,确定3个变量两两之间的动态趋同关系。零假设条件为"相互之间不存在格兰杰因果关系"。其中P值的含义是"在多大的概率上可以拒绝零假设条件",当$P<0.01$、$P<0.05$或$P<0.1$的时候,可以拒绝零假设条件。检验结果表明,经济增长、石油生产和石油贸易三者之间存在格兰杰因果关系。VAR模型的滞后阶数确定了格兰杰因果链发生的先后顺序。

"一带一路"产油国的石油资源生产受国际石油贸易的需求变动和国内开发建设的需求变动双重影响。其中埃及和越南的石油生产主要受其国内需求变动的影响,而大部分产油国都是相对更明显受国际石油贸易需求变动的影响,包括阿塞拜疆、阿曼、卡塔尔、罗马尼亚、科威特、哈萨克斯坦、沙特阿拉伯、俄罗斯、印度尼西亚、泰国、伊朗。乌兹别克斯坦的石油生产和石油贸易之间存在互为因果的关系。以阿塞拜疆为例(表4-5),原假设"石油产量的变动是GDP变动的格兰杰因",选择最优滞后阶5阶,得到P值为0.000(<0.01),即在1%的置信区间内拒绝原假设。

表4-5　格兰杰因果检验结果(以阿塞拜疆为例)

两两因果的原假设	最优滞后阶数	P值	拒绝原假设	两两因果的原假设	最优滞后阶数	P值	拒绝原假设
石油产量↛GDP	5阶	0.000	是	GDP↛石油产量	5阶	0.151	否
石油贸易↛GDP	6阶	0.287	否	GDP↛石油贸易	6阶	0.038	是
石油产量↛石油贸易	7阶	0.993	否	石油贸易↛石油产量	7阶	0.000	是

注:符号↛表示前者变动不是后者的格兰杰因。

从图4-15可以看出,国家的经济增长、石油生产和石油贸易三者间的关系可分为3种。循环因果关系,包括阿塞拜疆、哈萨克斯坦、乌兹别克斯坦、科威特、阿曼、卡塔尔、沙特阿拉伯、埃及和罗马尼亚。其中的哈萨克斯坦、乌兹别克斯坦、沙特阿拉伯和埃及的变量关系既是循环因果关系,又是互为因果关系。其他体现为互为因果关系的国家还有印度、越南和文莱。单向因果关系的国家有俄罗斯、印度尼西亚、泰国、阿联酋、伊朗、土库曼斯坦、科威特和叙利亚。

可以推断,中国加强与循环因果关系国家的石油贸易往来,能够推动其石油产业的发展,进而促进该国的经济增长。对互为因果关系的国家来说,出口中国的石油量增加可以带动本国经济增长,而经济的增长又对其石油贸易有促进作用,循环往复,推动本国发展。对于单向因果关系的国家,加强对中国的石油贸易输出,能够同时促进石油产业和国民经济的发展。综上,无论是何种格兰杰因果关系的国家,加强与中国的石油贸易往来,都有利于本国发展。

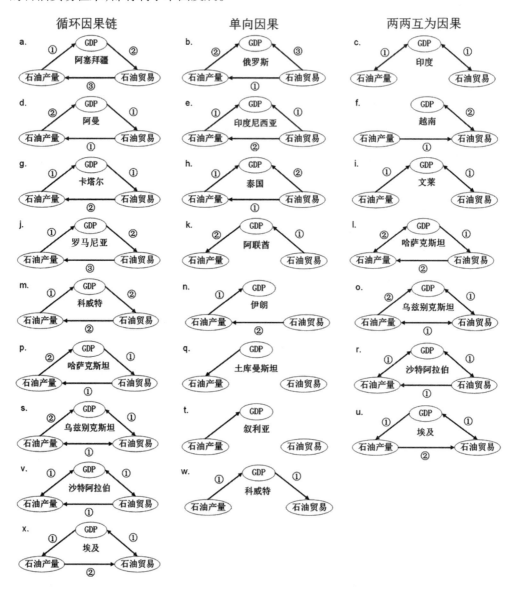

图4-15　格兰杰因果检验结果的关系划分

4.2.5 脉冲响应分析

尽管格兰杰检验结果表明大部分国家的石油贸易、石油生产和经济增长之间存在格兰杰因果关系,但脉冲响应分析表明,一些变量之间的动态关系对时间变化不敏感,在此仅分析对时间间隔敏感的变量(图4-16)。具体而言,图4-16中效应变化衡量的是单位变化,即某一变量变化1单位对另一变量所产生的影响程度,在各个小图的标题中用了简称表达两变量的相互作用关系。例如图4-16a,"阿塞拜疆(GDP–石油贸易)"衡量的是在给定的20年持续时长中GDP变化1单位对石油贸易变化所产生的的影响效应及其变化情况,在副标题中简化解释为GDP对石油贸易的动态影响。每个脉冲响应图的曲线长短反映了脉冲响应持续时间的长短,波动的大小反映了脉冲响应效应的变化程度。正负效应交替说明石油贸易变动过程中可能涉及的响应主体较多、相关因素较广。例如图4-16b,阿塞拜疆石油生产变动对GDP变动的影响效应从负效应开始,直到产生正效应后正负效应随之交替出现,变化程度较大但持续时间较短,8年后影响效应趋于0。这表明GDP变动对石油生产变动的响应只在短期较为敏感,这种效应随着时间的推移逐渐减弱。

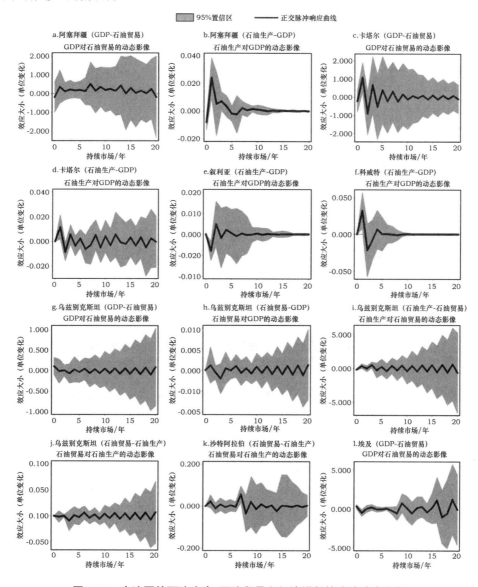

图4-16　产油国的石油生产、石油贸易和经济增长的脉冲响应分析

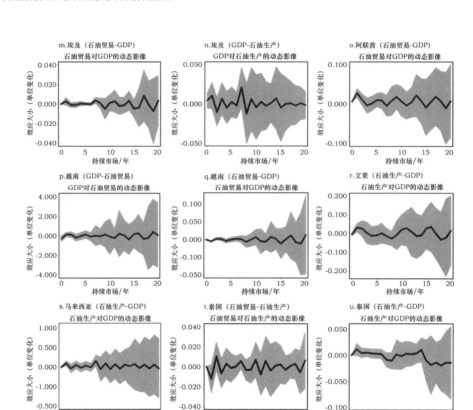

图4-16　产油国的石油生产、石油贸易和经济增长的脉冲响应分析(续)

图4-16所展现的23个动态关系的效应变化有大有小,持续时长有长有短,而23个动态关系实际上是经济增长、石油生产和石油贸易所表现的6种动态关系——"石油生产–GDP""GDP–石油生产""GDP–石油贸易""石油贸易–GDP""石油贸易–石油生产""石油生产–石油贸易"在沿线产油国之中的分配。根据观测取效应变化最大值或最小值的绝对值大于或小于0.1作为"高变化"和"低变化"的临界值,并以持续时长8年作为"短期"和"长期"的临界值,可以将沿线产油国分为"短期高变化国家""短期低变化国家""长期高变化国家""长期低变化国家"等4种,从而刻画了对给定产油国而言不同动态关系在短期和长期的变化情况。例如,马来西亚石油生产变化对其GDP变化的影响,在短期呈现高变化情况,即1单位石油生产变化对GDP变化的影响效应的绝对值大于0.1,而超过8年之后,该效应还将持续存在;但对于阿塞拜疆的"GDP–石油贸易"而言,在短期呈现高变化情况,但

超过8年之后将迅速减弱并趋向于0;同时,有些动态关系的类型上并无国家与之对应,如"GDP-石油生产"在短期高变化类型中并没有国家存在(图4-17)。在制定对外贸易合作策略的时候,必然要遵守优先策略,根据图4-17的分类结果,采取差别性贸易政策,优先选择第一、第二、第四象限的国家。具体建议如下。

(1)对于石油生产显著影响经济增长国家,如马来西亚等GDP变动在短期和长期都受到石油生产变动影响的国家(见图4-17第一和第二象限),需要合理评估产油国石油资源的外销潜力。如果该国的石油资源产量在保证本国建设的前提下还有能力出口,采取资源合作策略,加强石油资源的贸易往来。如果该国的石油资源生产仅能满足本国的发展需求,则采取科技输出策略,在优秀人才、先进技术等方面加强合作,提高产油国的石油生产能力和节能技术水平。

(2)对于石油贸易长期影响经济增长国家,如乌兹别克斯坦、埃及、阿联酋、越南、俄罗斯等(见图4-17第四象限),需要合理评估产油国与中国的石油进出口情况:如果该国与中国有石油贸易往来,可以采取技术援助策略,在日后的合作中提供多方面的援助,促进产油国国内的产业升级;如果该国有丰富的石油资源却没有与中国合作,可以通过文化传播增进两国的交往,同时提高中国的竞争力,与其他石油进口国竞争。

(3)对于中国-中亚-西亚经济带,中国要通过石油进口来源国的多元化来确保石油安全,加强这两条经济走廊带的建设是明智的选择。同时,根据脉冲响应分析结果,选择持续时间较长、影响效应较显著的格兰杰因果关系优先实施相应的合作策略。

图4-17 基于脉冲响应分析的产油国合作策略分类

第五章
中国能源安全与碳减排的政策模拟

随着人口和经济增长放缓、科技水平提高和资源替代效应增强,中国能源资源的消费强度将出现普遍性下降。然而,在碳达峰碳中和的政策压力下,个别地区制定过于严格的节能减碳指标,导致政策弹性不足,甚至出现了"拉闸限电"现象,直接引发电力短缺问题,需要深入分析并有效应对。同时,有必要以国际能源价格波动的长期趋势为切入点,探讨经济增长、能源消费和碳排放之间的长期动态关系,进而探讨国际能源价格波动对于碳税减排效果的影响。本章对国际能源价格波动趋势进行长期模拟(持续上升或者持续下降),在剖析经济增长和能源消费相互作用的机理关系的基础上,进一步探讨国际能源价格波动对碳税政策减排效果的影响。

5.1 电力系统转型与突发性电力缺口应对

电力系统低碳转型对于中国实现碳达峰和碳中和至关重要。然而,在某些突发性极端情况的应对过程中,过激的政策可能将引发严重的电力供需缺口。

5.1.1 低碳转型的国内外政策背景与挑战

2020年9月,国家主席习近平在第七十五届联合国大会上宣布,中国二氧化碳排放力争于2030年前达到峰值,努力争取2060年前实现碳中和,而为了实现碳达峰和碳中和,所有工业部门需要加速推进从煤炭到非化石燃料的能源转型,尤其是对碳排放贡献最大的电力系统。对于电力系统而言,能源转型内容主要包括提升能源效率、促进可再生能源发展,如太阳能、风能、水力发电、核能及其他清洁能源等,这也是大多数国家采取主要的政策内容。美国总统拜登发布了一项计划,提出到2035年,美国将实现100%的清洁电力,并制定了一系列低碳政策以支持零碳发电设施和减少碳密集发电设施。德国提出到2030年80%的电力由可再生能源输出。欧盟全力发展太阳能和风能,力求实现海上风力发电增长25倍;日本也在着力推进核能和氢能发展,相关预算不断增加。

可以预见的是,到2030年,可再生能源将在全世界得到更大规模的发展,预计风能和太阳能将分别增长1.4%~2.9%和1.4%~2.3%。然而,由于太阳能和风能面临的不确定性和技术限制难以解决,装载更多可再生能源的电力系统也可能缺乏可靠性和稳定性。这对于电力部门的低碳转型是一个极大的挑战。许多国家需要维持火力发电以提供必要的灵活性。例如,澳大利亚目前没有提出中止煤电的计划,因为澳大利亚拥有丰富的煤炭资源,并且煤电在电力能源结构中占比相对较高。

对于中国而言,面向低碳转型的政策调整和优化路径依然任重道远。电力部门低碳转型需要考虑3个主要特征。首先,随着经济发展和人们生活水平普遍提高,电力需求还将继续上升。其次,中国拥有煤炭资源禀赋优势,煤炭还将在较长时期内作为能源消费的主要来源,这也将给电力系统的能源转型带来更多阻碍。再次,中国能源资源分布具有显著的区域差异,导致能源供需呈现出区域错配的特征,而在电力系统尤为明显。其中,化石能源主要分布在中国北方地区,水资源主要在东南和西南地区,太阳能和风能也呈现不均衡的区域分布特征。此外,还有其他因素也将影响低碳转型,如中国相对其他国家较低的电价水平。

总体而言,中国电力系统低碳转型需要避免由于激进政策引发的电力供需缺口问题。例如,有研究认为,中国的能源总量和效率"双控"政策是引发电力短缺的主要原因,即对企业实施的涉及电力和煤炭控制的措施直接导致了电力系统遭受供需不平衡问题。在巨大的政策压力下,煤炭产能受到严格限制,火电厂的利用时限预计将呈现下行态势。过于严格地限制能源使用并减少能源消费弹性将对中国社会经济发展造成严重影响。

5.1.2 中国电力短缺事件回顾

2021年9月,中国10多个省份实施了"拉闸限电"政策,给工业生产运营和居民日常生活造成了严重损害,也引发了全社会对能源安全的极大关注。产生这个现象的主要原因在于相对脆弱的电力供需体系遭遇了过于激进的低碳政策冲击。

在碳排放峰值目标提出之后,相关政策力度开始收紧,对社会和经济发展造成了影响。表5-1表现了中国2021年3—11月的电力供应情况。火力发电对中国发电的贡献占比仍然最大,达到70.11%,其次是水电、风电、核电和光电,分别占比16.18%、6.35%、5.13%和2.24%。

表5-1 2021年各种发电类型的月度供需及缺口情况

月份	能量需求 （10亿kW·h）	能量供给 （10亿kW·h）	缺口（需求−供给） （10亿kW·h）
3月	663.1	657.9	5.2
4月	636.1	623.0	13.1

月份	能量需求 （10亿 kW·h）	能量供给 （10亿 kW·h）	缺口（需求−供给） （10亿 kW·h）
5月	672.4	647.8	24.6
6月	703.3	686.1	17.2
7月	775.8	758.6	17.2
8月	760.7	738.4	22.3
9月	694.7	675.1	19.6
10月	660.3	639.4	20.9
11月	671.8	654.0	17.8

通过比较分析2021年3—11月电力需求和供应情况,发现由于电力供应增速低于电力需求增速而产生了一个巨大的缺口,这一缺口的最大值出现在5月。而该缺口在随后几个月并未得到缓解或解决,从而造成了严重的电力短缺。从2021年9月起,中国多个省份陆续发布了电力短缺预警。以山东省为例,宣布由于电力供需失衡和极端高温影响,山东电网的发电量急剧下降,出现了巨大的电力缺口。在东北地区,由于煤炭短缺,大量火力发电不得不关停,而可再生能源发电的装机量不足,难以支撑不断增长的电力负荷,导致东北电网供电持续紧张。9月22日,安徽省能源供应工作领导小组发布了由于煤炭短缺和发电机组异常而实施有序用电的紧急通知。

过于激进的政策加剧了电力短缺问题。自2016年以来,在煤炭去产能政策的推动下,东北三省已经大量退出煤矿产能。2021年3月1日,《中华人民共和国刑法修正案(十一)》正式发布,其中将超出核定产能的生产行为认定为刑事犯罪,使得煤炭过剩产能大为减少,也导致2021年的动力煤储量比2020年减少9000万t。同时,动力煤储量对全国重点电厂可支持发电天数降至10.3天,远低于"十二五"时期对淡季要求的20天红线水平。面向碳中和目标,中国付出了多方面的努力不断降低碳排放水平,也使火力发电进入低速增长通道,但在当前的技术水平下,可再生能源发电的随机性、波动性和间歇性问题,还难以满足电力系统的载荷要求,尤其在高峰负载期间还遭遇电力调峰困难的问题。

5.1.3 关键假设与情景模拟设定

本研究应用扩展的LEAP模型,考虑造成中国电力短缺的两个主要因素,即可再生能源的气候脆弱性和电力系统中火电比例的下降,应优化电力系统的低碳改造政策,以适应各种情况。低碳发展的动力系统必须通过小概率事件的测试,如极端天气。

参考现有研究对中国2020—2030年的GDP和人口增长率,以及不同类型发电设备利用小时数进行设定:①假定中国GDP年均增长率到2025年为5.5%,到2030年为5%(谢伏瞻 等,2021);②参考《人口与劳动绿皮书:中国人口与劳动问题报告No.19》

(张车伟,2018)和《人口与劳动绿皮书:中国人口与劳动问题报告No.22》(张车伟和蔡翼飞,2022),2025—2030年的生育率预计为1.69,人口将在2029年达到14.42亿的峰值,从2030年开始进入负增长,城市化率将由2020年的63.89%增长为75%;③到2025年,中国风能和太阳能设备的利用小时预计分别为2378h和1658h,到2030年,风能设备利用小时预计可达2616h,太阳能设备利用小时数预计可达1930h。

（1）基准情景:假设所有发电设备都在正常运行,包括火电、核能和可再生能源,并且可再生能源发电设备不受天气影响。

（2）极端天气情景:情景设定参考2021年1月7日中国的电力供应情况,即太阳能发电为零,风能的利用率约为10%。同时,受到旱季影响,最高达到2亿kW峰值的水电站无法运行;90%以上的火力发电能力和100%核电能力支撑了当天的峰值负载。详细设定见表5-2。

表5-2　2021年1月7日各种类型发电设备运行情况

生产类型	2020年装机容量（MW）	不可用装机容量（MW）	可用装机容量（MW）	可用装机容量占比（%）
总计	2 200 180	828 090	1 372 090	62.5
热电	1 245 170	121 280	1 123 890	90.3
水电	370 160	200 000	170 160	46.0
风电	281 530	253 380	28 150	10.0
光电	253 430	253 430	0	0.0
核电	49 890	0	49 890	100.0

上述设定是假设2025—2030年,每年都会发生类似2021年1月7日的极端天气情况,虽然这种假设似乎过于悲观,但相关研究表明,这种气候变化将导致极端天气发生的程度和频率都将加剧,而由极端天气引起的大规模停电事件时有发生。例如,2016年9月28日,一场台风袭击了澳大利亚南部地区,引发了一系列的公共设施故障,最终演变成50h的全国性停电。自2021年2月14日起,受到极端寒冷天气影响,得克萨斯州的电力负荷急剧增加,再加上风力涡轮机结冰、天然气输送管道冰块堆积,导致了全州持续性的停电。

5.1.4 模拟结果分析

在基准情景下,到2025年,火电装机预计12.8亿kW,其中占电力总装机量的44.6%。到2030年,全国火电装机容量预计将达到13.1亿kW,占电力总装机量的37.4%。图5-1显示了各种电力类型分别到2025年和2030年的预期变化。许多研究都对一般情况下的中国未来电力需求进行了预测,与本研究基准情景的预测基本一致。

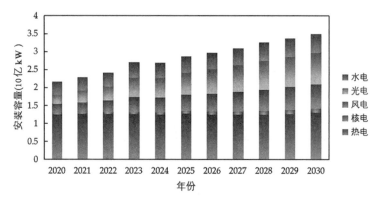

图5-1　基准情景下各种类型电力的装机量变化

在极端天气情景下,到2025年,火电装机容量将达到13.6亿kW,到2030年达到14.2亿kW,分别占总装机量的46.1%和39.3%。图5-2展示了在极端天气条件下各种电力类型的装机变化趋势。可以发现,极端天气场景下,火电装机容量相对其他研究要大得要多。以往研究大多基于低碳减排情景,或者深度低碳情景,认为可再生能源将在中国的电力系统中扮演越来越重要的角色。这些研究大多以减少碳排放为主要目标,预测火力发电及其装机量将大幅减少,而本研究是假设极端天气的情况下风能和太阳能的发电能力受到严重损害,火电需要贡献更多的发电以满足电力需求,由此产生了相对以往预测更高的装机量水平。

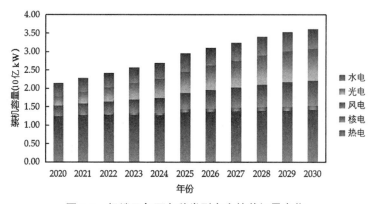

图5-2　极端天气下各种类型电力的装机量变化

2020—2030年,随着风能和太阳能的装机量在总电力装机量占比从25%达到40%,火力发电装机占比则由2025年的44.6%~46.1%逐渐下降到2030年的37.4%~39.4%,图5-3呈现了这个变化趋势。2021年发生的电力短缺事件引发了对中国电力系统结构性问题的关注,即过度依赖可再生能源而导致煤电供应不足,而极端天气事件使问题直接暴露出来。这也反映当前对可再生能源装机的预测过于乐观,对日益频发的极端天气及其不确定性影响和风险的估计不足。因此,电力调节的灵活性、可再生能源发电预测的准确性以及储能技术发展等需要进一步深入研究。

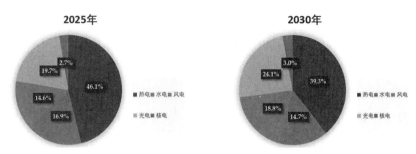

图5-3　极端天气情景下各种类型电力装机容量占比变化

5.2 国际能源价格变动的背景

随着中国与国际市场的联系日益紧密,国际性突发事件对于中国的影响日益显著。与能源消费相关的国际性突发事件主要分为两种:一是国际能源价格波动,二是国际气候谈判对减排政策的影响。

国际能源价格日益剧烈的动荡已经对中国煤炭消费产生了深刻的影响,例如,国际能源价格的剧烈波动会侵蚀中国本土企业的利润空间甚至使他们陷入亏损。图5-4～图5-6表明,国际化石能源价格在不同时期呈现不同的趋势,而且不同的化石能源价格变化呈现出相似的特征,在同一时期基本上是同涨同跌。

图5-4表明,国际煤炭价格在2002年之前长期低于50美元/t的水平。2002—2008年开始以年均22.19%(日本动力煤进口价格)～30.18%(亚洲生产者价格)的速度攀升,日本焦煤进口价格在2011年甚至到达229.12美元。然而,2011年之后,国际煤炭价格开始以年均11.51%(美国阿巴拉契亚中部现煤价格)～17.37%(西北欧生产者价格)的速率迅速回落,最低价格甚至跌到53.59美元/t(美国阿巴拉契亚中部现煤价格)。

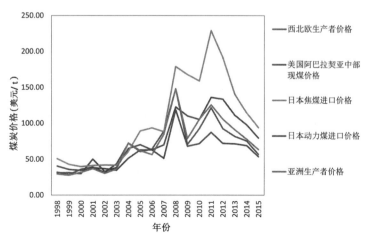

图5-4　国际煤炭价格波动(1998—2015年)

注:数据来源于BP(2016)。

图5-5表明,国际石油价格在1999年之前还长期在20美元/桶的水平徘徊。1998—2008年开始以年均21.40%(西得克萨斯价格)~23.17%(尼日利亚福卡多斯价格)的速度攀升。同时,不同地区的石油价格之间的呈现出极为一致的变化趋势,到2012年均达到顶点约110美元/桶的水平。然而,2012年之后,国际石油价格开始以年均19.72%(西得克萨斯价格)~22.29%(布伦特价格)的速率呈现一种"跳崖式"跌落,最低价格甚至跌到48.71美元/桶(西得克萨斯价格)。

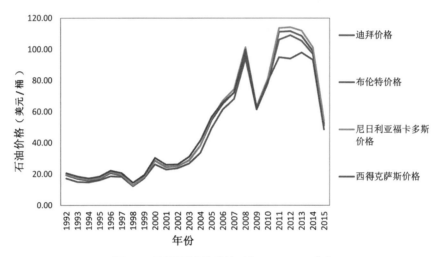

图5-5 国际石油价格波动(1998—2015年)

注:数据来源于BP(2016)。

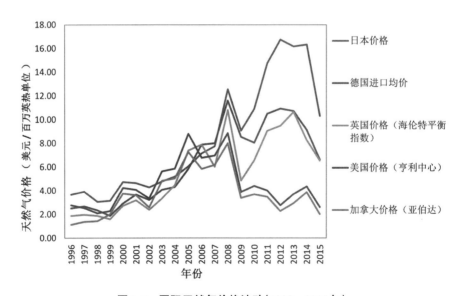

图5-6 国际天然气价格波动(1998—2015年)

注:数据来源于BP(2016)。

图5-6表明,国际天然气价格在1999年之前徘徊在4美元/百万英热单位的水平。

1998—2008年开始以年均15.19%（日本价格）～19.19%（美国价格）的速度攀升，且不同地区的石油价格之间的呈现出较为一致的变化趋势，到2012年均达到顶点约10美元/百万英热单位的水平。然而，这些价格共同经历了2009年的小幅回落之后开始呈现不同的变化趋势，到，2012年，日本价格持续抬高至16.75美元/百万英热单位，德国价格和英国价格则处于中位水平，约10美元/百万英热单位，而美国价格和加拿大价格则处于低位水平，2～3美元/百万英热单位。2012年之后，日本和德国的天然气价格分别以年均14.95%和15.43%的速率跌落，加拿大和美国价格则是在2010年开始以年均11.45%和9.92%的速率跌落，呈现出亚洲、欧洲、北美的区域差异。

国际能源价格波动是能源安全问题或能源危机产生的直接原因。直到20世纪70年代两次大的石油危机爆发之前，国际石油市场名义价格一直很平稳且低廉，第一次石油危机使国际原油价格从最初3美元翻了近4倍，第二次石油危机又使油价进一步暴涨至36.83美元/桶。油价的大幅度剧烈波动，对市场供需主体产生了显著的负面影响，甚至危害到一国的经济安全和国家安全。

对全球气候变化的持续争论将影响人们对能源消费的预期。有研究警告在当前的碳减排力度下，全球气温上升可能超过以往预计的水平。然而，国际气候谈判依然在减排目标设定、减排对象认定和减排措施选择等方面存在一些争议。

中国政府在2015年巴黎气候变化大会上正式承诺到2030年左右达到峰值并争取尽早达峰，单位GDP（2005年不变价）的碳排放量减少60%～65%。据国家发展和改革委员会（简称发改委）气候变化司副司长蒋兆理介绍，从2015年开始，建设全国碳市场的各项工作已经开始，2016—2020年为全国碳市场第一阶段，参与企业范围涵盖石化、化工、建材、钢铁、有色、造纸、电力、航空八大行业，预计首批纳入企业数量为7000～8000家。目前，国内各试点的碳价为15～30元/t。15～30元/t的碳价对于企业而言实际上是一种碳税，在近期研究中已探讨过征收碳税对经济发展的影响，如分析40元/t的碳税对国民经济的影响。

现有研究关注碳税政策的长期效应时一般都假定国际能源价格不变，鲜有将国际能源价格波动与气候政策进行结合分析，从而缺乏探讨国际能源价格波动对于气候政策和碳减排效果的影响。本研究将在能源安全和碳减排的政策协同研究框架下对此进行探讨。

5.3 国际能源价格与碳税政策模拟情景设计

本研究主要设计了三种模拟情景。以CHIEC-SAM2012表呈现的数据基期为2012年，2012—2015年为模型调试期，即对CGE模型的模拟结果进行调试，使其GDP增长路径符合实际增长路径（2013年GDP增长率为7.8%，2014年GDP增长率为

7.3%），设置2015—2030年的年均增长率为6%，这是出于保障就业率和维持社会稳定的考虑。在分析中关注的时期为2016—2030年。

第一是基准情景，考虑到人口和劳动力增长对经济增长、能源安全和碳减排的重要性，参考联合国人口司（United Nations Population Division，UNPD，2015）对中国人口增长速度的三种预测（人口高速增长、人口增速增长和人口低速增长，见图5-7）分别设定三种速率的劳动力增长情景。

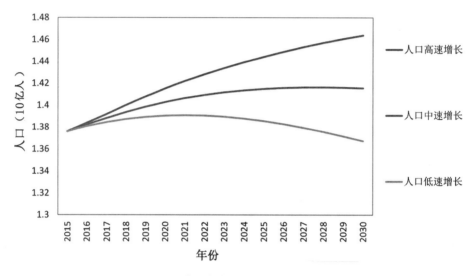

图5-7　中国人口增长速度的三种情景

注：数据来源于UNPD（2015）。

第二是价格情景，即假定国际化石能源价格（在模型中即煤炭、油气和焦炭/成品油的国际进出口价格）在2016年之后分别以年均10%的速度持续上升或者持续下降至2030年，历史数据如图5-4~图5-6表明，这两种长期趋势都是有可能出现的。

第三是碳税情景，即设定碳税为30元/t，对使用煤炭、焦炭/成品油和燃气所为能源投入的生产部门进行征收，同时假定国际能源价格不变。

第四是综合情景，即在碳税情景中分别引入国际能源价格持续上涨情景和持续下跌情景。

价格情景、碳税情景和综合情景都是在三种基准情景中分别进行，一共包含了18种子情景（表5-3），情景模拟的结果分析首先是将价格情景和碳税情景与基准情景进行对比，同时不同情景之间也可以进行对比，从而得到国际能源价格趋势对国家经济发展和能源安全的影响（价格情景）、碳税的长期减排效果及其对国家经济发展和能源安全的影响（碳税情景），以及国际能源价格趋势对碳税减排效果的影响（综合情景）。图5-8展现了情景分析的技术路线。

表5-3 模拟情景设计

情景设定		情景描述	模拟设置
基准情景(BS)		**劳动力增长、资本增长、技术进步**	
B1S		劳动力高速增长情景(人口高速增长)	
B2S		劳动力中速增长情景(人口中速增长)	
B3S		劳动力低速增长情景(人口低速增长)	
价格情景(PS)		**国际能源价格波动**	
基于三个基准情景	B1P1S=BS1+PS1 B2P1S=BS2+PS1 B3P1S=BS3+PS1	国际能源价格上升(PS1)	国际煤炭价格年均上升10%; 国际油气价格年均上升10%; 国际焦炭/成品油价格年均上升10%
	B1P2S=BS1+PS2 B2P2S=BS2+PS2 B3P2S=BS3+PS2	国际能源价格下降 (PS2)	国际煤炭价格年均下降10%; 国际油气价格年均下降10%; 国际焦炭/成品油价格年均下降10%
碳税情景(CS)		**设置碳税**	**碳税=30元/tCO$_2$**
基于三个基准情景 B1CS、B2CS、B3CS		施加碳税时假定国际能源价格不变	
综合情景(BPCS)		**施加碳税时假定国际能源波动**	
基于三个价格情景	B1P1CS=BS1+PS1+CS B2P1CS=BS2+PS1+CS B3P1CS=BS3+PS1+CS	施加碳税时假定国际能源价格上升,碳税=30元/tCO$_2$	国际煤炭价格年均上升10%; 国际油气价格年均上升10%; 国际焦炭/成品油价格年均上升10%
	B1P2CS=BS1+PS2+CS B2P2CS=BS2+PS2+CS B3P2CS=BS3+PS2+CS	施加碳税时假定国际能源价格上升,碳税=30元/tCO$_2$	国际煤炭价格年均下降10%; 国际油气价格年均下降10%; 国际焦炭/成品油价格年均下降10%

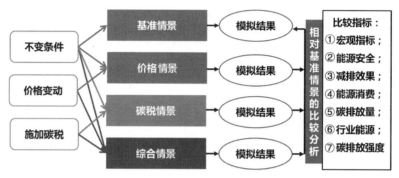

图5-8　情景分析的技术路线

对于能源安全和碳减排的政策效果的评估,本研究分别引入下列指标进行分析。

（1）在能源安全指标方面,主要探讨能源贸易依存度和能源强度两个指标。能源贸易依存度用绝对值核算,公式为 $SE_i = \dfrac{|ME_i - EE_i|}{Q_i}$,其中 SE_i 为第 i 种能源对外依存度,ME_i 和 EE_i 为分别为第 i 种能源的进口量和出口量,Q_i 为第 i 种能源的表观消费量,即净进口量与本地生产量之和。国际公认的安全警戒线为 $SE_i = 0.3$,能源强度是各生产部门的能源投入与该部门产出的比值。一般来说,该比值越小表示能源效率越高。为简化计算过程,本研究直接采用CGE模型模拟得到2012年不变价的能源价值量进行核算。

（2）在碳减排政策方面,主要基于碳排放强度探讨碳税的减排效果,碳强度即单位产出（包括GDP和各部门产出）的碳排放量。其中,考虑中国所承诺的2030年减排目标,即单位GDP（按2005年不变价）的碳排放量减少60%~65%。

需要说明的是,由于CGE模型得到的2013—2030年实际GDP预测值是基于2012年不变价,因此,需要基于《中国统计年鉴2015》提供的GDP增长指数［即公式（5-1）中的 GDP_{index_t}］先将2005—2012年的名义GDP转换为以2005年不变价核算的实际GDP,从而得到2005年不变价的2012年GDP,然后将该2005不变价的2012年GDP连续乘以由CGE模型预测得到的2013—2030年实际GDP的增长率［即公式（5-2）中的 $GDP_{growthrate_{2013-2030}}$］,得到2005年不变价的2013—2030年GDP,再用模型预测得到碳排放量分别除以2005年不变价的2013—2030年GDP,分别得到2013—2030年的基于2005年不变价的碳排放强度。在此定义"减排效果"指标,其含义是通过上述方法得到的基于2005年不变价的碳排放强度预测值相对于2005年碳排放强度的变化百分比［公式（5-3）］。

$$GDP_{2012,2005不变价} = \prod_t GDP_{2005} \times GDP_{index_t}, \, t = 2006, 2007, ..., 2012 \tag{5-1}$$

$$GDP_{2013-2030,2005不变价} = GDP_{2012,2005不变价} \times GDP_{growthrate_{2013-2030}} \tag{5-2}$$

$$减排效果_{2016-2030} = \frac{碳排放强度_{2016-2030,2005不变价}}{碳排放强度_{2005GDP}} - 1 = \frac{\dfrac{碳排放量_{2016-2030}}{GDP_{2016-2030,2005不变价}}}{\dfrac{碳排放排放量_{2005}}{GDP_{2005}}} - 1 \quad (5\text{-}3)$$

5.4 国际能源价格与碳税政策模拟情景分析

5.4.1 基准情景：能源消费与碳排放预测

三个基准情景分别预测了2016—2030年GDP，以万tce标准煤核算的一次化石能源消费总量、一次化石能源强度，CO_2排放总量和CO_2排放强度。从2016—2030年，一次化石能源强度和CO_2排放强度均出现显著下滑。到2030年，GDP将会增长到156万亿元左右，一次化石能源消费总量可能在87亿~89亿t标准煤，一次化石能源强度在0.57左右，伴随着238亿~244亿t的CO_2排放，碳排放强度为1.52~1.54t/万元。同时，通过比较不同的人口增长情景可以发现，不同的人口增长速率于各项宏观指标的影响并不显著，尤其对于化石能源强度和CO_2强度而言几乎没有影响（表5-4）。

表5-4 基准情景中的宏观指标

情景	年份	GDP（亿元，不变价=2012年）	一次化石能源消费总量*（万tce）	一次化石能源强度（万tce/亿元）	CO_2排放总量（万t）	CO_2强度（t/万元，不变价=2012年）
B1S	2020	865 169	599 965	0.69	1 617 006	1.87
	2025	1 163 164	741 615	0.64	2 010 133	1.73
	2030	1 562 776	893 956	0.57	2 442 460	1.56
B2S	2020	865 501	598 125	0.69	1 612 722	1.86
	2025	1 163 732	735 545	0.63	1 995 636	1.71
	2030	1 563 415	881 165	0.56	2 411 469	1.54
B3S	2020	865 479	596 164	0.69	1 608 092	1.86
	2025	1 163 871	729 232	0.63	1 980 473	1.70
	2030	1 563 707	867 932	0.56	2 379 318	1.52

注：一次化石能源包括煤炭、石油和天然气。

本研究考察三种化石能源，包括煤炭、油气、焦炭/成品油。在三个基准情景中，三种化石能源的对外依存度不存在显著差别。2016—2030年，三种化石能源的对外依存度将逐渐下降。到2030年，煤炭对外依存度为0.09，油气对外依存度为0.43，焦炭/成品油的对外依存度仅为0.02(表5-5)。

表5-5 基准情景中的化石能源对外依存度

情景	年份	煤炭对外依存度	油气对外依存度	焦炭/成品油对外依存度
B1S	2020	0.07	0.46	0.03
	2025	0.08	0.44	0.02
	2030	0.09	0.43	0.02
B2S	2020	0.07	0.46	0.03
	2025	0.08	0.44	0.02
	2030	0.09	0.43	0.02
B3S	2020	0.07	0.46	0.03
	2025	0.08	0.43	0.02
	2030	0.09	0.43	0.01

2005年碳排放强度为2.70t/万元。以2005不变价核算的CO_2强度在2016—2030年逐渐下降,到2020年为2.57~2.58t/万元,2025年为2.35~3.39t/万元,2030年为2.10~2.16t/万元,减排效果在不同的基准情景中存在较明显的差异,在人口高速增长情景(B1S)中,减排效果从2020年的减排4.47%到2030年的减排20.11%,而在人口低速增长情景中,减排效果从2020年的减排5.03%到2030年的减排22.23%,因此人口低速增长的情景更有利于减排。然而,三种基准情景在2030年都没有达到减排60%的目标(表5-6)。

表5-6 基准情景中的CO_2减排效果

情景	2005年碳排放量(万t)	2005年碳排放强度(t/万元)	年份	CO_2强度(t/万元,不变价=2005年)	减排效果(相对2005年强度)	减排目标(2030相对2005年强度,不变价=2005年)
B1S	506 000	2.70	2020	2.58	−4.47%	−60%~65%
			2025	2.39	−11.67%	
			2030	2.16	−20.11%	
B2S	506 000	2.70	2020	2.57	−4.76%	−60%~65%
			2025	2.37	−12.35%	
			2030	2.13	−21.16%	
B3S	506 000	2.70	2020	2.57	−5.03%	−60%~65%
			2025	2.35	−13.02%	

续表

情景	2005年碳排放量（万t）	2005年碳排放强度（t/万元）	年份	CO$_2$强度（t/万元，不变价=2005年）	减排效果（相对2005年强度）	减排目标（2030相对2005年强度，不变价=2005年）
			2030	2.10	−22.23%	

注：负号表示下降或者减少，后表同。

表5-7按标准煤核算的不同时期不同化石能源的消费总量。2020—2030年，煤炭消费总量从45.20亿~45.55亿tce增加到62.53亿~64.83亿t；原油消费总量从11.28亿~11.33亿t增加到17.83亿~18.21亿t；焦炭/成品油消费总量从14.72亿~14.75亿t增加到24.95亿~25.20亿t；燃气（天然气）消费总量从3.11亿~3.13亿t增加到6.35亿~6.43亿t；电力消费总量从10.53亿~10.57亿t增加到17.11亿~17.40亿t。相对于低速增长情景而言，人口高速增长情景将消费更多的能源，但这个差异并不显著，除了煤炭（在2030年相差2.30亿t）之外都在1亿tce以下。

表5-7　基准情景中的能源消费总量

单位：万tce

情景	年份	煤炭消费总量	原油消费总量	焦炭/成品油消费总量	燃气（天然气）消费总量	电力消费总量
B1S	2020	455 491	113 328	147 547	31 146	105 758
	2025	551 378	145 519	194 271	44 718	137 234
	2030	648 301	182 105	252 044	63 549	174 065
B2S	2020	453 791	113 103	147 411	31 231	105 591
	2025	545 877	144 719	193 757	44 949	136 610
	2030	636 956	180 239	250 823	63 971	172 621
B3S	2020	452 011	112 851	147 233	31 303	105 396
	2025	540 203	143 866	193 175	45 162	135 936
	2030	625 281	178 272	249 504	64 379	171 096

表5-8提供了三个基准情境中不同来源的CO$_2$排放量。表的左半部分为按照能源类型分的排放量；表的右半部分为按三次产业部门分的CO$_2$排放量。从能源类型来看，2020—2030年，煤炭CO$_2$排放量从127.37亿~128.22亿t增加至180.57亿~186.40亿t，依然是最大的排放源；焦炭/成品油CO$_2$排放量从27.16亿~27.23亿t增加至45.47亿~45.98亿t；燃气（天然气）CO$_2$排放量从6.2亿~6.28亿t增加至11.86亿~11.90亿t。从

生产部门来看,第一产业CO_2排放量从1.84亿~1.85亿t增加至3.84亿~3.89亿t;第二产业CO_2排放量从131.37亿~132.25亿t增加至187.91亿~194.08亿t;第三产业CO_2排放量从13.91亿~13.95亿t增加至22.42亿~22.80亿t;居民CO_2排放量从13.66亿~13.69亿t增加至23.53亿~23.72亿t。

表5-8 基准情景中的不同来源的CO_2排放量

单位:亿t

情景	年份	按能源类型			按部门			
		煤炭	焦炭/成品油	燃气(天然气)	第一产业	第二产业	第三产业	居民
B1S	2020	128.22	27.23	6.25	1.84	132.25	13.95	13.66
	2025	155.68	35.63	8.70	2.69	162.51	18.02	17.80
	2030	186.40	45.98	11.86	3.84	194.08	22.80	23.53
B2S	2020	127.81	27.20	6.27	1.84	131.82	13.93	13.68
	2025	155.31	35.52	8.73	2.70	161.07	17.94	17.85
	2030	183.53	45.73	11.88	3.85	191.05	22.61	23.62
B3S	2020	127.37	27.16	6.28	1.85	131.37	13.91	13.69
	2025	153.90	35.40	8.75	2.71	159.59	17.85	17.90
	2030	180.57	45.47	11.90	3.89	187.91	22.42	23.72

各生产部门的能源强度和能源CO_2强度在三个基准情景中差异并不明显,因此下面的图5-9~图5-11仅分别列出了基本情景2(B2S)中的各部门煤炭、焦炭/成品油和燃气(天然气)的强度及其CO_2强度。详细的强度值参见本章附表:表A5-1~表A5-3。

能源强度高的生产部门其能源CO_2强度也高,且部门之间差异极大。对煤炭强度和煤炭CO_2强度而言,最高的部门来自电力、热力生产和供应业(0.56和4.19),其次是煤炭开采和洗选业(0.88和2.24),再次是石油加工、炼焦和核燃料加工业(0.48和1.23)(图5-9)。对焦炭/成品油强度及其CO_2强度而言,最高的部门来自黑色金属冶炼和压延加工业(0.49和0.76),其次是交通运输、仓储和邮政业(0.36和0.73),再次是开采辅助活动和其他采矿业(0.23和0.47)(图5-10)。对燃气(天然气)而言,最高的部门来自石油和天然气开采业(0.11和0.18),其次是电力、热力生产和供应业(0.05和0.09),然后是化学原料和化学制品制造业(0.05和0.08)(图5-11)。

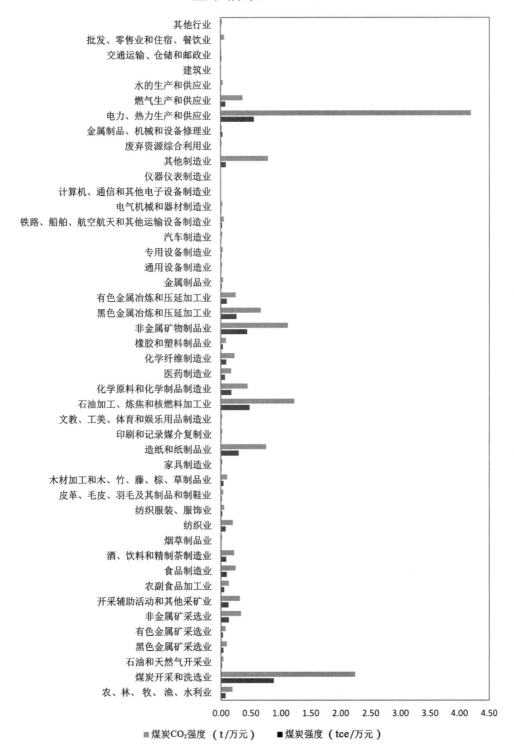

图5-9 各部门煤炭强度和煤炭CO₂强度

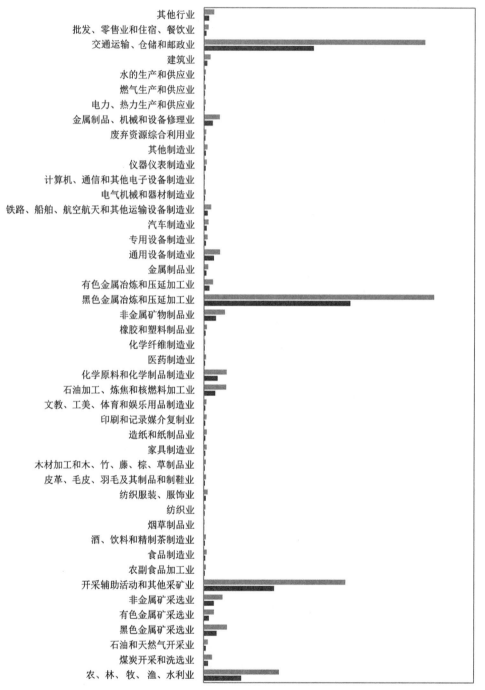

图5-10 各部门焦炭/成品油强度和焦炭/成品油CO_2强度

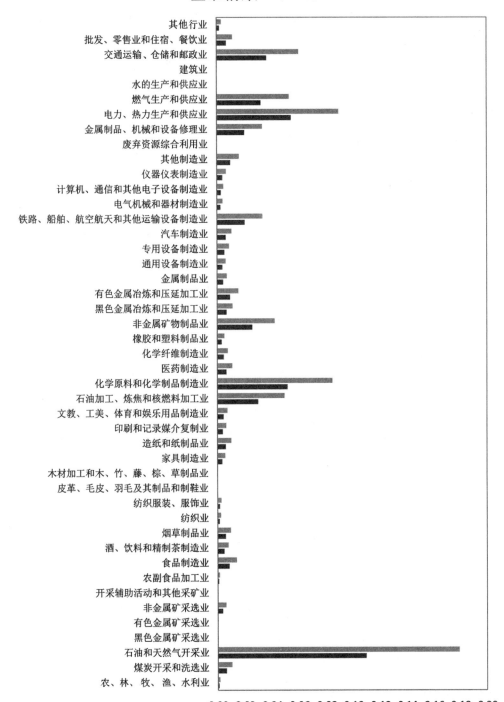

图5-11　各部门燃气强度和燃气CO₂强度

5.4.2 价格情景:国际化石能源价格波动的影响

国际化石能源价格持续上升将对GDP和能源消费产生负面影响,能源强度和碳排放及其强度也随之下降。相对于基准情景而言,GDP在2020年减少到3.43%～3.47%,到2030年将减少到5.50%～5.88%,一次化石能源强度在2020年减少到13.24%～13.25%,到2030年将减少到38.20%～38.25%。同时,2030年的减排效果将实现减排53.11%,接近减排目标。

反之,国际化石能源持续下降将刺激GDP增长和能源消费增加。相对于基准情景而言,2020年GDP增加到3.63%～3.67%,到2030年将增加到9.10%～9.24%;一次化石能源强度到2020年增加到16.59%～16.60%,到2030年将增加到62.67%～63.12%。碳排放强度也将持续上升,到2030年完全无法实现减排效果:基于2005年不变价的碳排放强度到2020年增加到13.41%～14.07%,到2030年将增加到44.32%～48.13%(表5-9)。

表5-9　价格情景宏观指标相对于基准情景的变化

单位:%

情景		年份	GDP变化	一次化石能源消费变化	一次化石能源强度变化	碳排放变化	碳强度变化	减排效果(相对2005年强度)
国际化石能源价格上升	B1P1S	2020	−3.47	−16.26	−13.25	−17.58	−14.62	−18.43
		2025	−5.56	−30.39	−26.29	−32.65	−28.68	−37.00
		2030	−5.88	−41.88	−38.25	−44.75	−41.30	−53.11
	B2P1S	2020	−3.45	−16.24	−13.25	−17.56	−14.62	−18.68
		2025	−5.48	−30.32	−26.28	−32.58	−28.67	−37.48
		2030	−5.69	−41.74	−38.22	−44.63	−41.29	−53.72
	B3P1S	2020	−3.43	−16.22	−13.24	−17.54	−14.61	−18.91
		2025	−5.40	−30.25	−26.27	−32.52	−28.67	−37.96
		2030	−5.50	−41.60	−38.20	−44.51	−41.28	−54.33
国际化石能源价格下降	B1P2S	2020	3.67	20.87	16.60	23.79	19.41	14.07
		2025	6.43	46.89	38.02	56.65	47.20	30.02
		2030	9.24	78.20	63.12	102.56	85.43	48.13
	B2P2S	2020	3.65	20.84	16.59	23.77	19.41	13.73
		2025	6.36	46.76	37.98	56.58	47.21	29.04
		2030	9.17	77.84	62.90	102.50	85.49	46.24
	B3P2S	2020	3.63	20.82	16.59	23.74	19.41	13.41

续表

情景		年份	GDP变化	一次化石能源消费变化	一次化石能源强度变化	碳排放变化	碳强度变化	减排效果（相对2005年强度）
国际化石能源价格下降	B3P2S	2025	6.30	46.63	37.93	56.51	47.23	28.06
		2030	9.10	77.47	62.67	102.44	85.56	44.32

如表5-10所示,国际化石能源价格上升将使化石能源对外依存度下降,不同基准情景的化石能源对外依存度下降幅度非常相似。2020年煤炭对外依存度为0.04,到2030年为0.01;油气对外依存度从2020年的0.33下降至2030年的0.06;焦炭/成品油对外依存度从2030年的0.02下降至2030年的0.00。

反之,国际化石能源价格下降将使化石能源对外依存度上升,不同基准情景的化石能源对外依存度上升幅度同样非常相似。2020年煤炭对外依存度为0.13,到2030年为0.46;油气对外依存度从2020年的0.63上升至2030年的0.95;焦炭/成品油对外依存度从2030年的0.04上升至2030年的0.07。

表5-10　价格情景化石能源对外依存度相对于基准情景的变化

情景		年份	煤炭对外依存度	油气对外依存度	焦炭/成品油对外依存度
国际化石能源价格上升	B1P1S	2020	0.04	0.33	0.02
		2025	0.03	0.16	0.01
		2030	0.01	0.06	0.00
	B2P1S	2020	0.04	0.33	0.02
		2025	0.03	0.16	0.01
		2030	0.01	0.06	0.00
	B3P1S	2020	0.04	0.33	0.02
		2025	0.03	0.16	0.01
		2030	0.01	0.06	0.00
国际化石能源价格下降	B1P2S	2020	0.13	0.63	0.04
		2025	0.25	0.83	0.05
		2030	0.45	0.95	0.07
	B2P2S	2020	0.13	0.63	0.04
		2025	0.26	0.83	0.05
		2030	0.45	0.95	0.07
	B3P2S	2020	0.13	0.63	0.04

续表

情景		年份	煤炭对外依存度	油气对外依存度	焦炭/成品油对外依存度
国际化石能源价格下降	B3P2S	2025	0.26	0.83	0.05
		2030	0.46	0.95	0.07

如表5-11所示,国际化石能源价格上升将使化石能源消费下降。相对于基准情景,2020年煤炭消费总量下降到15.91%～15.95%,原油消费总量下降到18.66%～18.71%,焦炭/成品油消费总量下降到23.32%～23.34%,天然气消费总量下降到11.92%～11.97%,但电力消费总量增加到2.22%～2.25%;到2030年,煤炭消费总量将下降到40.98%～41.13%,原油消费总量将下降到46.32%～46.85%,焦炭/成品油消费总量将下降到56.45%～56.61%,天然气消费总量将下降到34.51%～35.28%,但电力消费总量将增加到5.65%～6.11%。

反之,国际化石能源价格下降将使化石能源消费迅速上升。相对于基准情景,2020年煤炭消费总量上升到20.83%～20.87%,原油消费总量上升到22.98%～23.07%,焦炭/成品油消费总量上升到33.13%～33.16%,天然气消费总量上升到12.82%～12.89%,但电力消费总量下降到2.94%～2.95%;到2030年,煤炭消费总量将上升到83.09%～83.28%,原油消费总量将上升到73.44%～75.01%,焦炭/成品油消费总量将上升到145.02%～145.40%,天然气消费总量将上升到33.98%～35.43%,但电力消费总量将下降到6.64%～6.82%。

表5-11 价格情景能源消费相对于基准情景的变化

单位:%

情景		年份	煤炭消费总量变化	原油消费总量变化	焦炭/成品油消费总量变化	天然气消费总量变化	电力消费总量变化
国际能源价格上升	B1P1S	2020	−15.95	−18.71	−23.34	−11.97	2.22
		2025	−29.73	−34.67	−42.35	−24.54	3.57
		2030	−41.13	−46.85	−56.61	−35.28	5.65
	B2P1S	2020	−15.93	−18.68	−23.33	−11.94	2.24
		2025	−29.68	−34.55	−42.31	−24.39	3.66
		2030	−41.05	−46.59	−56.53	−34.90	5.88
	B3P1S	2020	−15.91	−18.66	−23.32	−11.92	2.25
		2025	−29.63	−34.43	−42.27	−24.24	3.75
		2030	−40.98	−46.32	−56.45	−34.51	6.11
国际能源价格下降	B1P2S	2020	20.87	23.07	33.16	12.89	−2.94

续表

情景		年份	煤炭消费总量变化	原油消费总量变化	焦炭/成品油消费总量变化	天然气消费总量变化	电力消费总量变化
国际能源价格下降	B1P2S	2025	48.06	48.87	80.22	25.92	−4.96
		2030	83.28	75.01	145.40	35.43	−6.64
	B2P2S	2020	20.85	23.02	33.14	12.85	−2.95
		2025	48.00	48.60	80.14	25.66	−5.01
		2030	83.19	74.24	145.21	34.72	−6.74
	B3P2S	2020	20.83	22.98	33.13	12.82	−2.96
		2025	47.95	48.33	80.07	25.40	−5.06
		2030	83.09	73.44	145.02	33.98	−6.82

如表5-12所示,国际化石能源价格上升所引致的能源消费下降将直接造成CO_2排放量下降。相对于基准情景而言,2020年煤炭CO_2排放量下降到16.87%~16.90%,焦炭/成品油CO_2排放量下降到23.18%~23.20%,天然气CO_2排放量下降到6.88%~6.97%;到2030年,煤炭CO_2排放量将下降到43.33%~43.53%,焦炭/成品油CO_2排放量将下降到56.19%~56.37%,天然气CO_2排放量将下降到17.80%~18.97%。从产业和居民部门来看,到2020年,第一次产业CO_2排放量下降到23.61%~23.67%,第二次产业CO_2排放量下降到17.16%~17.20%,第三次产业CO_2排放量下降到20.34%~20.36%,居民CO_2排放量下降到17.57%~17.58%;到2030年,第一产业CO_2排放量将下降到58.24%~58.55%,第二产业CO_2排放量将下降到42.91%~43.22%,第三产业CO_2排放量将下降到50.57%~50.80%,居民CO_2排放量将下降到49.21%~49.32%。

反之,国际化石能源价格下降所引致的能源消费上升将直接造成CO_2排放量上升。相对于基准情景而言,2020年煤炭CO_2排放量上升到22.77%~22.81%,焦炭/成品油CO_2排放量上升到32.69%~32.71%,天然气CO_2排放量上升到4.90%~5.01%;到2030年,煤炭CO_2排放量将上升到99.17%~99.18%,焦炭/成品油CO_2排放量将上升到140.62%~140.99%,天然气CO_2排放量将上升到6.00%~7.00%。从产业和居民部门来看,2020年第一次产业CO_2排放量上升到32.44%~32.53%,第二次产业CO_2排放量上升到22.45%~22.50%,第三次产业CO_2排放量上升到27.27%~27.31%,居民CO_2排放量上升到31.42%~31.45%;到2030年,第一产业CO_2排放量将上升到136.93%~137.80%,第二产业CO_2排放量将上升到86.18%~86.70%,第三产业CO_2排放量将上升到108.50%～108.89%,居民CO_2排放量将上升到219.94%～221.55%。

表5-12　价格情景不同来源的CO_2排放量相对于基准情景的变化

单位:%

情景		年份	按能源类型,碳排放量变化			按部门,碳排放量变化			
			煤炭	焦炭/成品油	天然气	第一产业	第二产业	第三产业	居民
国际化石能源价格上升	B1P1S	2020	−16.90	−23.20	−6.97	−23.67	−17.20	−20.36	−17.57
		2025	−31.54	−42.12	−13.87	−43.47	−31.70	−37.50	−34.73
		2030	−43.53	−56.37	−18.97	−58.55	−43.22	−50.80	−49.32
	B2P1S	2020	−16.88	−23.19	−6.92	−23.64	−17.18	−20.35	−17.58
		2025	−31.47	−42.08	−13.62	−43.37	−31.62	−37.44	−34.72
		2030	−43.43	−56.28	−18.40	−58.39	−43.07	−50.68	−49.27
	B3P1S	2020	−16.87	−23.18	−6.88	−23.61	−17.16	−20.34	−17.58
		2025	−31.41	−42.03	−13.37	−43.28	−31.54	−37.39	−34.70
		2030	−43.33	−56.19	−17.80	−58.24	−42.91	−50.57	−49.21
国际化石能源价格下降	B1P2S	2020	22.81	32.71	5.01	32.53	22.50	27.31	31.45
		2025	54.45	78.42	7.30	77.49	50.97	63.08	98.87
		2030	99.17	140.99	7.00	137.80	86.70	108.89	221.55
	B2P2S	2020	22.79	32.70	4.95	32.48	22.48	27.29	31.44
		2025	54.39	78.35	7.07	77.29	50.85	63.00	98.68
		2030	99.17	140.80	6.50	137.36	86.44	108.70	220.76
	B3P2S	2020	22.77	32.69	4.90	32.44	22.45	27.27	31.42
		2025	54.33	78.27	6.84	77.10	50.74	62.92	98.47
		2030	99.18	140.62	6.00	136.93	86.18	108.50	219.94

不同基准情景的人口速率对于价格情景的能源强度及其CO_2强度变化的影响并不显著,同时,对于单个生产部门而言,其能源强度变化与其CO_2强度变的变化率相同。因此图5-12～图5-14仅展现价格情景2(B2P1S和B2P2S)的结果,该变化率是同时作为能源强度及其CO_2强度的变化率,具体的数值结果可以参考本章附表:表A5-4～表A5-6。

相对于基准情景,到2030年,各个生产部门煤炭强度及其CO_2强度变化率均出现显著变化。当化石能源国际价格上升时,多数制造业部门的煤炭强度和焦炭/成品油强度及其CO_2强度均下降约50%,少数部门的下降幅度较小(图5-12和图5-13),多数制造业部门的燃气强度及其CO_2强度也出现约20%的下降,但某些部门却出现显著上升,如石油加工、炼焦和核燃料加工业,燃气生产和供应业,石油和天然气开采业、煤炭开采和洗选业,以及交通运输和仓储业等(图5-14)。

反之,当国际化石能源价格出现持续下跌时,相对于基准情景,到2030年,多数制造业部门的煤炭强度和焦炭/成品油强度及其CO_2强度均上升120%~150%,少数下降40%~70%(图5-12和图5-13)。然而,许多制造业部门的燃气强度及其CO_2强度出现约50%的下降,仅有纺织业、纺织服装、服饰业和水的生产和供应业出现低于20%的上升(图5-14)。因此,国际化石能源下跌对各生产部门而言并非必然意味着其燃气强度及其CO_2强度的下降。

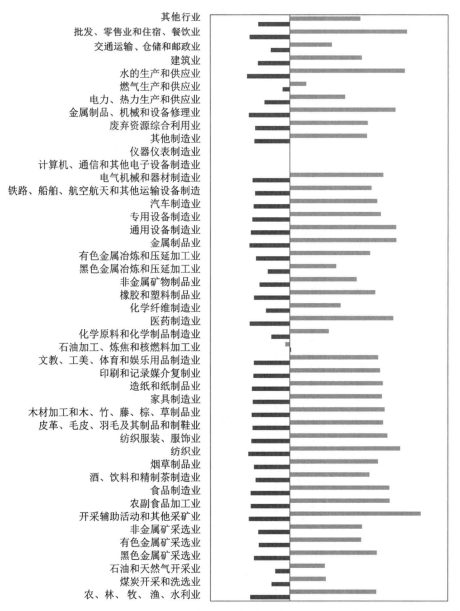

图5-12 价格情景各生产部门煤炭强度及其CO_2强度的变化(2030年)

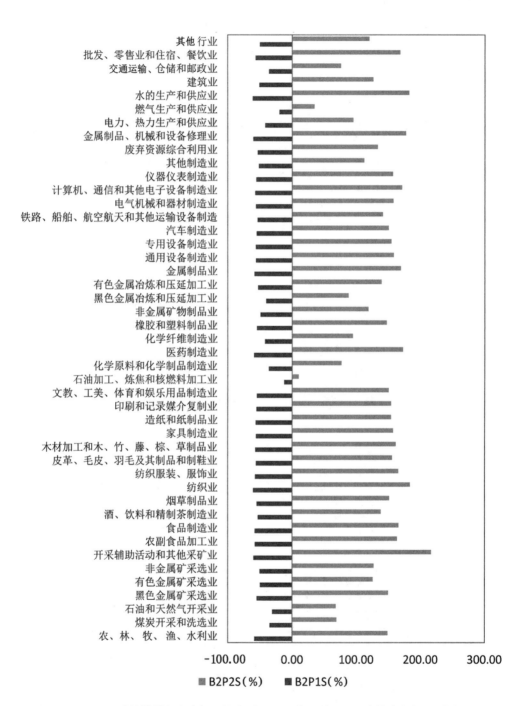

图5-13 价格情景各生产部门焦炭/成品油强度及其CO_2强度的变化（2030年）

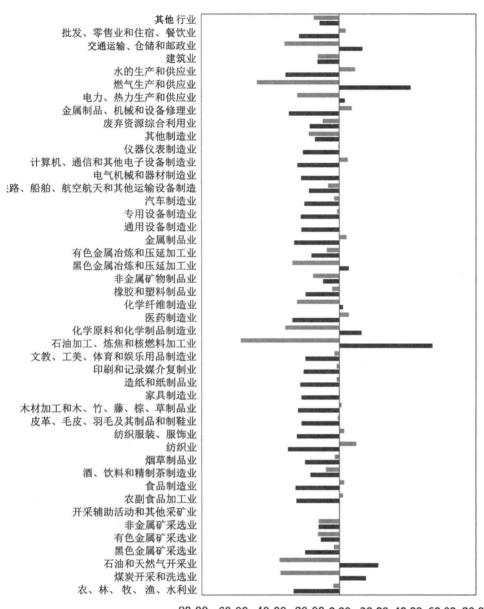

图5-14 价格情景各生产部门燃气强度及其CO$_2$强度的变化(2030年)

5.4.3 碳税情景:碳税的减排效果及其对能源安全的影响

尽管施加碳税对能源消费将产生负面影响,能源强度和碳排放及其强度也会同时下降,但将对GDP产生正面效应。相对于基准情景而言,GDP在2020年增加到

0.53％～0.54％，到2030年将增加到1.71％～1.93％；一次化石能源强度在2020年减少到11.78％～12.02％，到2030年将减少到51.27％～54.86％。同时，2030年的减排效果将实现减排到66.48％～68.70％，完成减排目标(表5-13)。

表5-13 碳税情景宏观指标相对于基准情景的变化

单位:％

情景	年份	一次化石能源消费变化	一次化石能源强度变化	碳排放变化	碳强度变化	减排效果（相对2005强度）
B1CS	2020	0.54	−12.02	−12.49	−14.22	−14.68	−18.49
	2025	1.12	−27.91	−28.71	−31.13	−31.89	−39.84
	2030	1.93	−54.86	−55.71	−60.07	−60.82	−68.70
B2CS	2020	0.53	−11.91	−12.38	−14.11	−14.57	−18.63
	2025	1.08	−27.06	−27.84	−30.26	−31.00	−39.52
	2030	1.82	−53.15	−53.98	−58.20	−58.95	−67.64
B3CS	2020	0.53	−11.78	−12.25	−13.98	−14.43	−18.74
	2025	1.03	−26.15	−26.90	−29.32	−30.04	−39.15
	2030	1.71	−51.27	−52.09	−56.17	−56.90	−66.48

如表5-14所示，相对于基准情景，施加碳税将使化石能源对外依存度在2030年略有上升，但在2025年之前的变化并不显著。2020年煤炭对外依存度依然为0.07，到2030年则上升为0.11；油气对外依存度从2020年的0.46下降至2030年的0.44；焦炭/成品油对外依存度从2020年的0.03下降至2030年的0.02～0.03。

表5-14 碳税情景化石能源对外依存度相对于基准情景的变化

情景	年份	煤炭对外依存度	油气对外依存度	焦炭/成品油对外依存度
B1CS	2020	0.07	0.47	0.03
	2025	0.08	0.44	0.03
	2030	0.11	0.44	0.02
B2CS	2020	0.07	0.46	0.03
	2025	0.08	0.44	0.03
	2030	0.11	0.44	0.02
B3CS	2020	0.07	0.46	0.03
	2025	0.08	0.44	0.02

续表

情景	年份	煤炭对外依存度	油气对外依存度	焦炭/成品油对外依存度
B3CS	2030	0.11	0.44	0.02

如表5-15所示,施加碳税将使煤炭和天然气消费显著下降,但对于原油和焦炭/成品油而言并非如此。2020年煤炭消费总量下降到15.62%～15.92%,天然气消费总量下降到3.34%～3.37%,电力消费总量下降到0.40%～0.41%,原油和焦炭/成品油的消费总量则分别上升到1.25%～1.28和0.38%～0.39;2030年,煤炭消费总量将下降到70.38%～74.66%,天然气消费总量将下降到18.58%～20.68%,焦炭/成品油消费总量也将出现下降到3.97%～5.28%,电力消费总量将下降到2.23%～3.00%,而原油消费总量将上升到3.71%～3.98。

表5-15　碳税情景能源消费相对于基准情景的变化

单位:%

情景	年份	煤炭消费总量变化	原油消费总量变化	焦炭/成品油消费总量变化	天然气消费总量变化	电力消费总量变化
B1CS	2020	−15.92	1.28	0.39	−3.37	−0.43
	2025	−37.68	3.02	0.34	−8.09	−1.01
	2030	−74.66	3.71	−5.28	−20.68	−3.00
B2CS	2020	−15.79	1.27	0.39	−3.36	−0.42
	2025	−36.59	2.92	0.34	−7.88	−0.94
	2030	−72.64	3.86	−4.61	−19.65	−2.61
B3CS	2020	−15.62	1.25	0.38	−3.34	−0.41
	2025	−35.41	2.81	0.33	−7.66	−0.88
	2030	−70.38	3.98	−3.97	−18.58	−2.23

如表5-16所示,施加碳税所造成煤炭、焦炭/成品油和天然气等消费的下降将直接造成CO_2排放量下降。相对于基准情景而言,2020年煤炭CO_2排放量下降到15.94%～16.21%,焦炭/成品油CO_2排放量下降到1.65%～1.68%,天然气CO_2排放量下降到27.76%～27.94%;到2030年,煤炭CO_2排放量将下降到65.24%～69.24%,焦炭/成品油CO_2排放量将下降到19.73%～22.96%,天然气CO_2排放量将下降到57.64%～59.83%。从产业和居民部门来看,2020年第一次产业CO_2排放量下降到39.45%～39.69%,第二次产业CO_2排放量下降到15.25%～15.52%,第三次产业CO_2排放量下降到

12.07％～12.17％,居民CO_2排放量下降到0.31％;到2030年,第一产业CO_2排放量将下降到52.99％～55.10％,第二产业CO_2排放量将下降到65.74％～69.87％,第三产业CO_2排放量将下降到31.54％～34.46％,居民CO_2排放量将下降到4.09％～4.84％。

表5-16　碳税情景CO_2排放来源相对于基准情景的变化

单位:亿t

情景	年份	按能源类型			按部门			
		煤炭	焦炭/成品油	天然气	第一产业	第二产业	第三产业	居民
B1CS	2020	−16.21	−1.68	−27.94	−39.69	−15.52	−12.17	−0.31
	2025	−36.30	−5.56	−42.64	−45.77	−35.63	−17.94	−1.18
	2030	−69.24	−22.96	−59.83	−55.10	−69.87	−34.46	−4.84
B2CS	2020	−16.09	−1.67	−27.86	−39.58	−15.40	−12.12	−0.31
	2025	−35.29	−5.34	−42.09	−45.47	−34.64	−17.62	−1.14
	2030	−67.34	−21.36	−58.78	−54.06	−67.91	−33.02	−4.46
B3CS	2020	−15.94	−1.65	−27.76	−39.45	−15.25	−12.07	−0.31
	2025	−34.20	−5.10	−41.49	−45.15	−33.57	−17.27	−1.09
	2030	−65.24	−19.73	−57.64	−52.99	−65.74	−31.54	−4.09

不同基准情景的人口速率对于碳税情景的能源强度及其CO_2强度变化的影响并不显著,同时,对于单个生产部门而言,其能源强度变化与其CO_2强度变化的变化率相同。因此图4-18仅展现价格情景2(B2CS,2030年)的结果,该变化率是同时作为能源强度及其CO_2强度的变化率,具体的数值结果可以参考本章附表:表A5-7～表A5-9。

相对于基准情景,到2030年,在施加碳税的情况下,所有生产部门的煤炭及其CO_2强度和大多数生产部门的燃气强度出现了50％～90％,甚至99％的下滑,然而,大多数生产部门的焦炭/成品油强度及其CO_2强度却出现不同程度的上升,如电力、热力生产和供应业,造纸和纸制品业以及煤炭开采和洗选业等,这说明施加碳税对降低焦炭/成品油CO_2排放强度的作用有限,甚至还有刺激作用,导致许多生产部门的焦炭/成品油强度及其CO_2排放强度出现上升(图5-15)。

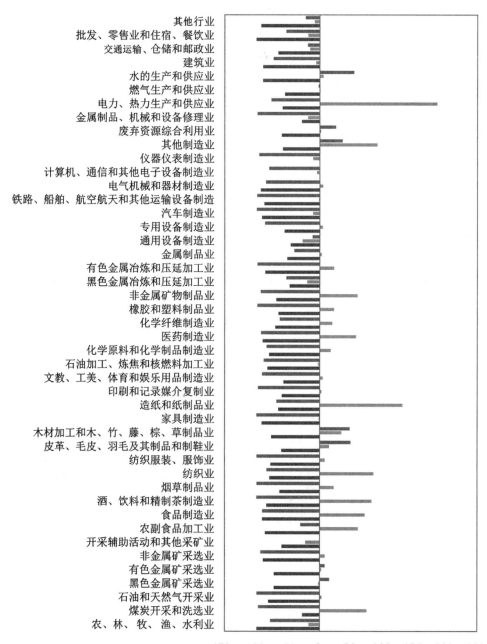

碳税情景2（B2CS，2030年）

■ 燃气强度及其CO₂强度变化率(%)

■ 焦炭/成品油强度及其 CO₂强度变化率(%)

■ 煤炭强度及其CO₂强度变化率(%)

图5-15　碳税情景各部门化石能源强度及其CO₂强度的变化

5.4.4 综合情景:国际能源价格波动对碳减排效果的影响

如前所言,国际化石能源价格持续上升将对GDP和能源消费产生负面影响,也减少能源强度和碳排放及其强度,而在施加碳税后,相对于对应价格情景(B1P1S、B2P1S、B3P1S)而言,将助其实现2030年减排目标,但对于碳税情景而言(B1CS、B2CS、B3CS),国际化石能源价格上升反而抑制了碳税的作用,使其尽管实现减排目标,但不如在碳税情景中实现的效果。GDP在2020年减少到3.07%～3.10%,到2030年将减少到4.82%～5.00%,一次化石能源强度在2020年减少到22.07%～22.23%,到2030年将减少到48.64%～50.51%。同时,2020年的减排效果实现减排到26.16%～26.46%;2030年的减排效果将实现减排到61.87%～62.24%,

反之,尽管国际化石能源持续下降将会促进GDP增加,但施加碳税有助于减少能源消费量和CO_2排放量,同时降低能源强度和CO_2强度,实现2030年的减排目标,而减排效果与碳税情景的效果相似。相对于基准情景而言,在2020年GDP增加到4.35%～4.41%,到2030年将增加到8.97%～9.07%;一次化石能源强度到2020年下降到7.16%～7.57%,到2030年将下降到51.45%～52.91%。碳排放强度也将持续下降,到2020年下降到7.65%～8.15%,到2030年将下降到56.91%～60.10%;到2020年减排效果实现减少到12.19%～12.29%,到2030年减排效果将实现减少到66.48%～68.13%(表5-17)。

表5-17 综合情景宏观指标相对于基准情景的变化

单位:%

情景		年份	GDP变化	一次化石能源消费变化	一次化石能源强度变化	碳排放变化	碳强度变化	减排效果(相对2005年强度)
国际化石能源价格上升	B1P1CS	2020	−3.10	−22.23	−19.74	−25.10	−22.70	−26.16
		2025	−5.07	−36.60	−33.21	−40.44	−37.26	−44.58
		2030	−5.00	−50.51	−47.90	−55.10	−52.74	−62.24
	B2P1CS	2020	−3.08	−22.15	−19.68	−25.03	−22.64	−26.32
		2025	−5.02	−36.27	−32.91	−40.13	−36.97	−44.75
		2030	−4.92	−49.57	−46.96	−54.22	−51.85	−62.04
	B3P1CS	2020	−3.07	−22.07	−19.60	−24.95	−22.57	−26.46
		2025	−4.96	−35.94	−32.59	−39.81	−36.66	−44.91
		2030	−4.82	−48.64	−46.03	−53.34	−50.97	−61.87
国际化石能源价格下降	B1P2CS	2020	4.41	−3.50	−7.57	−4.10	−8.15	−12.19
		2025	7.67	−32.35	−37.17	−33.44	−38.18	−45.39

续表

情景		年份	GDP变化	一次化石能源消费变化	一次化石能源强度变化	碳排放变化	碳强度变化	减排效果（相对2005年强度）
国际化石能源价格下降	B1P2CS	2030	8.97	−48.69	−52.91	−56.52	−60.10	−68.13
	B2P2CS	2020	4.38	−3.33	−7.38	−3.85	−7.88	−12.27
		2025	7.57	−31.41	−36.24	−32.22	−36.99	−44.77
		2030	9.03	−47.89	−52.21	−54.83	−58.57	−67.34
	B3P2CS	2020	4.35	−3.12	−7.16	−3.62	−7.65	−12.29
		2025	7.48	−30.37	−35.21	−30.89	−35.70	−44.08
		2030	9.07	−47.04	−51.45	−53.00	−56.91	−66.48

对比表5-18和表5-10,国际化石能源价格上升时施加碳税,化石能源对外依存度几乎不受影响。2020年煤炭对外依存度为0.04,到2030年为0.01;油气对外依存度从2020年的0.33下降至2030年的0.06;焦炭/成品油对外依存度从2030年的0.02下降至2030年的0.00。同样也可发现,在国际化石能源价格下降时施加碳税,煤炭对外依存度在2025—2030年将逐渐上升,而油气和焦炭/成品油对外依存度也几乎不受影响。到2020年,煤炭对外依存度为0.13,到2030年将为0.62~0.64(价格情景B1P2S、B2P2S、B3P2S的对应值为0.45~0.46);油气对外依存度从2020年的0.63上升至2030年的0.95(与价格情景B1P2S、B2P2S、B3P2S的对应值相似);焦炭/成品油对外依存度从2020年的0.05上升至2030年的0.09(比价格情景中的对应值略大)。

表5-18　综合情景能源对外依存度相对于基准情景的变化

情景		年份	煤炭对外依存度	油气对外依存度	焦炭/成品油对外依存度
国际化石能源价格上升	B1P1CS	2020	0.04	0.33	0.02
		2025	0.03	0.16	0.01
		2030	0.01	0.06	0.00
	B2P1CS	2020	0.04	0.33	0.02
		2025	0.03	0.16	0.01
		2030	0.01	0.06	0.00
	B3P1CS	2020	0.04	0.33	0.02
		2025	0.03	0.16	0.01
		2030	0.01	0.06	0.00
国际化石能源价格下降	B1P2CS	2020	0.13	0.64	0.05
		2025	0.29	0.83	0.06

续表

情景		年份	煤炭对外依存度	油气对外依存度	焦炭/成品油对外依存度
国际化石能源 价格下降	B1P2CS	2030	0.64	0.95	0.09
	B2P2CS	2020	0.13	0.64	0.05
		2025	0.29	0.83	0.06
		2030	0.63	0.95	0.09
	B3P2CS	2020	0.13	0.63	0.04
		2025	0.29	0.84	0.06
		2030	0.62	0.95	0.09

如表5-19所示,在施加碳税的情况下,国际化石能源价格上升将导致化石能源消费的下降幅度增大,而电力消费的上升幅度减小。相对于基准情景,2020年煤炭消费总量下降到23.57%~23.75%,原油消费总量下降到18.23%~18.28%,焦炭/成品油消费总量下降到23.21%~23.23%,天然气消费总量下降到14.17%~14.24%,但电力消费总量增加到1.71%~1.76%;到2030年,煤炭消费总量将下降到50.36%~52.67%,原油消费总量将下降到46.14%~46.60%,焦炭/成品油消费总量将下降到56.50%~56.67%,天然气消费总量将下降到38.82%~40.20%,但电力消费总量将增加到3.78%~4.64%。

反之,国际化石能源价格下降时施加碳税,尽管原油、焦炭/成品油和天然气的消费总量有所上升,但煤炭能源消费迅速下降。相对于基准情景,2020年煤炭消费总量下降到11.28%~11.79%,原油消费总量上升到26.57%~26.41%,焦炭/成品油消费总量上升到34.19%~34.24%,天然气消费总量上升到8.30%~8.33%,但电力消费总量下降到3.03%~3.04%;到2030年,煤炭消费总量将下降到89.30%~90.67%,原油消费总量将上升到83.37%~83.70%,焦炭/成品油消费总量将上升到56.77%~63.47%,天然气消费总量将上升到0.23%~2.30%,但电力消费总量将下降到2.15%~2.79%。因此,相对于价格情景而言,在国际化石能源价格上升时施加碳税,不但将使煤炭消费总量掉头下滑,也将抑制原油、焦炭/成品油和天然气消费总量的增长,同时对电力消费总量的下降也将起到限制作用。

表5-19　综合情景能源消费总量相对于基准情景的变化

单位:%

情景		年份	煤炭消费 总量变动	原油消费 总量变动	焦炭/成品 油消费总 量变动	天然气消费 总量变动	电力消费 总量变动
国际化石能源 价格上升	B1P1CS	2020	−23.75	−18.28	−23.23	−14.24	1.71
		2025	−37.91	−34.40	−42.34	−27.58	2.64

续表

情景		年份	煤炭消费总量变动	原油消费总量变动	焦炭/成品油消费总量变动	天然气消费总量变动	电力消费总量变动
国际化石能源价格上升	B1P1CS	2030	−52.61	−46.60	−56.67	−40.20	3.78
	B2P1CS	2020	−23.67	−18.25	−23.22	−14.21	1.73
		2025	−37.53	−34.30	−42.30	−27.36	2.78
		2030	−51.48	−46.37	−56.59	−39.52	4.22
	B3P1CS	2020	−23.57	−18.23	−23.21	−14.17	1.76
		2025	−37.14	−34.19	−42.26	−27.13	2.91
		2030	−50.36	−46.14	−56.50	−38.82	4.64
国际能源价格下降	B1P2CS	2020	−11.79	26.57	34.24	8.33	−3.03
		2025	−60.99	62.47	74.86	12.21	−3.77
		2030	−90.67	83.70	56.77	0.23	−2.79
	B2P2CS	2020	−11.56	26.49	34.22	8.31	−3.04
		2025	−59.77	62.02	75.14	12.30	−3.78
		2030	−90.03	83.55	60.04	1.25	−2.46
	B3P2CS	2020	−11.28	26.41	34.19	8.30	−3.04
		2025	−58.42	61.55	75.44	12.41	−3.80
		2030	−89.30	83.37	63.47	2.30	−2.15

注:变动的值按万吨标准煤折算。

对比表5-20和表5-12,国际化石能源价格上升时施加碳税,来自煤炭、焦炭/成品油和天然气等的CO_2排放量下降程度相对价格情景将更为显著,同时,三次产业和居民部门的CO_2排放量下降程度相对价格情景也更为显著。相对于基准情景而言,2020年煤炭CO_2排放量下降到24.88%~25.06%,焦炭/成品油CO_2排放量下降到23.90%~23.93%,天然气CO_2排放量下降到30.73%~30.93%;到2030年,煤炭CO_2排放量将下降到52.34%~54.39%,焦炭/成品油CO_2排放量将下降到57.04%~57.43%,天然气CO_2排放量将下降到54.41%~57.27%。从产业和居民部门来看,2020年第一次产业CO_2排放量下降到49.58%~49.85%,第二次产业CO_2排放量下降到25.01%~25.18%,第三产业CO_2排放量下降到28.15%~28.24%,居民CO_2排放量下降到17.71%;到2030年,第一产业CO_2排放量将下降到75.28%~76.45%,第二产业CO_2排放量将下降到53.04%~55.13%,第三产业CO_2排放量将下降到56.21%~56.97%,居民CO_2排放量将下降到49.42%~49.57%。

对比表5-20和表5-12,国际化石能源价格下降时施加碳税,来自煤炭和天然气的CO_2排放量下降,但来自焦炭/成品油的CO_2排放量上升直到2030年才出现掉转下降。同时,来自第一产业和第二产业部的CO_2排放量下降,但来自第三产业和居民的碳排放量上升,但前者到2030将掉转下滑。相对于基准情景而言,到2020年,煤炭CO_2排放量下降到9.35%~9.83%,焦炭/成品油CO_2排放量上升到28.42%~28.48%,天然气CO_2排放量下降到26.28%~26.43%;2030年煤炭CO_2排放量将下降到64.81%~67.40%,焦炭/成品油CO_2排放量将下降到6.42%~13.29%,天然气CO_2排放量将下降到51.62%~53.22%。从产业和居民部门来看,2020年第一次产业CO_2排放量下降到24.07%~24.26%,第二次产业CO_2排放量下降到8.10%~8.55%,第三产业CO_2排放量上升到7.48%~7.62%,居民CO_2排放量上升到30.62%~30.64%;到2030年,第一产业CO_2排放量将下降到52.00%~56.83%,第二产业CO_2排放量将上升到83.38%~85.40%,第三产业CO_2排放量将上升到38.66%~43.61%,居民CO_2排放量上将升到169.23%~174.05%。因此,相对于价格情景,在国际化石能源价格下跌时施加碳税,不仅可以使煤炭和天然气的碳排放掉转下降,同时也可以抑制焦炭/成品油碳排放量的增长;对于产业和居民部门碳排放而言,不仅可以使第一产业和第二产业的碳排放掉转下降,还可以使第三产业的碳排放最终出现下降,而居民部门碳排放的增加也会受到抑制。

表5-20　综合情景不同来源的CO_2排放量相对于基准情景的变化

单位:%

情景		年份	按能源类型,碳排放量变化			按部门,碳排放量变化			
			煤炭	焦炭/成品油	天然气	第一产业	第二产业	第三产业	居民
国际化石能源价格上升	B1P1CS	2020	−25.06	−23.93	−30.93	−49.85	−25.18	−28.24	−17.71
		2025	−39.74	−42.87	−43.16	−64.50	−40.26	−43.98	−34.90
		2030	−54.39	−57.43	−57.27	−76.45	−55.13	−56.97	−49.57
	B2P1CS	2020	−24.98	−23.91	−30.84	−49.72	−25.10	−28.20	−17.72
		2025	−39.38	−42.80	−42.62	−64.12	−39.90	−43.83	−34.88
		2030	−53.36	−57.23	−55.89	−75.90	−54.08	−56.59	−49.50
	B3P1CS	2020	−24.88	−23.90	−30.73	−49.58	−25.01	−28.15	−17.71
		2025	−39.01	−42.73	−42.03	−63.69	−39.52	−43.67	−34.86
		2030	−52.34	−57.04	−54.41	−75.28	−53.04	−56.21	−49.42
国际化石能源价格下降	B1P2CS	2020	−9.83	28.42	−26.43	−24.26	−8.55	7.48	30.64
		2025	−49.52	39.44	−42.30	−16.66	−51.82	7.17	90.71
		2030	−67.40	−13.29	−53.22	−56.83	−85.40	−43.61	169.23
	B2P2CS	2020	−9.62	28.45	−26.37	−24.17	−8.34	7.54	30.63
		2025	−48.31	40.51	−41.92	−15.94	−50.62	8.07	90.83
		2030	−66.16	−9.99	−52.44	−54.52	−84.45	−41.24	171.64
	B3P2CS	2020	−9.35	28.48	−26.28	−24.07	−8.10	7.62	30.62

续表

情景		年份	按能源类型，碳排放量变化			按部门，碳排放量变化			
			煤炭	焦炭/成品油	天然气	第一产业	第二产业	第三产业	居民
国际化石能源价格下降	B3P2CS	2025	−46.98	41.65	−41.50	−15.16	−49.29	9.03	90.94
		2030	−64.81	−6.42	−51.62	−52.00	−83.38	−38.66	174.05

不同基准情景的人口速率对于综合情景的能源强度及其CO_2强度变化的影响并不显著；对于单个生产部门而言，其能源强度变化与其CO_2强度的变化率相同，故图5-13～图5-15仅展现综合情景2(B2P1CS和B2P2CS)的结果，该变化率是同时作为能源强度及其CO_2强度的变化率，具体的数值结果可以参考本章附表A5-7～附表A5-9。

相对于基准情景，到2030年，在国际化石能源价格上升时施行碳税，所有生产部门煤炭强度及其CO_2强度变化率均显著下跌，下跌幅度为30%～90%，多数生产部门下跌幅度为50%～60%。下跌较为显著的部门包括批发、零售和住宿、餐饮业（下跌98.81%），农、林、牧、渔、水利业（下跌92.62%），水的生产和供应业（下跌68.33%）。反之，当国际化石能源价格出现持续下跌时施行碳税，所有生产部门煤炭强度及其CO_2强度变化率均剧烈下跌，除了煤炭开采和洗选业（下跌40.57%）之外，其他所有的生产部门煤炭强度和CO_2强度的下跌幅度达到80%～99%（图5-16）。

2030年，对于各生产部门的焦炭/成品油强度及其CO_2强度而言，在国际化石能源上升时施行碳税，将导致所有部门焦炭/成品油强度及其CO_2强度均出现下降，下降幅度约50%；在国际能源价格下降时施行碳税，除了少数部门焦炭/成品油强度及其CO_2强度出现下降，大多数部门焦炭/成品油强度及其CO_2强度均出现上升，如造纸和纸制品业的焦炭/成品油强度及其CO_2强度上升334.44%，其次是上升幅度在100%～150%的行业，包括煤炭开采和洗选业，酒、饮料和精制茶制造业，纺织业，非金属矿物制品业，化学纤维制造业，橡胶和塑料制品业等（图5-17）。

2030年，对于各生产部门的燃气强度及其CO_2强度而言，国际化石能源价格上升的趋势下征收碳税，大多数制造业部门燃气强度及其CO_2强度的将会下降，下降幅度为14.27%～98.74%。同样，国际化石能源价格下跌伴随着碳税的征收，使大多数制造业部门的碳排放下降50%～90%，但如纺织服装、皮革、毛皮、羽毛及其制品和制鞋业、燃气生产和供应业等多个部门的燃气强度及其CO_2强度出现了上升的趋势。因此，即使国际化石能源下跌时施行碳税，对各生产部门而言并非必然意味着燃气强度及其CO_2强度的下降（图5-18）。

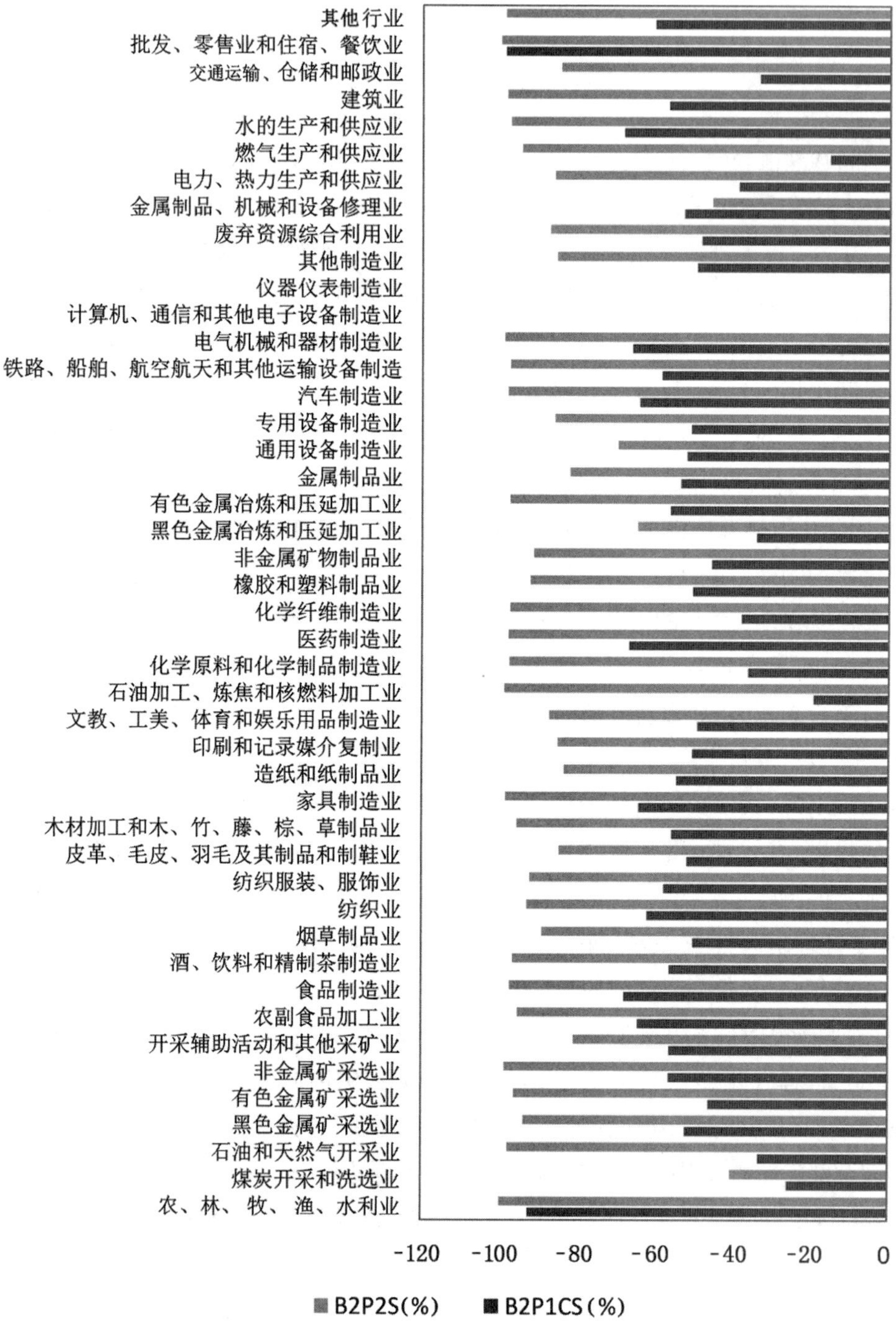

其他行业

批发、零售业和住宿、餐饮业

交通运输、仓储和邮政业

建筑业

水的生产和供应业

燃气生产和供应业

电力、热力生产和供应业

金属制品、机械和设备修理业

废弃资源综合利用业

其他制造业

仪器仪表制造业

计算机、通信和其他电子设备制造业

电气机械和器材制造业

铁路、船舶、航空航天和其他运输设备制造

汽车制造业

专用设备制造业

通用设备制造业

金属制品业

有色金属冶炼和压延加工业

黑色金属冶炼和压延加工业

非金属矿物制品业

橡胶和塑料制品业

化学纤维制造业

医药制造业

化学原料和化学制品制造业

石油加工、炼焦和核燃料加工业

文教、工美、体育和娱乐用品制造业

印刷和记录媒介复制业

造纸和纸制品业

家具制造业

木材加工和木、竹、藤、棕、草制品业

皮革、毛皮、羽毛及其制品和制鞋业

纺织服装、服饰业

纺织业

烟草制品业

酒、饮料和精制茶制造业

食品制造业

农副食品加工业

开采辅助活动和其他采矿业

非金属矿采选业

有色金属矿采选业

黑色金属矿采选业

石油和天然气开采业

煤炭开采和洗选业

农、林、牧、渔、水利业

-120　　-100　　-80　　-60　　-40　　-20　　　0

■ B2P2S(%)　　■ B2P1CS(%)

图 5-16　综合情景各生产部门煤炭强度及其 CO_2 强度的变化（2030年）

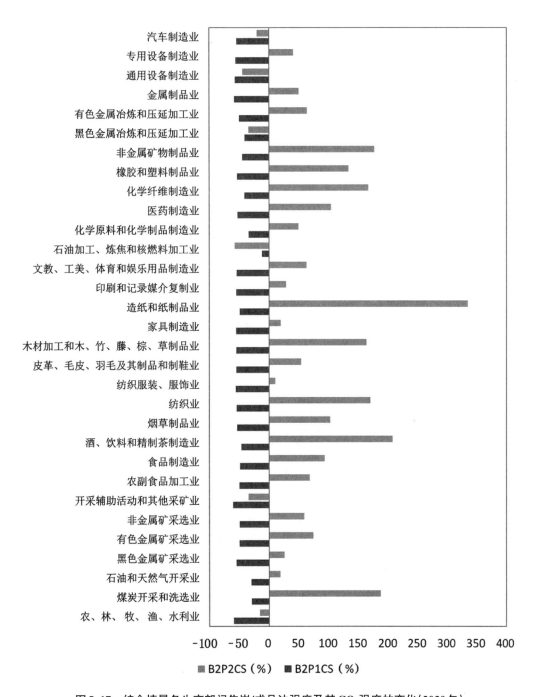

图5-17 综合情景各生产部门焦炭/成品油强度及其CO₂强度的变化(2030年)

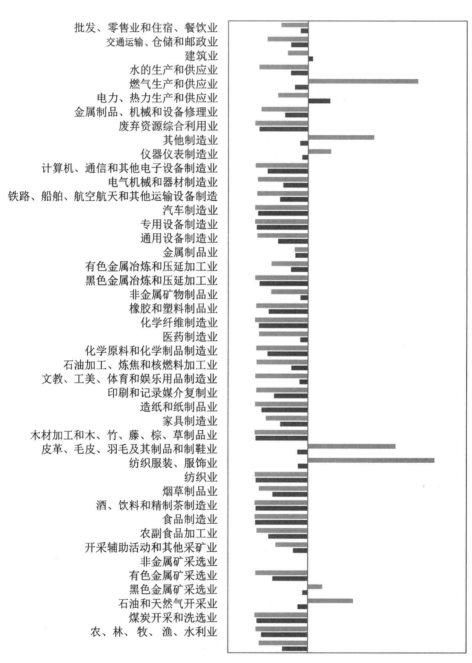

批发、零售业和住宿、餐饮业
交通运输、仓储和邮政业
建筑业
水的生产和供应业
燃气生产和供应业
电力、热力生产和供应业
金属制品、机械和设备修理业
废弃资源综合利用业
其他制造业
仪器仪表制造业
计算机、通信和其他电子设备制造业
电气机械和器材制造业
铁路、船舶、航空航天和其他运输设备制造
汽车制造业
专用设备制造业
通用设备制造业
金属制品业
有色金属冶炼和压延加工业
黑色金属冶炼和压延加工业
非金属矿物制品业
橡胶和塑料制品业
化学纤维制造业
医药制造业
化学原料和化学制品制造业
石油加工、炼焦和核燃料加工业
文教、工美、体育和娱乐用品制造业
印刷和记录媒介复制业
造纸和纸制品业
家具制造业
木材加工和木、竹、藤、棕、草制品业
皮革、毛皮、羽毛及其制品和制鞋业
纺织服装、服饰业
纺织业
烟草制品业
酒、饮料和精制茶制造业
食品制造业
农副食品加工业
开采辅助活动和其他采矿业
非金属矿采选业
有色金属矿采选业
黑色金属矿采选业
石油和天然气开采业
煤炭开采和洗选业
农、林、牧、渔、水利业

-150 -100 -50 0 50 100 150 200 250 300

■ B2P2CS（%） ■ B2P1CS（%）

图5-18 综合情景各生产部门燃气强度及其CO_2强度的变化（2030年）

5.5 本章小节

应对气候变化要求提高可再生能源发电占比,而气候变化导致高温、干旱、洪水、寒潮等极端气象灾害日益频发,致使电力系统在极端情况下难以确保稳定的电力供应,甚至出现断供风险,而可再生能源高占比的电力系统在当前技术限制下依然存在不稳定性问题,加剧了电力系统稳定性风险,电力系统低碳转型由此陷入困境,即长期可再生能源主导发展路径与短期应对气候风险难以协调。本研究基于对2021年电力短缺问题分析认为,保障煤电稳定供应是确保短期突发情况下能源安全的必要条件。在风能、太阳能及其他可再生能源的技术限制尚未取得重大突破,尤其是应对气象灾害能力建设尚未完善的情况下,电力系统的煤电退出应以保障整体电力供应稳定优先,完善更强力的应急电力支援机制和相应的煤炭资源及设备装备预案,循序渐进发展可再生能源并稳步提高其电力结构占比,即"先立后破"。

PLANER模型模拟预测了不变条件(基准情景)、国际化石能源价格波动(价格情景)、施加碳税(碳税情景),以及国际化石能源价格波动时施加碳税(综合情景)等不同情况下,中国宏观经济、能源安全和碳减排效果的变化,并在行业层面具体展现了这些变化对行业能源强度及其CO_2强度的影响。

(1)基准情景下,预计中国的能源安全状况会得到改善,减排效果仅能达到20.11%～22.23%,无法达到2030年碳排放强度减少60%～65%的目标(基于2005年不变价)。

(2)国际化石能源波动对中国宏观经济造成显著影响,国际化石能源价格上升可以达到53.11%～54.33%的减排目标,也无法实现2030年的碳减排目标,尽管能源对外依存度会得到一些改善,但中国GDP增长和能源消费也会受到阻碍;而国际化石能源价格下降将会刺激中国GDP增长和能源消费,碳排放量和能源对外依存度都会急剧攀升,碳排放强度将进一步增加而导致2030年碳减排目标完全无法实现,能源安全条件也会进一步恶化。

(3)当国际化石能源价格不变时,能源安全条件会有所变化,煤炭对外依存度上升,但原油和焦炭/成品油的对外依存度会下降。施加碳税30元/t可以实现2030年碳减排目标,也可以在保障GDP增长的情况下限制能源消费,从而实现2030的年减排效果。

(4)当国际能源价格波动时,施加碳税对宏观经济的影响效应将出现一些变化。当国际能源价格上升时,施加碳税可以略微抵消GDP下滑趋势,而能源消费和碳排放将被进一步被限制,因此2030年目标将得以实现,而能源对外依存度并不会受到影响;当国际能源价格下降时,施加碳税可以进一步促进GDP增长的同时限制能源消费和碳排放,2030年的碳减排目标也将会实现,这时碳税主要作用在煤炭消费环节,煤炭消费及其碳排放量都会下降,而且对原油和焦炭/成品油消费量及其碳排放量都有所抑制。

需要指出的是,相对于不施加碳税的国际化石能源价格上升情况,施加碳税后煤炭对外依存度到2030年会上升,而油气和焦炭/成品油的对外依存度会依然维持在高位而几乎不会受到影响。

5.6 本章附表

表A5-1 基准情景中的各生产部门煤炭强度及其CO₂强度(2030年)

表A5-1 基准情景中的各生产部门煤炭强度及其CO_2强度(2030年)

生产部门	煤炭强度 (万tce/万元)			煤炭CO_2强度 (t/万元)		
	B1S	B2S	B3S	B1S	B2S	B3S
农、林、牧、渔、水利业	0.0738	0.0760	0.0784	0.1874	0.1931	0.1990
煤炭开采和洗选业	0.8985	0.8837	0.8687	2.2817	2.2442	2.2062
石油和天然气开采业	0.0162	0.0158	0.0154	0.0411	0.0401	0.0391
黑色金属矿采选业	0.0384	0.0381	0.0377	0.0976	0.0967	0.0957
有色金属矿采选业	0.0304	0.0300	0.0295	0.0773	0.0762	0.0750
非金属矿采选业	0.1339	0.1324	0.1308	0.3402	0.3363	0.3322
开采辅助活动和其他采矿业	0.1245	0.1247	0.1250	0.3162	0.3168	0.3174
农副食品加工业	0.0522	0.0519	0.0515	0.1327	0.1317	0.1307
食品制造业	0.0975	0.0971	0.0967	0.2476	0.2466	0.2456
酒、饮料和精制茶制造业	0.0878	0.0872	0.0866	0.2229	0.2215	0.2201
烟草制品业	0.0073	0.0073	0.0072	0.0185	0.0184	0.0183
纺织业	0.0788	0.0786	0.0783	0.2001	0.1995	0.1989
纺织服装、服饰业	0.0217	0.0217	0.0217	0.0551	0.0551	0.0551
皮革、毛皮、羽毛及其制品和制鞋业	0.0157	0.0156	0.0156	0.0398	0.0397	0.0397
木材加工和木、竹、藤、棕、草制品业	0.0422	0.0420	0.0417	0.1072	0.1066	0.1060
家具制造业	0.0098	0.0097	0.0097	0.0248	0.0247	0.0246
造纸和纸制品业	0.3011	0.2991	0.2971	0.7647	0.7597	0.7545
印刷和记录媒介复制业	0.0093	0.0092	0.0092	0.0235	0.0235	0.0235
文教、工美、体育和娱乐用品制造业	0.0082	0.0082	0.0082	0.0208	0.0208	0.0208
石油加工、炼焦和核燃料加工业	0.4936	0.4834	0.4731	1.2535	1.2277	1.2015
化学原料和化学制品制造业	0.1811	0.1776	0.1739	0.4600	0.4509	0.4417
医药制造业	0.0683	0.0679	0.0674	0.1733	0.1723	0.1713
化学纤维制造业	0.0923	0.0910	0.0896	0.2345	0.2310	0.2275

续表

生产部门	煤炭强度（万tce/万元）			煤炭CO$_2$强度（t/万元）		
	B1S	B2S	B3S	B1S	B2S	B3S
橡胶和塑料制品业	0.0342	0.0340	0.0338	0.0869	0.0865	0.0860
非金属矿物制品业	0.4466	0.4414	0.4360	1.1343	1.1210	1.1073
黑色金属冶炼和压延加工业	0.2685	0.2641	0.2596	0.6819	0.6707	0.6594
有色金属冶炼和压延加工业	0.1012	0.0995	0.0978	0.2569	0.2528	0.2485
金属制品业	0.0161	0.0160	0.0158	0.0409	0.0405	0.0402
通用设备制造业	0.0091	0.0091	0.0090	0.0232	0.0231	0.0230
专用设备制造业	0.0132	0.0131	0.0131	0.0335	0.0334	0.0332
汽车制造业	0.0100	0.0099	0.0098	0.0253	0.0252	0.0250
铁路、船舶、航空航天和其他运输设备制造	0.0210	0.0209	0.0209	0.0532	0.0532	0.0531
电气机械和器材制造业	0.0110	0.0110	0.0109	0.0280	0.0278	0.0276
计算机、通信和其他电子设备制造业	0.0000	0.0000	0.0000	0.0000	0.0000	0.0371
仪器仪表制造业	0.0000	0.0000	0.0000	0.0000	0.0000	0.0270
其他制造业	0.0889	0.0887	0.0886	0.7940	0.7927	0.0133
废弃资源综合利用业	0.0043	0.0042	0.0041	0.0166	0.0162	26.1023
金属制品、机械和设备修理业	0.0311	0.0312	0.0313	0.0208	0.0209	1.0761
电力、热力生产和供应业	0.5719	0.5598	0.5477	4.2780	4.1878	0.0011
燃气生产和供应业	0.0818	0.0799	0.0781	0.3776	0.3690	0.2660
水的生产和供应业	0.0102	0.0100	0.0098	0.0396	0.0388	0.4928
建筑业	0.0010	0.0010	0.0010	0.0104	0.0103	0.0530
交通运输、仓储和邮政业	0.0155	0.0152	0.0150	0.0136	0.0134	0.0929
批发、零售业和住宿、餐饮业	0.0005	0.0005	0.0005	0.0625	0.0618	0.0621
其他行业	0.0036	0.0035	0.0035	0.0222	0.0220	0.0220

表A5-2 基准情景中的各生产部门焦炭/成品油强度及其CO$_2$强度（2030年）

生产部门	焦炭/成品油强度（万tce/万元）			焦炭/成品油CO$_2$强度（万t/亿元）		
	B1S	B2S	B3S	B1S	B2S	B3S
农、林、牧、渔、水利业	0.1209	0.1254	0.1301	0.2423	0.2513	0.2608
煤炭开采和洗选业	0.0142	0.0141	0.0139	0.0277	0.0274	0.0271
石油和天然气开采业	0.0068	0.0067	0.0066	0.0138	0.0135	0.0133

续表

生产部门	焦炭/成品油强度 （万tce/万元）			焦炭/成品油CO$_2$强度 （万t/亿元）		
	B1S	B2S	B3S	B1S	B2S	B3S
黑色金属矿采选业	0.0426	0.0425	0.0424	0.0779	0.0777	0.0774
有色金属矿采选业	0.0175	0.0173	0.0172	0.0339	0.0336	0.0333
非金属矿采选业	0.0334	0.0333	0.0331	0.0628	0.0625	0.0621
开采辅助活动和其他采矿业	0.2324	0.2343	0.2364	0.4683	0.4723	0.4764
农副食品加工业	0.0036	0.0036	0.0036	0.0071	0.0071	0.0071
食品制造业	0.0050	0.0050	0.0050	0.0099	0.0099	0.0100
酒、饮料和精制茶制造业	0.0037	0.0037	0.0037	0.0074	0.0074	0.0074
烟草制品业	0.0013	0.0013	0.0013	0.0027	0.0027	0.0027
纺织业	0.0029	0.0029	0.0030	0.0059	0.0059	0.0059
纺织服装、服饰业	0.0064	0.0064	0.0065	0.0127	0.0128	0.0129
皮革、毛皮、羽毛及其制品和制鞋业	0.0038	0.0039	0.0039	0.0077	0.0077	0.0078
木材加工和木、竹、藤、棕、草制品业	0.0033	0.0033	0.0033	0.0067	0.0067	0.0067
家具制造业	0.0049	0.0049	0.0049	0.0095	0.0095	0.0095
造纸和纸制品业	0.0051	0.0051	0.0051	0.0102	0.0102	0.0102
印刷和记录媒介复制业	0.0045	0.0045	0.0046	0.0091	0.0091	0.0092
文教、工美、体育和娱乐用品制造业	0.0044	0.0044	0.0044	0.0086	0.0086	0.0087
石油加工、炼焦和核燃料加工业	0.0375	0.0369	0.0363	0.0749	0.0737	0.0725
化学原料和化学制品制造业	0.0456	0.0450	0.0444	0.0763	0.0752	0.0742
医药制造业	0.0035	0.0035	0.0035	0.0070	0.0070	0.0071
化学纤维制造业	0.0022	0.0022	0.0022	0.0043	0.0043	0.0043
橡胶和塑料制品业	0.0048	0.0048	0.0048	0.0096	0.0096	0.0096
非金属矿物制品业	0.0394	0.0392	0.0389	0.0694	0.0690	0.0687
黑色金属冶炼和压延加工业	0.4918	0.4870	0.4821	0.7722	0.7647	0.7570
有色金属冶炼和压延加工业	0.0179	0.0177	0.0175	0.0299	0.0296	0.0293
金属制品业	0.0078	0.0078	0.0077	0.0139	0.0139	0.0139
通用设备制造业	0.0323	0.0323	0.0324	0.0525	0.0526	0.0527
专用设备制造业	0.0062	0.0062	0.0062	0.0116	0.0116	0.0117
汽车制造业	0.0086	0.0086	0.0086	0.0150	0.0150	0.0150
铁路、船舶、航空航天和其他运输设备制造	0.0117	0.0118	0.0118	0.0230	0.0231	0.0232
电气机械和器材制造业	0.0029	0.0029	0.0029	0.0056	0.0056	0.0056

续表

生产部门	焦炭/成品油强度（万 tce/万元）			焦炭/成品油 CO$_2$ 强度（万 t/亿元）		
	B1S	B2S	B3S	B1S	B2S	B3S
计算机、通信和其他电子设备制造业	0.0016	0.0016	0.0016	0.0030	0.0030	0.0031
仪器仪表制造业	0.0048	0.0048	0.0048	0.0093	0.0093	0.0093
其他制造业	0.0057	0.0057	0.0058	0.0112	0.0113	0.0114
废弃资源综合利用业	0.0044	0.0043	0.0042	0.0074	0.0073	0.0072
金属制品、机械和设备修理业	0.0285	0.0288	0.0291	0.0510	0.0515	0.0520
电力、热力生产和供应业	0.0027	0.0026	0.0026	0.0054	0.0053	0.0052
燃气生产和供应业	0.0032	0.0031	0.0031	0.0057	0.0056	0.0055
水的生产和供应业	0.0031	0.0030	0.0030	0.0062	0.0061	0.0060
建筑业	0.0107	0.0107	0.0106	0.0215	0.0215	0.0214
交通运输、仓储和邮政业	0.3676	0.3644	0.3612	0.7408	0.7345	0.7280
批发、零售业和住宿、餐饮业	0.0075	0.0075	0.0074	0.0151	0.0150	0.0150
其他行业	0.0163	0.0162	0.0162	0.0328	0.0327	0.0326

表A5-3　基准情景中的各生产部门燃气强度及其 CO$_2$ 强度（2030 年）

生产部门	燃气强度（万 tce/万元）			燃气 CO$_2$ 强度（万 t/亿元）		
	B1S	B2S	B3S	B1S	B2S	B3S
农、林、牧、渔、水利业	0.0009	0.0009	0.0010	0.0014	0.0015	0.2608
煤炭开采和洗选业	0.0064	0.0064	0.0064	0.0105	0.0105	0.0271
石油和天然气开采业	0.1109	0.1096	0.1083	0.1814	0.1793	0.0133
黑色金属矿采选业	0.0000	0.0000	0.0000	0.0000	0.0000	0.0000
有色金属矿采选业	0.0000	0.0000	0.0000	0.0000	0.0000	0.0000
非金属矿采选业	0.0037	0.0037	0.0037	0.0061	0.0061	0.1319
开采辅助活动和其他采矿业	—	—	—	0.0000		
农副食品加工业	0.0009	0.0009	0.0009	0.0014	0.0014	0.0042
食品制造业	0.0085	0.0086	0.0087	0.0139	0.0141	0.0181
酒、饮料和精制茶制造业	0.0048	0.0049	0.0049	0.0079	0.0080	0.0590
烟草制品业	0.0059	0.0060	0.0060	0.0096	0.0097	0.0390
纺织业	0.0014	0.0014	0.0014	0.0023	0.0023	0.0057
纺织服装、服饰业	0.0017	0.0017	0.0017	0.0028	0.0028	0.0072
皮革、毛皮、羽毛及其制品和制鞋业	0.0000	0.0000	0.0000	0.0000	0.0000	0.0000

续表

生产部门	燃气强度 （万tce/万元）			燃气CO$_2$强度 （万t/亿元）		
	B1S	B2S	B3S	B1S	B2S	B3S
木材加工和木、竹、藤、棕、草制品业	0.0000	0.0000	0.0000	0.0000	0.0000	0.0000
家具制造业	0.0035	0.0035	0.0036	0.0057	0.0058	0.0035
造纸和纸制品业	0.0062	0.0063	0.0063	0.0102	0.0103	0.0136
印刷和记录媒介复制业	0.0039	0.0040	0.0040	0.0064	0.0065	0.0307
文教、工美、体育和娱乐用品制造业	0.0045	0.0046	0.0047	0.0074	0.0075	0.0088
石油加工、炼焦和核燃料加工业	0.0305	0.0303	0.0300	0.0499	0.0495	0.0014
化学原料和化学制品制造业	0.0521	0.0518	0.0515	0.0852	0.0847	0.0007
医药制造业	0.0067	0.0068	0.0069	0.0110	0.0111	0.0083
化学纤维制造业	0.0048	0.0048	0.0048	0.0078	0.0078	0.0088
橡胶和塑料制品业	0.0032	0.0033	0.0033	0.0053	0.0053	0.0034
非金属矿物制品业	0.0259	0.0260	0.0260	0.0424	0.0425	0.0906
黑色金属冶炼和压延加工业	0.0070	0.0070	0.0070	0.0115	0.0115	0.0854
有色金属冶炼和压延加工业	0.0097	0.0096	0.0096	0.0158	0.0158	0.0025
金属制品业	0.0044	0.0044	0.0045	0.0072	0.0072	0.0009
通用设备制造业	0.0039	0.0039	0.0040	0.0064	0.0065	0.0065
专用设备制造业	0.0054	0.0055	0.0055	0.0089	0.0090	0.1075
汽车制造业	0.0065	0.0065	0.0066	0.0106	0.0107	1.1266
铁路、船舶、航空航天和其他运输设备制造	0.0203	0.0206	0.0209	0.0333	0.0337	0.1056
电气机械和器材制造业	0.0026	0.0026	0.0026	0.0042	0.0042	0.0087
计算机、通信和其他电子设备制造业	0.0029	0.0029	0.0030	0.0047	0.0048	0.0428
仪器仪表制造业	0.0041	0.0042	0.0042	0.0068	0.0068	0.0606
其他制造业	0.0099	0.0100	0.0102	0.0162	0.0164	0.3230
废弃资源综合利用业	0.0000	0.0000	0.0000	0.0000	0.0000	0.0000
金属制品、机械和设备修理业	0.0202	0.0206	0.0209	0.0331	0.0336	0.2061
电力、热力生产和供应业	0.0553	0.0548	0.0544	0.0905	0.0897	0.0046
燃气生产和供应业	0.0329	0.0326	0.0322	0.0539	0.0533	0.0344
水的生产和供应业	0.0000	0.0000	0.0000	0.0000	0.0000	0.0000
建筑业	0.0001	0.0001	0.0001	0.0002	0.0002	0.0005
交通运输、仓储和邮政业	0.0370	0.0369	0.0369	0.0605	0.0604	0.0004

续表

生产部门	燃气强度（万tce/万元）			燃气CO$_2$强度（万t/亿元）		
	B1S	B2S	B3S	B1S	B2S	B3S
批发、零售业和住宿、餐饮业	0.0071	0.0071	0.0072	0.0116	0.0117	0.0007
其他行业	0.0020	0.0021	0.0021	0.0033	0.0034	0.0003

表A5-4 价格情景中煤炭强度及其CO$_2$强度相对于基准情景的变化

单位：%

生产部门	煤炭强度及其CO$_2$强度变化					
	B1P1S	B2P1S	B3P1S	B1P2S	B2P2S	B3P2S
农、林、牧、渔、水利业	−49.99	−49.75	−49.51	109.08	108.74	108.40
煤炭开采和洗选业	−22.92	−23.01	−23.11	45.26	45.42	45.58
石油和天然气开采业	−18.31	−18.42	−18.56	43.07	43.98	44.92
黑色金属矿采选业	−45.26	−45.17	−45.08	109.45	109.41	109.38
有色金属矿采选业	−39.01	−38.93	−38.85	89.47	89.47	89.49
非金属矿采选业	−39.91	−39.82	−39.74	90.54	90.53	90.53
开采辅助活动和其他采矿业	−51.43	−51.43	−51.45	165.11	165.17	165.21
农副食品加工业	−49.30	−49.22	−49.14	125.95	125.85	125.76
食品制造业	−49.42	−49.33	−49.25	125.69	125.57	125.46
酒、饮料和精制茶制造业	−43.08	−42.98	−42.88	99.94	99.83	99.72
烟草制品业	−45.25	−45.14	−45.03	111.08	110.95	110.83
纺织业	−52.22	−52.12	−52.02	139.31	139.14	138.97
纺织服装、服饰业	−48.48	−48.37	−48.26	123.05	122.89	122.75
皮革、毛皮、羽毛及其制品和制鞋业	−47.01	−46.91	−46.80	117.70	117.56	117.44
木材加工和木、竹、藤、棕、草制品业	−48.00	−47.91	−47.82	119.71	119.62	119.54
家具制造业	−46.64	−46.53	−46.42	116.09	116.00	115.93
造纸和纸制品业	−47.73	−47.66	−47.59	117.42	117.32	117.23
印刷和记录媒介复制业	−45.89	−45.77	−45.65	113.80	113.67	113.55
文教、工美、体育和娱乐用品制造业	−45.28	−45.16	−45.04	111.36	111.25	111.15
石油加工、炼焦和核燃料加工业	1.54	1.49	1.44	−5.66	−5.68	−5.71
化学原料和化学制品制造业	−23.25	−23.20	−23.16	48.89	48.88	48.87
医药制造业	−50.51	−50.42	−50.34	130.68	130.56	130.46
化学纤维制造业	−30.18	−30.13	−30.07	63.59	63.64	63.71
橡胶和塑料制品业	−45.07	−44.97	−44.87	107.45	107.35	107.27

生产部门	煤炭强度及其CO_2强度变化					
	B1P1S	B2P1S	B3P1S	B1P2S	B2P2S	B3P2S
非金属矿物制品业	−38.15	−38.09	−38.03	83.77	83.77	83.78
黑色金属冶炼和压延加工业	−27.86	−27.80	−27.74	58.14	58.14	58.16
有色金属冶炼和压延加工业	−42.67	−42.60	−42.53	100.81	100.79	100.78
金属制品业	−50.70	−50.64	−50.57	134.28	134.27	134.28
通用设备制造业	−49.08	−49.02	−48.97	133.92	134.01	134.13
专用设备制造业	−47.30	−47.22	−47.13	114.82	114.72	114.64
汽车制造业	−45.55	−45.45	−45.36	109.94	109.86	109.80
铁路、船舶、航空航天和其他运输设备制造	−43.79	−43.68	−43.57	102.54	102.47	102.40
电气机械和器材制造业	−46.96	−46.87	−46.78	117.84	117.80	117.77
计算机、通信和其他电子设备制造业	—	—	—	—	—	—
仪器仪表制造业	—	—	—	—	—	—
其他制造业	−44.52	−44.46	−44.41	96.47	96.50	96.54
废弃资源综合利用业	−43.56	−43.52	−43.47	97.67	97.69	97.72
金属制品、机械和设备修理业	−51.67	−51.54	−51.40	133.23	133.04	132.86
电力、热力生产和供应业	−31.81	−31.81	−31.81	69.22	69.30	69.39
燃气生产和供应业	−8.95	−9.17	−9.40	20.11	20.36	20.62
水的生产和供应业	−53.78	−53.74	−53.70	144.85	144.91	144.98
建筑业	−40.14	−40.08	−40.02	89.87	89.95	90.03
交通运输、仓储和邮政业	−23.57	−23.71	−23.86	52.38	52.75	53.15
批发、零售业和住宿、餐饮业	−50.35	−50.33	−50.31	147.51	147.79	148.09
其他行业	−39.60	−39.55	−39.50	88.08	88.19	88.31

表A5-5　价格情景中焦炭/成品油强度及其CO_2强度相对于基准情景的变化

单位：%

生产部门	焦炭/成品油及其CO_2强度变化					
	B1P1S	B2P1S	B3P1S	B1P2S	B2P2S	B3P2S
农、林、牧、渔、水利业	−58.73	−58.54	−58.35	149.47	148.88	148.30
煤炭开采和洗选业	−34.67	−34.78	−34.88	69.30	69.39	69.46
石油和天然气开采业	−30.60	−30.72	−30.85	67.12	68.09	69.08
黑色金属矿采选业	−54.80	−54.74	−54.68	150.07	149.86	149.64
有色金属矿采选业	−49.66	−49.62	−49.57	126.12	125.98	125.83
非金属矿采选业	−50.38	−50.33	−50.28	127.42	127.26	127.10

续表

生产部门	焦炭/成品油及其CO_2强度变化					
	B1P1S	B2P1S	B3P1S	B1P2S	B2P2S	B3P2S
开采辅助活动和其他采矿业	−59.87	−59.89	−59.92	216.75	216.62	216.44
农副食品加工业	−57.64	−57.59	−57.53	164.16	163.83	163.49
食品制造业	−57.96	−57.91	−57.85	166.24	165.90	165.55
酒、饮料和精制茶制造业	−53.02	−52.96	−52.89	138.58	138.29	137.99
烟草制品业	−54.80	−54.72	−54.65	151.72	151.40	151.07
纺织业	−60.46	−60.39	−60.32	184.25	183.85	183.43
纺织服装、服饰业	−57.48	−57.40	−57.33	166.15	165.79	165.42
皮革、毛皮、羽毛及其制品和制鞋业	−55.92	−55.85	−55.77	156.35	156.00	155.64
木材加工和木、竹、藤、棕、草制品业	−57.07	−57.01	−56.95	162.02	161.74	161.44
家具制造业	−55.96	−55.89	−55.81	157.86	157.58	157.30
造纸和纸制品业	−56.38	−56.33	−56.28	154.63	154.32	153.99
印刷和记录媒介复制业	−55.30	−55.21	−55.13	154.70	154.36	154.03
文教、工美、体育和娱乐用品制造业	−54.71	−54.63	−54.54	151.04	150.73	150.42
石油加工、炼焦和核燃料加工业	−12.54	−12.60	−12.65	10.44	10.36	10.27
化学原料和化学制品制造业	−36.14	−36.12	−36.10	77.13	77.00	76.86
医药制造业	−58.95	−58.89	−58.82	173.24	172.91	172.57
化学纤维制造业	−42.27	−42.24	−42.22	94.68	94.62	94.55
橡胶和塑料制品业	−54.63	−54.56	−54.49	147.71	147.43	147.14
非金属矿物制品业	−48.85	−48.82	−48.78	119.09	118.94	118.78
黑色金属冶炼和压延加工业	−40.34	−40.31	−40.28	88.12	88.00	87.87
有色金属冶炼和压延加工业	−52.64	−52.60	−52.56	139.71	139.53	139.34
金属制品业	−58.31	−58.26	−58.21	169.73	169.48	169.23
通用设备制造业	−55.94	−55.89	−55.83	158.63	158.43	158.23
专用设备制造业	−56.17	−56.11	−56.05	155.13	154.85	154.55
汽车制造业	−54.97	−54.91	−54.85	150.79	150.54	150.29
铁路、船舶、航空航天和其他运输设备制造	−53.50	−53.42	−53.35	141.75	141.50	141.25
电气机械和器材制造业	−56.04	−55.98	−55.91	158.06	157.82	157.58
计算机、通信和其他电子设备制造业	−57.29	−57.20	−57.10	171.63	171.30	170.98
仪器仪表制造业	−55.43	−55.37	−55.30	157.35	157.12	156.88
其他制造业	−51.49	−51.43	−51.37	112.85	112.60	112.34
废弃资源综合利用业	−53.16	−53.14	−53.12	133.73	133.58	133.43

续表

生产部门	焦炭/成品油及其CO$_2$强度变化					
	B1P1S	B2P1S	B3P1S	B1P2S	B2P2S	B3P2S
金属制品、机械和设备修理业	−60.08	−59.98	−59.88	177.85	177.44	177.01
电力、热力生产和供应业	−41.55	−41.57	−41.58	95.37	95.35	95.33
燃气生产和供应业	−19.66	−19.84	−20.03	34.60	34.78	34.97
水的生产和供应业	−61.09	−61.07	−61.04	182.67	182.49	182.30
建筑业	−50.59	−50.56	−50.53	126.54	126.47	126.41
交通运输、仓储和邮政业	−35.68	−35.80	−35.94	75.97	76.24	76.53
批发、零售业和住宿、餐饮业	−56.62	−56.59	−56.56	168.49	168.44	168.39
其他行业	−49.92	−49.88	−49.85	120.55	120.47	120.40

表A5-6　价格情景中燃气强度及其CO$_2$强度相对于基准情景的变化

单位：%

生产部门	燃气及其CO$_2$强度变化					
	B1P1S	B2P1S	B3P1S	B1P2S	B2P2S	B3P2S
农、林、牧、渔、水利业	−27.54	−26.73	−25.89	−2.89	−3.73	−4.58
煤炭开采和洗选业	14.70	15.27	15.88	−34.10	−34.48	−34.88
石油和天然气开采业	21.85	22.45	23.05	−34.94	−34.98	−35.03
黑色金属矿采选业	−20.64	−20.01	−19.36	−2.65	−3.35	−4.07
有色金属矿采选业	−11.62	−10.96	−10.27	−11.97	−12.59	−13.22
非金属矿采选业	−12.88	−12.22	−11.52	−11.47	−12.09	−12.73
开采辅助活动和其他采矿业	—	—	—	—	—	—
农副食品加工业	−25.63	−25.04	−24.43	2.83	2.05	1.26
食品制造业	−26.20	−25.61	−24.99	3.64	2.85	2.05
酒、饮料和精制茶制造业	−17.52	−16.86	−16.18	−7.12	−7.83	−8.54
烟草制品业	−20.64	−19.98	−19.30	−2.01	−2.76	−3.52
纺织业	−30.57	−30.00	−29.39	10.66	9.80	8.92
纺织服装、服饰业	−25.35	−24.72	−24.06	3.61	2.81	2.00
皮革、毛皮、羽毛及其制品和制鞋业	−22.61	−21.97	−21.30	−0.21	−0.98	−1.76
木材加工和木、竹、藤、棕、草制品业	−24.63	−24.03	−23.40	2.00	1.24	0.47
家具制造业	−22.68	−22.04	−21.38	0.38	−0.37	−1.13
造纸和纸制品业	−23.41	−22.82	−22.20	−0.88	−1.63	−2.40
印刷和记录媒介复制业	−21.52	−20.85	−20.15	−0.85	−1.61	−2.38
文教、工美、体育和娱乐用品制造业	−20.49	−19.81	−19.11	−2.27	−3.01	−3.77

续表

生产部门	燃气及其CO_2强度变化					
	B1P1S	B2P1S	B3P1S	B1P2S	B2P2S	B3P2S
石油加工、炼焦和核燃料加工业	53.55	54.47	55.43	−57.01	−57.31	−57.63
化学原料和化学制品制造业	12.11	12.89	13.71	−31.05	−31.54	−32.04
医药制造业	−27.92	−27.34	−26.73	6.37	5.56	4.74
化学纤维制造业	1.36	2.08	2.82	−24.21	−24.72	−25.24
橡胶和塑料制品业	−20.34	−19.70	−19.02	−3.57	−4.29	−5.03
非金属矿物制品业	−10.19	−9.54	−8.86	−14.71	−15.31	−15.93
黑色金属冶炼和压延加工业	4.74	5.48	6.26	−26.77	−27.28	−27.80
有色金属冶炼和压延加工业	−16.85	−16.23	−15.58	−6.68	−7.35	−8.03
金属制品业	−26.81	−26.23	−25.63	5.00	4.24	3.46
通用设备制造业	−22.65	−22.04	−21.40	0.68	−0.04	−0.77
专用设备制造业	−23.04	−22.43	−21.79	−0.68	−1.42	−2.18
汽车制造业	−20.95	−20.32	−19.66	−2.37	−3.09	−3.82
铁路、船舶、航空航天和其他运输设备制造	−18.36	−17.68	−16.98	−5.89	−6.58	−7.29
电气机械和器材制造业	−22.82	−22.20	−21.55	0.46	−0.27	−1.01
计算机、通信和其他电子设备制造业	−25.02	−24.35	−23.66	5.74	4.94	4.13
仪器仪表制造业	−21.75	−21.12	−20.46	0.18	−0.54	−1.28
其他制造业	−14.83	−14.16	−13.46	−17.14	−17.76	−18.40
废弃资源综合利用业	−17.77	−17.19	−16.58	−9.01	−9.65	−10.30
金属制品、机械和设备修理业	−29.91	−29.27	−28.60	8.16	7.32	6.45
电力、热力生产和供应业	2.61	3.27	3.95	−23.95	−24.44	−24.94
燃气生产和供应业	41.05	41.66	42.30	−47.60	−47.87	−48.13
水的生产和供应业	−31.69	−31.19	−30.67	10.04	9.27	8.48
建筑业	−13.25	−12.63	−11.98	−11.81	−12.40	−13.00
交通运输、仓储和邮政业	12.93	13.45	14.00	−31.50	−31.83	−32.16
批发、零售业和住宿、餐饮业	−23.85	−23.29	−22.70	4.52	3.84	3.14
其他行业	−12.07	−11.43	−10.77	−14.15	−14.72	−15.30

表A5-7　价格碳税中煤炭强度及其CO_2强度相对于基准情景的变化

单位:%

生产部门	煤炭强度及其CO_2强度变化					
	B1P1CS	B2P1CS	B3P1CS	B1P2CS	B2P2CS	B3P2CS
农、林、牧、渔、水利业	−93.55	−92.62	−91.53	−99.92	−99.91	−99.91

续表

生产部门	煤炭强度及其CO_2强度变化					
	B1P1CS	B2P1CS	B3P1CS	B1P2CS	B2P2CS	B3P2CS
煤炭开采和洗选业	−26.16	−25.90	−25.66	−41.38	−40.57	−39.65
石油和天然气开采业	−34.83	−33.36	−31.92	−98.05	−97.87	−97.66
黑色金属矿采选业	−53.12	−52.27	−51.44	−94.15	−93.72	−93.21
有色金属矿采选业	−47.16	−46.28	−45.42	−96.56	−96.24	−95.86
非金属矿采选业	−58.04	−56.46	−54.86	−98.84	−98.74	−98.62
开采辅助活动和其他采矿业	−56.85	−56.32	−55.82	−82.09	−80.90	−79.56
农副食品加工业	−65.71	−64.38	−63.03	−95.56	−95.31	−95.02
食品制造业	−69.43	−67.95	−66.42	−97.57	−97.42	−97.25
酒、饮料和精制茶制造业	−57.66	−56.34	−55.01	−96.87	−96.67	−96.43
烟草制品业	−50.99	−50.30	−49.63	−89.82	−89.15	−88.39
纺织业	−63.05	−62.03	−61.01	−93.35	−92.94	−92.47
纺织服装、服饰业	−58.82	−57.78	−56.76	−92.70	−92.26	−91.76
皮革、毛皮、羽毛及其制品和制鞋业	−52.47	−51.83	−51.21	−85.60	−84.74	−83.76
木材加工和木、竹、藤、棕、草制品业	−56.71	−55.81	−54.92	−95.90	−95.58	−95.20
家具制造业	−65.83	−64.25	−62.64	−98.69	−98.59	−98.48
造纸和纸制品业	−55.41	−54.64	−53.87	−84.31	−83.55	−82.69
印刷和记录媒介复制业	−51.22	−50.56	−49.92	−85.99	−85.13	−84.16
文教、工美、体育和娱乐用品制造业	−49.80	−49.21	−48.65	−88.15	−87.32	−86.36
石油加工、炼焦和核燃料加工业	−21.33	−19.30	−17.30	−99.06	−98.96	−98.84
化学原料和化学制品制造业	−37.55	−36.15	−34.77	−97.78	−97.61	−97.41
医药制造业	−68.20	−66.79	−65.34	−98.00	−97.86	−97.70
化学纤维制造业	−38.71	−37.81	−36.93	−97.74	−97.47	−97.14
橡胶和塑料制品业	−51.13	−50.43	−49.75	−92.77	−92.22	−91.57
非金属矿物制品业	−46.45	−45.59	−44.75	−91.85	−91.38	−90.84
黑色金属冶炼和压延加工业	−34.75	−34.01	−33.29	−65.66	−64.63	−63.50
有色金属冶炼和压延加工业	−57.60	−56.25	−54.89	−97.71	−97.55	−97.35
金属制品业	−54.06	−53.65	−53.25	−83.29	−82.09	−80.73
通用设备制造业	−52.45	−52.05	−51.67	−71.39	−69.72	−67.84
专用设备制造业	−51.41	−50.91	−50.42	−86.94	−86.00	−84.94
汽车制造业	−65.74	−64.12	−62.46	−98.22	−98.10	−97.96
铁路、船舶、航空航天和其他运输设备制造	−59.95	−58.48	−57.01	−97.68	−97.52	−97.33

续表

生产部门	煤炭强度及其CO$_2$强度变化					
	B1P1CS	B2P1CS	B3P1CS	B1P2CS	B2P2CS	B3P2CS
电气机械和器材制造业	−67.68	−66.06	−64.39	−99.11	−99.04	−98.95
计算机、通信和其他电子设备制造业	—	—	—	—	—	—
仪器仪表制造业	—	—	—	—	—	—
其他制造业	−50.18	−49.57	−48.98	−86.37	−85.52	−84.56
废弃资源综合利用业	−48.98	−48.38	−47.80	−88.01	−87.23	−86.34
金属制品、机械和设备修理业	−53.13	−52.83	−52.54	−48.52	−45.57	−42.31
电力、热力生产和供应业	−39.46	−38.73	−38.02	−86.85	−86.14	−85.34
燃气生产和供应业	−15.87	−15.36	−14.89	−95.03	−94.52	−93.93
水的生产和供应业	−69.60	−68.33	−67.03	−97.68	−97.50	−97.30
建筑业	−58.35	−56.78	−55.20	−98.54	−98.43	−98.30
交通运输、仓储和邮政业	−34.35	−33.42	−32.53	−85.10	−84.55	−83.93
批发、零售业和住宿、餐饮业	−98.98	−98.81	−98.59	−99.98	−99.98	−99.98
其他行业	−62.09	−60.30	−58.48	−98.90	−98.82	−98.73

表A5-8 碳税情景中焦炭/成品油强度及其CO$_2$强度相对于基准情景的变化

单位：%

生产部门	焦炭/成品油强度及其CO$_2$强度变化					
	B1P1CS	B2P1CS	B3P1CS	B1P2CS	B2P2CS	B3P2CS
农、林、牧、渔、水利业	−59.48	−59.22	−58.96	−19.30	−15.54	−11.46
煤炭开采和洗选业	−28.37	−29.16	−29.91	186.08	186.16	186.32
石油和天然气开采业	−29.53	−29.73	−29.94	14.75	18.47	22.39
黑色金属矿采选业	−54.62	−54.59	−54.55	20.95	25.49	30.39
有色金属矿采选业	−49.39	−49.38	−49.36	69.91	73.66	77.55
非金属矿采选业	−49.07	−49.15	−49.23	54.08	58.45	63.08
开采辅助活动和其他采矿业	−60.50	−60.47	−60.44	−37.69	−34.45	−30.83
农副食品加工业	−48.79	−49.58	−50.35	61.50	67.70	74.52
食品制造业	−47.66	−48.55	−49.43	85.38	92.52	100.34
酒、饮料和精制茶制造业	−45.44	−46.14	−46.82	198.45	206.13	214.23
烟草制品业	−53.22	−53.32	−53.41	96.15	101.85	107.88
纺织业	−53.62	−54.25	−54.86	159.88	169.65	180.24
纺织服装、服饰业	−55.51	−55.63	−55.75	6.03	10.41	15.23
皮革、毛皮、羽毛及其制品和制鞋业	−54.60	−54.67	−54.74	48.06	53.19	58.73

续表

生产部门	焦炭/成品油强度及其CO$_2$强度变化					
	B1P1CS	B2P1CS	B3P1CS	B1P2CS	B2P2CS	B3P2CS
木材加工和木、竹、藤、棕、草制品业	−54.61	−54.81	−55.01	156.26	163.01	170.05
家具制造业	−55.20	−55.20	−55.19	14.64	19.14	24.03
造纸和纸制品业	−48.20	−49.04	−49.83	323.80	334.44	345.72
印刷和记录媒介复制业	−54.82	−54.80	−54.77	23.54	28.10	33.06
文教、工美、体育和娱乐用品制造业	−54.35	−54.32	−54.27	57.63	62.52	67.71
石油加工、炼焦和核燃料加工业	−11.64	−11.78	−11.91	−59.62	−57.36	−54.90
化学原料和化学制品制造业	−33.72	−33.94	−34.15	45.30	48.63	52.13
医药制造业	−51.91	−52.51	−53.10	95.59	103.34	111.76
化学纤维制造业	−40.81	−40.94	−41.07	166.33	166.20	165.92
橡胶和塑料制品业	−53.23	−53.32	−53.40	127.12	132.77	138.64
非金属矿物制品业	−44.17	−44.64	−45.09	170.54	176.25	182.24
黑色金属冶炼和压延加工业	−40.47	−40.43	−40.40	−35.54	−34.15	−32.61
有色金属冶炼和压延加工业	−49.58	−49.84	−50.09	57.98	63.24	68.90
金属制品业	−57.95	−57.95	−57.94	43.92	49.32	55.13
通用设备制造业	−56.96	−56.81	−56.67	−46.86	−44.43	−41.74
专用设备制造业	−55.63	−55.64	−55.64	35.32	40.30	45.67
汽车制造业	−54.29	−54.28	−54.27	−23.77	−20.36	−16.60
铁路、船舶、航空航天和其他运输设备制造	−52.53	−52.55	−52.56	1.27	5.24	9.57
电气机械和器材制造业	−54.68	−54.74	−54.80	40.94	45.97	51.36
计算机、通信和其他电子设备制造业	−57.38	−57.27	−57.17	45.38	50.34	55.63
仪器仪表制造业	−55.66	−55.57	−55.48	−1.51	2.48	6.83
其他制造业	−47.15	−47.57	−47.96	525.60	529.82	533.22
废弃资源综合利用业	−52.67	−52.70	−52.72	18.01	22.36	27.05
金属制品、机械和设备修理业	−60.77	−60.60	−60.44	−25.49	−21.88	−17.91
电力、热力生产和供应业	−30.02	−31.29	−32.51	1582.30	1529.94	1474.08
燃气生产和供应业	−19.49	−19.69	−19.90	−16.88	−13.72	−10.40
水的生产和供应业	−58.42	−58.63	−58.85	−8.14	−3.43	1.79
建筑业	−50.73	−50.69	−50.66	14.06	17.83	21.87
交通运输、仓储和邮政业	−36.36	−36.42	−36.49	−25.61	−23.94	−22.10
批发、零售业和住宿、餐饮业	−56.42	−56.35	−56.29	−31.70	−28.60	−25.18
其他行业	−50.01	−49.97	−49.93	−2.42	0.98	4.67

表A5-9 碳税情景中燃气强度及其CO$_2$强度相对于基准情景的变化

单位：%

生产部门	燃气强度及其CO$_2$强度变化					
	B1P1CS	B2P1CS	B3P1CS	B1P2CS	B2P2CS	B3P2CS
农、林、牧、渔、水利业	−49.61	−47.53	−45.34	−91.97	−91.58	−91.14
煤炭开采和洗选业	−88.37	−87.37	−86.20	−97.93	−97.93	−97.93
石油和天然气开采业	−96.22	−95.82	−95.35	−99.95	−99.94	−99.94
黑色金属矿采选业	−19.38	−18.88	−18.35	92.36	86.01	79.61
有色金属矿采选业	−10.79	−10.20	−9.59	31.16	27.76	24.36
非金属矿采选业	−68.44	−66.21	−63.73	−98.48	−98.40	−98.31
开采辅助活动和其他采矿业	—	—	—	—	—	—
农副食品加工业	−28.02	−27.35	−26.64	−61.75	−60.46	−59.01
食品制造业	−75.32	−73.81	−72.10	−96.26	−96.11	−95.94
酒、饮料和精制茶制造业	−98.85	−98.74	−98.61	−99.90	−99.90	−99.89
烟草制品业	−98.20	−98.01	−97.78	−99.89	−99.88	−99.88
纺织业	−67.91	−66.24	−64.39	−92.30	−91.98	−91.62
纺织服装、服饰业	−98.13	−97.93	−97.70	−99.84	−99.84	−99.83
皮革、毛皮、羽毛及其制品和制鞋业	−18.72	−18.47	−18.19	254.44	239.32	224.14
木材加工和木、竹、藤、棕、草制品业	−19.76	−19.64	−19.48	175.29	166.01	156.69
家具制造业	−98.38	−98.20	−97.99	−99.93	−99.92	−99.92
造纸和纸制品业	−53.45	−51.71	−49.81	−79.85	−79.28	−78.65
印刷和记录媒介复制业	−88.26	−87.16	−85.87	−99.19	−99.16	−99.11
文教、工美、体育和娱乐用品制造业	−65.72	−63.49	−61.04	−97.41	−97.28	−97.14
石油加工、炼焦和核燃料加工业	−19.90	−15.66	−11.07	−98.97	−98.90	−98.82
化学原料和化学制品制造业	−33.97	−30.93	−27.68	−96.48	−96.32	−96.14
医药制造业	−77.75	−76.25	−74.55	−97.38	−97.26	−97.12
化学纤维制造业	−16.71	−14.73	−12.69	−92.59	−92.10	−91.56
橡胶和塑料制品业	−93.11	−92.43	−91.61	−99.62	−99.60	−99.58
非金属矿物制品业	−75.57	−73.77	−71.71	−97.47	−97.39	−97.29
黑色金属冶炼和压延加工业	−16.46	−14.45	−12.35	−69.62	−69.22	−68.76
有色金属冶炼和压延加工业	−91.79	−91.01	−90.09	−99.56	−99.54	−99.52
金属制品业	−32.94	−31.90	−30.83	−69.85	−68.65	−67.31
通用设备制造业	−24.53	−23.79	−23.03	−26.69	−25.09	−23.40
专用设备制造业	−58.53	−56.35	−53.99	−95.61	−95.40	−95.16

续表

生产部门	燃气强度及其CO_2强度变化					
	B1P1CS	B2P1CS	B3P1CS	B1P2CS	B2P2CS	B3P2CS
汽车制造业	−96.80	−96.47	−96.07	−99.83	−99.82	−99.81
铁路、船舶、航空航天和其他运输设备制造	−94.52	−93.96	−93.29	−99.73	−99.71	−99.70
电气机械和器材制造业	−54.68	−52.52	−50.21	−95.90	−95.68	−95.44
计算机、通信和其他电子设备制造业	−48.61	−46.56	−44.41	−94.62	−94.31	−93.96
仪器仪表制造业	−78.02	−76.24	−74.21	−98.78	−98.72	−98.65
其他制造业	−11.71	−11.42	−11.08	41.05	42.99	44.98
废弃资源综合利用业	−15.61	−15.23	−14.81	133.02	124.23	115.38
金属制品、机械和设备修理业	−92.13	−91.34	−90.40	−99.51	−99.48	−99.45
电力、热力生产和供应业	−45.41	−43.04	−40.42	−88.18	−87.90	−87.59
燃气生产和供应业	40.61	41.26	41.94	−57.07	−56.34	−55.60
水的生产和供应业	−24.81	−24.93	−25.02	216.88	206.89	196.74
建筑业	−34.35	−32.33	−30.23	−91.97	−91.61	−91.19
交通运输、仓储和邮政业	7.83	8.74	9.68	−38.65	−38.25	−37.80
批发、零售业和住宿、餐饮业	−33.32	−31.99	−30.64	−77.19	−76.31	−75.32
其他行业	−15.16	−14.27	−13.35	−51.45	−50.37	−49.21

第六章
"一带一路"共建国家石油资源竞争力评价与政策模拟

石油资源竞争力评价综合了政治、经济、环境等多种要素的评价结果,以更加全面且准确地判断沿线产油国石油资源竞争力的整体发展态势。

6.1 资源竞争力的内涵与评价

6.1.1 资源竞争力的概念

资源竞争力的概念有狭义和广义之分,狭义的资源竞争力仅是指资源禀赋的优劣、是否具备经济技术开发潜力的大小。广义的资源竞争力包含了资源、经济、技术、政治和环境等多个方面,是综合考虑多个影响因素判断某一国家或地区资源参与国际贸易的能力。目前,在这一领域开展的研究较少,有关资源竞争力概念的界定、指标体系和评价方法等方面尚未达成共识。本书是在概念上对"资源竞争力"进行理论探索,以"一带一路"产油国作为实证分析对象,提出相应的评价指标体系,为中国"一带一路"石油贸易和相应的政策研究提供科学依据。

国内资源竞争力的概念是由中国地质大学的赵鹏大院士提出的,他把资源竞争力定义为"资源优势转化为经济优势的能力"。矿产资源竞争力的研究和矿产资源竞争力的评价可为地区矿产资源开发利用以及国家相关政策的制定提供科学依据,相关研究成果逐渐增多,涉及矿产资源竞争力的内涵、发展趋势、影响因素,以及市场供需研究、竞争力比较分析等方面。我国资源竞争力存在空间差异性,主要是因为区域资源优势转化为经济优势的能力存在差别,资源优势转化为经济优势的能力越强,地区的资源竞争力越强。地区资源优势转化为经济优势主要受到区域资源禀赋、经济发展水平、区位条件、制度、技术水平以及环境等多方面因素的影响,这些因素在我国存在较大的空间区域差异性,从而使得我国地区资源竞争力存在空间上的差别。

6.1.2 竞争力评价指标体系与评价方法

竞争力评价的核心问题是评价指标的选取,学者们根据不同的理论模型,选取不同的指标,采用不同的方法进行竞争力评价。20世纪80年代,WEF和IMD机构通过构建评价指标体系,运用统计分析方法,对世界主要工业化国家的竞争力进行量化研究。WEF在原有指标的基础上增加了微观竞争力指标,并在2000年将国家和地区综合经济竞争力分为经济成长竞争力和当前竞争力,加大了科技创新能力的权重,引入了"经济创造力指标"。WEF主要强调企业的国际竞争力,即企业国际竞争力是企业在国内外市场上生产商品和提供服务的能力。IMD提出影响国际竞争力的八大因素,包括国内经济实力、国际化程度、政府影响、金融实力、基础建设、企业管理能力、科技实力和人力资源,综合使用硬指标和软指标来评价国际竞争力。其中,硬指标有179个,来自各国或其他国际性组织的统计数据;软指标111个,是根据IMD关于竞争力的年度调查统计数据。WEF和IMD提出的国际竞争力指标共性是揭示了竞争力的关键是实现竞争力资产和竞争力过程的统一,而两者的差异在于,IMD的竞争力评价指标体系相对稳定,虽然会根据世界经济的变化和研究理论的发展对评价指标进行革新,但是调查数据的权重不变,保证了历年竞争力的可比性和联系性,而WEF发布的全球竞争力指数是宏观与微观竞争力指数的综合,其指标和内容每年变化较大,指标体系不断创新,有三次较大的综合指标调整。

然而,早期的竞争力评价,无论是指标的选取还是权重的确定都存在一定的主观性。随着对竞争力评价理论研究的深入,学者们开始探索新的方法来评价竞争力。自2004年以来,基于全球竞争力指数(global competitiveness index),WEF每年发布全球竞争力报告(global competitiveness report, GCR)。

全球竞争力报告指出,随着一个国家的发展,工资往往会增加,为了维持这一更高的收入,必须提高劳动生产率从而增强国家竞争力。例如,瑞典生产力的驱动要素与加纳必然不同。因此,全球竞争力将国家分为三个发展阶段:因素驱动,效率驱动和创新驱动。随着经济发展,阶段的跃迁意味着经济运行日趋复杂。在因素驱动阶段,各国根据其要素禀赋,主要是非熟练劳动力和自然资源进行竞争。在计算全球竞争力指数时,依据每个经济体发展阶段(以人均国内生产总值为代表)给予上述因子不同权重。全球竞争力指数由12个要素构成,主要包括:制度;基础设施;宏观经济环境;医疗和初级教育;高等教育和培训;高效的产品市场;高效的劳动力市场;发达的金融市场;技术准备;市场规模;商业发展(商业发展有利于提高货物和服务的生产效率);创新。以上12个要素又划分为3个子指数,即基本需求因子、效率增强因子和创新先进因子(图6-1)。目前,全球竞争力报告对全球138个国家的全球竞争力进行了评价,体系包括了12个要素类别114个具体指标,权重取决于该国所处的经济发展阶段。

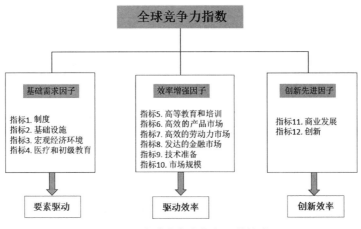

图6-1 全球竞争力指数及其构成

在产业国际竞争力的研究当中,运用最广的是迈克·波特教授提出的"钻石模型"。迈克·波特认为决定竞争力的直接因素包括生产要素、需求要素、相关与辅助产业、企业战略组织与竞争状态、政府行为与机遇因素,国家竞争优势形成的关键是优势产业的建立和创新。"钻石模型"和分析方法有许多具有启发意义的观点,在国际竞争力学界得到广泛认可。

在国内,关注国际竞争力评价的研究机构主要是中国社会科学院工业经济研究所和中国人民大学。中国社会科学院工业经济研究所从工业品的国际竞争力视角出发研究产业国际竞争力,通过贸易竞争指数、显示性比较优势指数、国际市场占有率、国内市场占有率、出口产品的质量系数、进出口商品价格比等多项指标开展国际竞争力评价,认为我国产业参与国际竞争的发展过程分为资源竞争、产销竞争、资本实力竞争和技术创新竞争四个阶段,而国际竞争力的直接因素包括产品的价格、产品的质量、产品结构和市场营销,间接因素包括成本、技术、经营管理、企业规模和资本实力。还有学者从经济角度出发,提出国家竞争力由竞争实力和竞争潜力两方面体现,并将国际竞争力研究细化到产业主体,指出产业国际竞争力的决定因素包括4个部分,分别是产业所处的成长阶段、产业的市场竞争结构、国家经济发展阶段和宏观政策环境(表6-1)。

表6-1 典型竞争力模型比较

评价机构	评价指标	评估范围
WEF	国际化程度、政府影响、金融实力、基础建设、企业管理能力、科技实力、人力资源、法规制定	世界主要经济体
IMD	国内经济实力、国际化程度、政府影响、金融实力、基础建设、企业管理能力、科技实力、人力资源	国家和地区
迈克·波特	生产要素、需求条件、相关产业与支持性产业、企业战略及结构和竞争者、机遇、政府行为	发达国家的产业

续表

评价机构	评价指标	评估范围
中国社会科学研究院工业经济研究所	产品的价格、产品的质量、产品结构和市场营销,间接因素包括成本、技术、经营管理、企业规模、资本实力	一国的特定产业
张金昌等	人均GDP、国际市场份额、新增外商直接投资总额、科研经费比重、生产率、经济增速、科研增速、市场潜在需求	国家

竞争力评价的数理模型和方法众多,不同的评价方法适用于解决不同类型的问题,也具有不同的优缺点(表6-2)。常用的方法主要包括主成分分析法、因子分析法、数据包络分析法、层次分析法、结构方程模型法、模糊综合评价法、熵值法和网络分析法等。其中,较常用的矿产资源竞争力评价方法包括单一指标法、综合指标体系法和建立数学模型三种方法。在实证研究中,常规研究方法存在多方面的不足,具有较强的主观性,而综合评价方法可以更客观地对矿产资源竞争力进行评价,如BP神经网络。此外,熵值法也常被引入矿产资源竞争力的评价中。

表6-2　竞争力评价方法比较

方法名称	方法描述	优点	缺点
专家会议法	专家通过讨论得出评价结果	操作简单易懂,便于使用	主观性较强,多人评论时结论不易提炼
德菲尔法	用背靠背的方式征询专家意见,汇总、提炼评价结果		
层次分析法	分解与决策有关的因素,划分层次进行评价	系统、简洁、数据要求较少	定性成分多,不适用于数据过多体系
数据包络分析法	比较同类型决策单元间的相对效率来评价	可对大量数据进行评价	只表示评价单元相对发展指标
主成分分析法	将复杂因素简化为几个主成分	全面、可比、客观合理	需要大量统计数据
因子分析法	根据相关性,把变量分组		
聚类分析	计算指标间距离或相似系数进行聚类	直观,结论简明	
模糊综合评价法	通过精确的数字手段处理模糊的评价对象,得出贴近实际的量化评价	比较科学、合理,信息丰富	计算复杂,权重的确定主观性较强
网络分析法	充分利用人的经验和判断力评价同属性研究对象	有自适应能力,可以处理大型复杂系统	精度不高,需大量训练样本
熵值法	利用信息熵确定指标权重	客观性强,不受主观因素干扰	只能用来确定权重

综上,竞争力模型构建的理论基础历史悠久,以国家、产业等为主体的国际竞争力研究比较丰富,而资源竞争力研究较少且没有统一的概念界定。在实际运用中,竞争力评价过程指标和权重的确定、评价方法的选择尚未达成共识,评价方法的种类多样却各有不足。

6.2 石油资源竞争力的要素评价

本书结合国际竞争力、能源(石油)安全内涵和中国坚持的互惠互利外交原则以及合作策略作为出发点,对资源竞争力的概念重新界定,并以"一带一路"产油国为研究区域,运用定量的方法对其石油资源竞争力进行评价,弥补石油资源竞争力理论研究的不足和评价方法偏定性的缺陷。"一带一路"具有多重空间内涵,没有绝对的边界。本书基于中国作为石油进口国的立场,界定的"一带一路"区域有65个国家,包含23个产油国,覆盖6条经济走廊带,但在具体分析中不涉及中国。产油国的石油资源竞争力研究是综合了政治、经济、环境等多种要素的评价结果,对竞争力各个层面的表现进行全面描述能够更加准确地判断产油国石油资源竞争力的整体发展态势。

6.2.1 政治军事竞争力

产油国的政治稳定和军事实力是提升石油资源竞争力的重要保障。从政治军事要素的计算结果来看,指数越高的国家,其政治稳定性和军事综合实力越强,越有利于中国开展石油贸易往来。22个产油国的政治军事要素标准化后指数在1~7区间,均值是3.94,大于均值的国家有15个。政治军事竞争力排在前十位的国家包括阿曼、沙特阿拉伯、文莱、伊拉克、俄罗斯、马来西亚、阿塞拜疆、阿联酋、越南和卡塔尔(图6-2)。

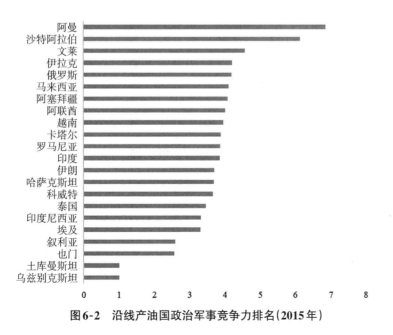

图6-2 沿线产油国政治军事竞争力排名(2015年)

经济走廊带地域分布方面,中国—中亚—西亚经济走廊带、中国—中南半岛经济走廊带和新亚欧大陆桥经济走廊带在中国的石油进口贸易中贡献较大。分项而言,中国—

中亚—西亚经济走廊带涵盖产油国数量的最多,阿曼、沙特阿拉伯、伊拉克三国的政治军事实力超过均值,与之相对的是中亚地区的土库曼斯坦和乌兹别克斯坦两国军事实力则显著低于平均水平,内部差异较为明显(图6-3)。中国—中南半岛经济走廊带和新亚欧大陆桥经济走廊带的国家政治军事实力较弱,略低于平均水平,但内部差异不大(图6-4和图6-5)。

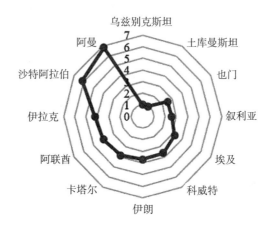

图6-3　中国—中亚—西亚经济走廊带的产油国政治军事竞争力排名(2015年)

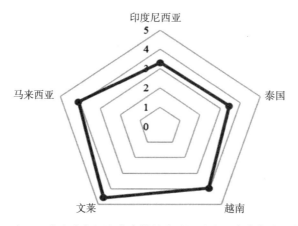

图6-4　中国—中南半岛经济走廊带的产油国政治军事竞争力排名(2015年)

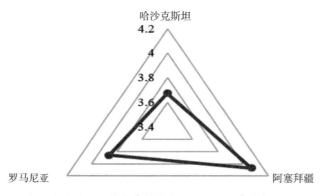

图6-5　新亚欧大陆桥经济走廊带的产油国政治军事竞争力排名(2015年)

6.2.2 经济环境竞争力

良好的经济环境是支持产油国石油资源竞争力提高的硬实力,经济的增长速度和吸引外资的能力是衡量国家是否适合开展石油贸易合作的重要条件。从经济环境竞争力的评价结果来看,指数越高的国家,越有利于中国与之发展石油贸易。22个产油国的经济环境要素标准化后指数在1.73~5.98之间,均值是3.94,大于均值的国家有14个。经济环境竞争力排在前十位的国家包括土库曼斯坦、越南、阿塞拜疆、伊朗、马来西亚、印度、阿联酋、乌兹别克斯坦、哈萨克斯坦和印度尼西亚(图6-6)。值得注意的是由于近年来俄罗斯的经济下滑,其经济指标大多呈下降趋势。2014年俄罗斯的卢布对美元的汇率迅速下降了17.4%,财政金融状况不断恶化,这是由西方制裁和自身过度依赖能源的经济结构造成的结果。

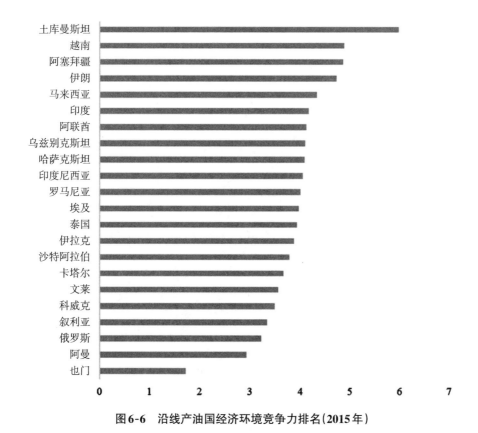

图6-6 沿线产油国经济环境竞争力排名(2015年)

经济走廊带地域分布方面,新亚欧大陆桥经济走廊带的产油国经济环境普遍较好,均超过平均水平(图6-7),其次是中国—中南半岛经济走廊带(图6-8)。中国—中亚—西亚经济走廊带的产油国经济环境差异较大,"一带一路"区域的经济环境竞争力排名中最靠前和最靠后的国家都在这条经济带上,表明此经济带的各个国家收入差距较大(图6-9)。

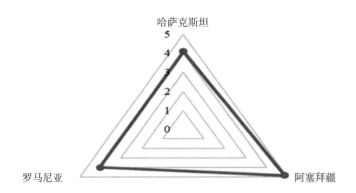

图6-7　新亚欧大陆桥经济走廊带的产油国经济环境竞争力排名（2015年）

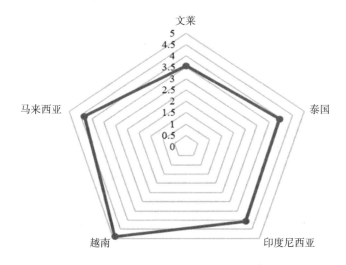

图6-8　中国—中南半岛经济走廊带的产油国经济环境竞争力排名（2015年）

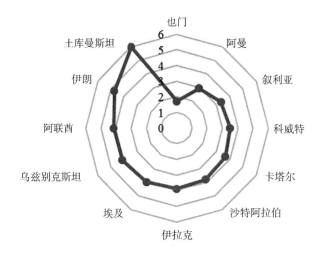

图6-9　中国—中亚—西亚经济走廊带的产油国经济环境竞争力排名（2015年）

6.2.3 基础设施竞争力

高水平的港口基础设施建设是保障石油输出的重要因素。从基础设施的评价结果来看,指数越高的国家,越有利于中国与之发展石油贸易。22个产油国的基础设施要素标准化后指数在1~4区间,均值是2.44,大于均值的国家有15个。基础设施竞争力排在前十位的国家包括阿联酋、卡塔尔、马来西亚、阿曼、沙特阿拉伯、泰国、埃及、阿塞拜疆、印度和科威特(图6-10)。

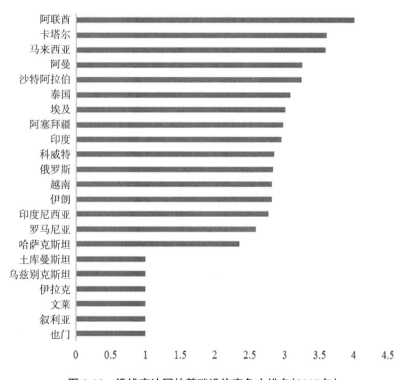

图6-10　沿线产油国的基础设施竞争力排名(2015年)

经济走廊带地域分布方面,新亚欧大陆桥经济走廊带的产油国基础设施普遍较好,均超过均值(图6-11),中国—中南半岛经济走廊带上除文莱外,其余国家基础设施竞争力均较强(图6-12)。与之相对,中国—中亚—西亚经济走廊带的产油国基础设施竞争力差异较大,其中约2/3的产油国基础设施较好,高于平均水平,但土库曼斯坦、乌兹别克斯坦、伊拉克、叙利亚和也门五个产油国却处于最低水平(图6-13)。

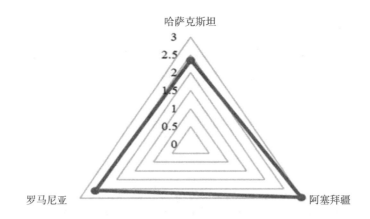

图6-11　新亚欧大陆桥经济走廊带的产油国基础设施竞争力排名(2015年)

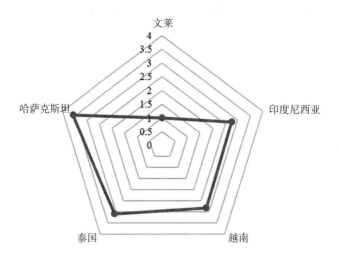

图6-12　中国—中南半岛经济走廊带的产油国基础设施竞争力排名(2015年)

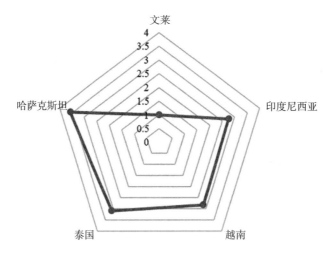

图6-13　中国—中亚—西亚经济走廊带的产油国基础设施竞争力排名(2015年)

6.2.4 石油资源竞争效率

从石油竞争效率的评价结果来看,指数越高的国家在石油贸易市场上的竞争力越强。22个产油国的石油竞争效率要素标准化后指数在1.2~48之间,均值是21。石油竞争效率排在前十位的国家分别为伊拉克、阿曼、土库曼斯坦、阿塞拜疆、乌兹别克斯坦、也门、俄罗斯、阿联酋、卡塔尔和伊朗(图6-14)。随着近年来西方国家对伊朗贸易制裁的逐步解除,伊朗的石油资源竞争效率日渐恢复,这一点可以从伊朗的得分变化上反映出来。

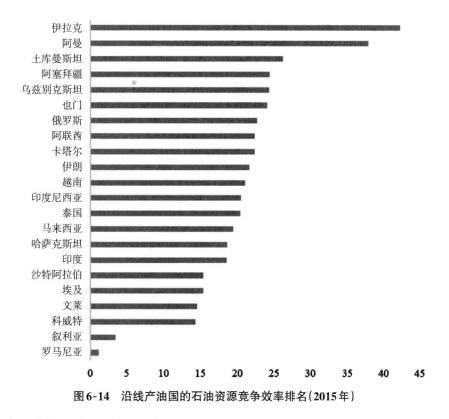

图6-14 沿线产油国的石油资源竞争效率排名(2015年)

经济走廊带地域分布方面,中国—中亚—西亚经济走廊带上的各产油国在石油供给的竞争效率方面差异较大(图6-15)。阿曼、伊拉克两国的石油资源竞争效率较高,平均得分在40左右,而伊朗、阿联酋、乌兹别克斯坦、科威特等国家相对较低,平均得分只有10分左右,叙利亚则受到内战影响,得分垫底。除罗马尼亚外,新亚欧大陆桥经济走廊带和中国—中南半岛经济走廊带的产油国在石油供给竞争效率方面大体与平均水平持平(图6-16和图6-17)。

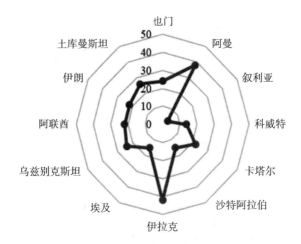

图6-15　中国—中亚—西亚经济走廊带产油国的石油资源竞争效率排名（2015年）

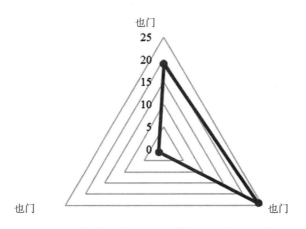

6-16　新亚欧大陆桥经济走廊带产油国的石油资源竞争效率排名（2015年）

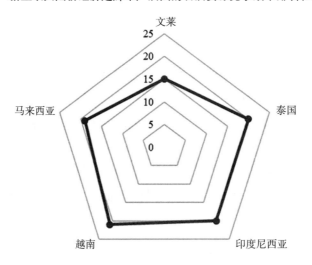

图6-17　中国—中南半岛经济走廊带产油国的石油资源竞争效率排名（2015年）

6.2.5 石油资源市场规模

从石油资源市场规模的评价结果来看,指数越高的国家越有利于保障向中国的石油贸易输出。22个产油国标准化后的石油市场规模指数在1~6.3区间,均值为3.34,各产油国的市场规模水平相差较大,高于均值的国家只有9个。石油市场规模排在前五位的国家包括沙特阿拉伯、科威特、伊拉克、阿曼和俄罗斯(图6-18)。

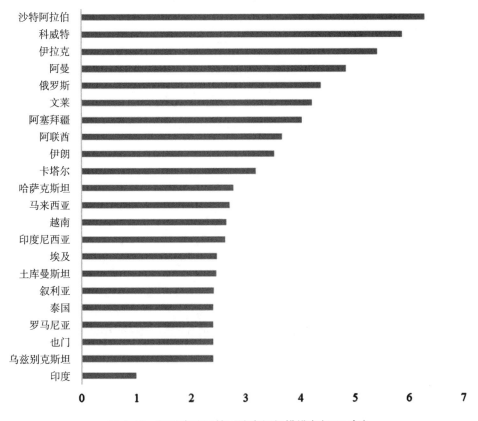

图6-18 沿线产油国的石油市场规模排名(2015年)

经济走廊带地域分布方面,中国—中亚—西亚经济走廊带的产油国对石油市场的依赖程度更高,在国际石油市场上所占份额也较大,石油市场规模排在前四位的国家均属于该经济带(图6-19)。新亚欧大陆桥经济走廊带和中国—中南半岛经济走廊带的产油国在石油市场规模方面波动不大,其中阿塞拜疆的石油市场规模略高于平均水平,而罗马尼亚则略低于平均水平,其他国家基本与平均水平持平(图6-20和图6-21)。

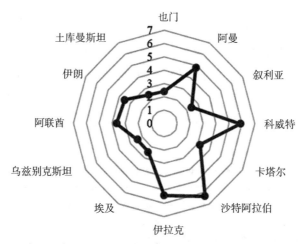

图6-19　中国—中亚—西亚经济走廊带产油国的石油市场规模排名（2015年）

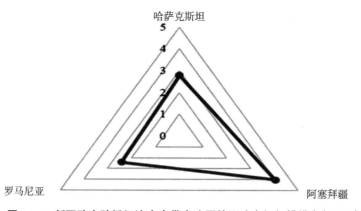

图6-20　新亚欧大陆桥经济走廊带产油国的石油市场规模排名（2015年）

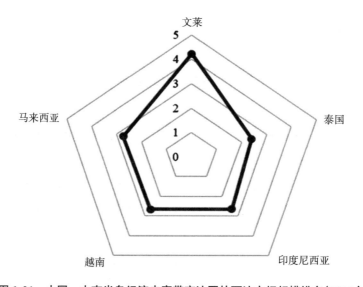

图6-21　中国—中南半岛经济走廊带产油国的石油市场规模排名（2015年）

6.2.6 科技研发竞争力

重视研发人员和资金的投入,改善科研条件,提高技术管理能力,增加创新成果数量是国家未来发展的关键点,也是产油国提升石油资源竞争力的重要支撑点。从科技研发的评价结果来看,指数越高的国家、石油资源竞争力越强。对2015年科技研发竞争力的评价结果进行分析,结果显示22个产油国标准化后的科技研发得分在1~5.74之间,均值为1.64,各产油国的科技研发水平相差较大,高于均值的国家只有7个。其中,俄罗斯遥遥领先,超过平均水平2倍,其次是马来西亚、伊朗、印度、埃及、阿联酋、泰国。低于平均水平的国家中,除乌兹别克斯坦、阿塞拜疆、哈萨克斯坦3个国家略好之外,其余12个国家的科技研发竞争力水平几乎相差无几(图6-22)。

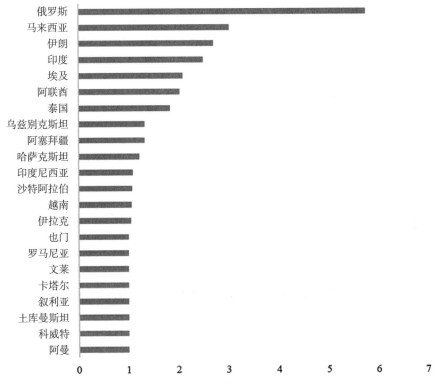

图6-22 沿线产油国的科技研发竞争力排名(2015年)

经济走廊带地域分布方面,中国—中南半岛经济走廊带上的产油国在科技研发方面实力较弱(图6-23),除马来西亚和泰国表现稍好之外,文莱、越南、印度尼西亚3个国家的科技研发水平均较为低下。新亚欧大陆桥经济走廊带的整体水平接近中等(图6-24),阿塞拜疆表现稍好,而罗马尼亚则相对较差。中国—中亚—西亚经济走廊带产油国的科技研发水平也略显不足,只有伊朗、埃及、阿联酋3个国家高于平均水平,其余国家均在平均水平之下(图6-25)。

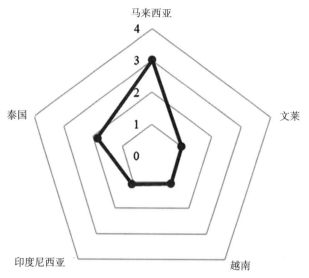

图6-23 中国—中南半岛经济走廊带产油国的科技研发竞争力排名（2015年）

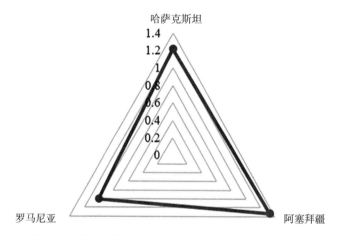

图6-24 新亚欧大陆桥经济走廊带产油国的科技研发竞争力排名（2015年）

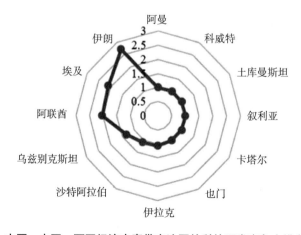

图6-25 中国—中亚—西亚经济走廊带产油国的科技研发竞争力排名（2015年）

6.3 "一带一路"产油国石油资源竞争力等级划分

按照国家石油资源竞争力模型运算,得出2015年"一带一路"产油国的石油资源竞争力分析结果(图6-26)。

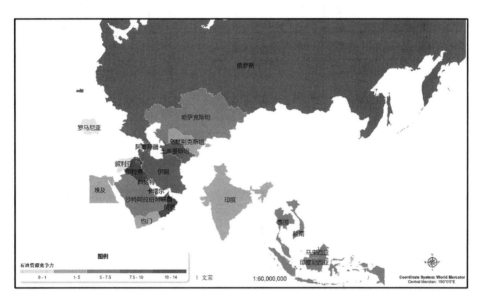

图6-26 "一带一路"产油国的石油竞争力(2015年)

6.3.1 石油资源竞争力综合分析

比较石油资源储量的排名和石油资源竞争力排名发现,产油国在国际石油市场上的资源竞争力不仅受其资源禀赋的影响,还受本国经济发展水平、政治稳定程度、科技发展水平等因素的制约(图6-27)。伊朗、叙利亚两个国家虽其石油资源比较丰富、竞争效率较高,但是贸易制裁、战争等因素影响导致其他要素指数较低,其石油资源竞争力依然不强。可见,政治稳定度、军事实力、科技水平等因素可以在相当程度上改变原有的资源禀赋优势。因而伊朗、叙利亚虽然资源禀赋水平较高,但与其他国家开展石油贸易仍存一定困难。相对而言,马来西亚、越南等国家虽然石油资源储量排名较低,但其经济发展水平或科技研发水平较高、在国际组织中拥有更多的话语权,从而提升了本国的石油资源竞争力。

选取石油资源储量排在前五位的国家,分析这些国家2000年以来的石油资源竞争力排名状况,结果显示俄罗斯的竞争优势较为明显且相对最为稳定;伊拉克、伊朗和阿联酋对中国的石油资源竞争力存在显著的波动,但近年来基本呈现上升趋势;沙特阿拉伯则与之相反,其在2000—2014年石油资源竞争力水平与俄罗斯不相上下,但2015年受油价下跌等影响,排名急剧下滑,跌到五国最末位(图6-28)。

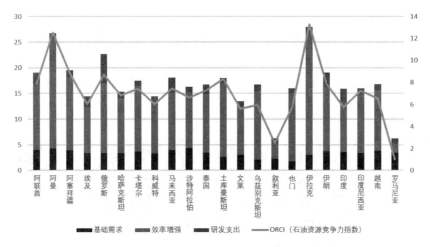

图6-27　"一带一路"产油国的石油竞争力构成（2015年）

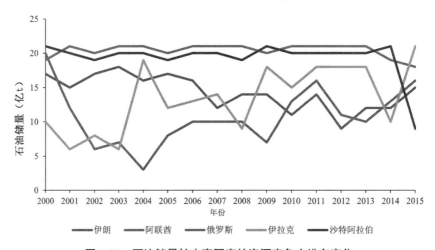

图6-28　石油储量较丰富国家的资源竞争力排名变化

各经济走廊带的排名情况上，中国—中亚—西亚经济走廊带的石油资源竞争力优势很明显，排名前四位的国家均在这条经济带上，但是这条经济带的产油国差异较大，排名最末位的国家也同列其中（图6-29）。新亚欧大陆桥经济走廊带中阿塞拜疆、哈萨克斯坦两个国家的石油资源竞争力排名处于中上游，均高于平均水平，但罗马尼亚的竞争力几乎为0，排名垫底（图6-30）。除越南显著较低外，中国—中南半岛经济走廊带的整体水平与"一带一路"区域的均值基本持平（图6-31）。

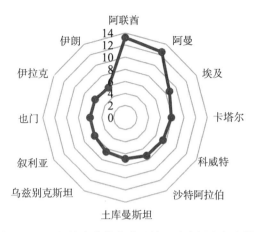

图6-29　中国—中亚—西亚经济走廊带产油国的石油资源竞争力排名（2015年）

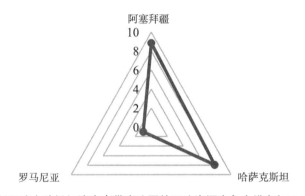

图6-30　新亚欧大陆桥经济走廊带产油国的石油资源竞争力排名（2015年）

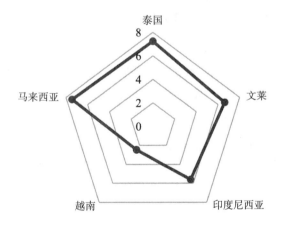

图6-31　中国—中南半岛经济走廊带产油国的石油资源竞争力排名（2015年）

6.3.2 石油资源竞争力等级划分

为了进一步研究各产油国的石油资源竞争力差异,按照系统聚类"最远邻元素法"对"一带一路"产油国的石油资源竞争力指数(ORCI)进行分级,共分为四大类,第Ⅰ类是伊拉克和阿曼,第Ⅱ类是阿塞拜疆、俄罗斯、土库曼斯坦、阿联酋和伊朗,第Ⅲ类是马来西亚、卡塔尔、泰国、印度尼西亚、哈萨克斯坦、沙特阿拉伯、越南、埃及、科威特、乌兹别克斯坦、也门、印度和文莱,第Ⅳ类是叙利亚和罗马尼亚(图6-32)。

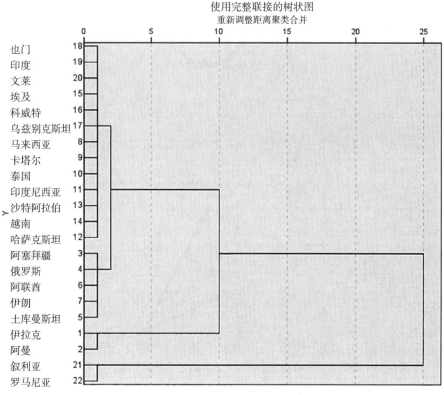

图6-32 沿线产油国石油资源竞争力的聚类分析(2015年)

在制定中国开展石油贸易合作的优先策略时,要结合各产油国石油资源竞争力的评价结果,建议2016—2030年中国应优先考虑将第Ⅰ、Ⅱ类国家列为主要石油进口国,第Ⅲ类国家作为次要石油进口国,第Ⅳ类国家列为后备石油进口国,待其石油资源竞争力改善之后再进行合作(表6-3)。

表6-3 中国选择石油进口国的优先策略

阶段	石油竞争力等级	国家
2016—2020年	第Ⅰ、Ⅱ级	伊拉克、阿曼、阿塞拜疆、俄罗斯、土库曼斯坦、阿联酋和伊朗
2020—2025年	第Ⅲ级	马来西亚、卡塔尔、泰国、印度尼西亚、哈萨克斯坦、沙特阿拉伯、越南、埃及、科威特、乌兹别克斯坦、也门、印度和文莱
2025—2030年	第Ⅳ级	叙利亚和罗马尼亚

为了在政策模拟中提出差别性的合作策略,本书再次采用系统聚类"最远邻元素

法",根据国家石油资源竞争力的各个子指数对沿线产油国进行聚类分析。结果表明,沿线产油国在创新发展竞争力上除俄罗斯外其余国家水平普遍较低,各国之间的差异并不显著(图6-33),而各产油国在基础环境和竞争效率的竞争力差异却比较明显。

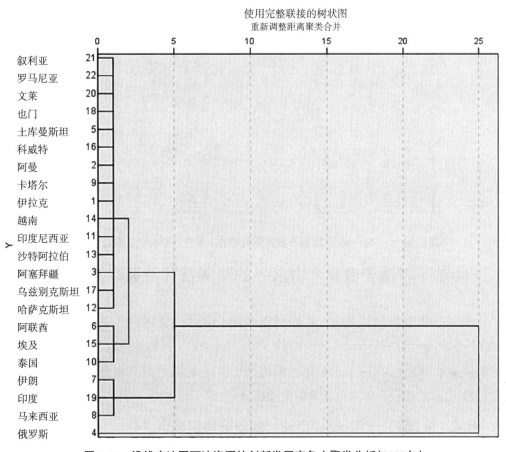

图6-33 沿线产油国石油资源的创新发展竞争力聚类分析(2015年)

　　基于2015年"一带一路"产油国的指标数据,根据上述聚类分析结果,可以从基础外部环境和市场竞争效率两个维度,以各产油国基础环境和市场效率竞争力的均值作为参照,将22个产油国分为四种决策空间(图6-34)。①石油市场效率较高,基础外部环境较高,包括阿曼、阿塞拜疆、俄罗斯、阿联酋、卡塔尔、伊朗6个国家。这是最优石油进口决策,中国开展石油贸易要优先选择该区域的6个国家,通过贸易协商等途径与这些国家保持长期、稳定的石油贸易合作关系。②石油市场效率较低,基础外部环境较高,包括越南、泰国、马来西亚、沙特阿拉伯、印度、埃及、罗马尼亚7个国家。这些国家的石油资源竞争优势并不显著,但是国家的基础环境较好,适合投资,可以考虑商业投资等其他合作方式。③石油市场效率较高,基础外部环境较低,包括伊拉克、土库曼斯坦、乌兹别克斯坦、也门4个国家。这些国家有一定的石油资源优势,但国内基础环境不稳定,对突发事件的抵御能力较差,不建议开展长期的石油贸易合作,但可以开展短期合作。④石油市场效率较低,基础外部环境较低,包括印度尼西亚、哈萨克斯坦、科威特、文莱、叙利亚5个国家。这些国家在石油市场效率和基础外部环境方面都处于弱势,建议减少石油进口,并适当给予政治关注。

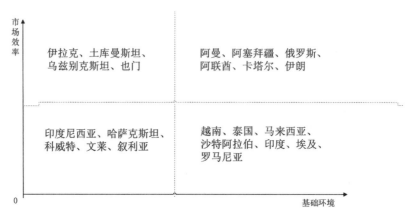

图6-34 "一带一路"产油国石油贸易策略的决策空间分类调试期(2015年)

6.4 基于石油资源竞争力水平的预测及贸易策略模拟分析

本书设计四种模拟情景,基期数据采用BROT-SAM2012的数据,调试期为2012—2015年,在分析中关注的时期是2016—2030年。为确保预测路径的科学性,设定模拟情景后首先对BRACE模型的模拟结果进行调试,然后对模型调试期模拟结果进行分析,最后比较分析其他情景的模拟结果。

6.4.1 中国对"一带一路"产油国的政策模拟设定

基于"一带一路"产油国石油资源竞争力的评价结果,结合研究需要设置不同的模拟情景,运用软件得出模拟结果,并通过比较调试期和关注期结果、敏感性分析等方式对模拟结果进行测试。

1. 模拟基础设定

正如引言中提到,本书的研究目标是要回答以下问题。

(1)"一带一路"产油国对中国的石油进口是否有显著的积极作用? 具体而言,中国是否能够通过加强与"一带一路"产油国的石油贸易改变现有的石油贸易结构,降低石油风险。

(2)如何更好地发挥产油国的石油资源竞争力来保障中国的石油资源供给? 中国应该采取哪些优惠性政策加强与沿线产油国的石油进口,这些政策又对中国产生怎样的影响。

（3）如果出现突发冲突导致某个国家的石油供给中断,对中国产生哪些影响？突发性的石油安全风险对中国的经济发展、石油进口量和进口渠道带来哪些负面影响。

鉴于此,设定以下情景进行政策模拟,规划中国的石油贸易合作路径,即提出在不同阶段选择不同的"一带一路"产油国实施贸易合作策略(表6-4)。需要说明的是,BRACE模型将价格作为外生变量,即所有政策模拟都是中国没有定价权的情景设定。

表6-4　情景设定

情景	模拟设计	模型设置
S1	基准情景	条件保持不变
S2	政府补贴"一带一路"国家石油进口税的1%	"一带一路"产油国石油进口价格减1%
	政府补贴"一带一路"国家石油进口税的5%	"一带一路"产油国石油进口价格减5%
S3	政府根据石油资源竞争力排名分阶段给予石油进口税1%补贴	2016—2030年给予第Ⅰ、Ⅱ级国家石油进口价格减1%,2020—2030年给予第Ⅲ级国家石油进口价格减1%,2025—2030年给予第Ⅳ级国家石油进口价格减1%
S4	政治稳定性较弱中的任一国家中断石油供给	土库曼斯坦、乌兹别克斯坦、伊拉克、也门、叙利亚任一国家的石油进口价格翻一番

情景一(S1)是基准情景。BRACE模型按照现有的条件保持不变的情况下出现的未来发展趋势。

情景二(S2)是政府补贴情景。在原油进口中,中国的进口税收包括关税和增值税两部分,在BRACE模型中用进口税统一表示。以此设定中国给予"一带一路"产油国石油进口的政府补贴,分别设置进口补贴为1%和5%,选取最优值。

情景三(S3)是石油资源竞争力优先策略。根据产油国石油资源竞争力的等级分类,分阶段设定2016—2030年中国优先选择的石油进口来源国,以5年为时间间隔,分别设置补贴的进口税税率为1%(表6-5)。

表6-5　中国开展石油进口贸易的优先策略

阶段	石油资源竞争力等级	沿线产油国
2016—2030年	第Ⅰ、Ⅱ级	伊拉克、阿曼、阿塞拜疆、俄罗斯、土库曼斯坦、阿联酋和伊朗
2020—2030年	第Ⅲ级	马来西亚、卡塔尔、泰国、印度尼西亚、哈萨克斯坦、沙特阿拉伯、越南、埃及、科威特、乌兹别克斯坦、也门、印度、文莱
2025—2030年	第Ⅳ级	叙利亚、罗马尼亚

情景四(S4)是冲击模拟,即突发性中断情景.根据产油国的政治稳定性评估结果确定处于高危区域的国家,包括土库曼斯坦、乌兹别克斯坦、伊拉克、也门和叙利亚,设定这些国家当中的某个国家或集体由于政局混乱、战争突发原因,中断向中国的石油供给的情景。在模型中对应的设置是将中国从该国进口石油的价格提升为两倍,即表示从该国的石油进口成本翻一番。

2. 模拟结果测试

根据上述设计的模拟情景,运用GAMS软件进行模拟预测,为检验模型预测结果的可参考性,将调试期和关注时期的模拟结果分别进行比较分析。

1) 模拟结果和实际结果的对比分析

通过收集整理2013—2015年中国石油生产、消费和进口实物量数据,与BRACE模型的基准情景模拟结果比较,发现模型的模拟结果比实际结果略大,原因在于BRACE模型是基于2012年的不变价格,通过调试使模型的GDP增长路径符合其实际增长路径(表6-6)。

表6-6　实物量的模拟结果和实际结果的差异

单位:百万t

年份	产量	预测产量	进口量	预测进口量	消费量	预测消费量
2013	210	235.51	321.33	331.14	507.2	532.51
2014	211.4	266.21	338.37	351.33	526.8	580.71
2015	214.6	298.09	365.43	371.01	559.7	630.26

2) 模拟预测结果和其他预测结果的对比分析

梳理国内外有关中国未来石油消费量预测的文献,对这些研究成果统计分析后,与BRACE模型得出中国的石油资源进口量预测结果进行比较,本书预测2030年中国的石油进口量为7.21亿t,该结果介于以往研究成果的数值之间,有一定的科学依据(表6-7)。

表6-7　本书预测结果和其他研究成果的差异

单位:百万t

作者或机构	2030年
BP《世界能源展望》	石油需求量1775.8万桶/日(约8.82亿t)
IEA,2016	石油消费量7.58亿t
孙楠,2007	
唐衍伟 等,2007	
程建林 等,2008	石油进口量近3亿t
刘娇龙 等,2011	

续表

作者或机构	2030年
王建良 等,2011	石油进口量2.74亿t 石油生产量1.62亿t 石油消费量4.36亿t
张祺,2013	石油生产量2.82亿t 石油消费量17.56亿t 石油进口依存度83.96%
王海军,2014	
李振宇 等,2014	石油消费量6.31亿t
齐明 等,2014	
王婷婷 等,2015	
李宏勋 等,2015	
杨鑫 等,2015	石油消费量9.39亿t
焦建玲 等,2015	
李振宇 等,2016	石油需求量6.83亿t
本研究,2017	石油进口量7.21亿t

3) 敏感性分析

与美国等石油需求国相比,中国的石油进口能力较弱,没有原油定价权,导致中国在石油资源进口来源国的可选范围有限,缺乏主动权,容易受制于人。因此,模型中产油国的替代弹性应取较小值,本书采用近似柯布-道格拉斯(Cobb-Douglas)的替代弹性表示,即$\sigma=1.01$。为了进一步说明中国石油进口能力对中国石油进口量的影响,在此进行敏感性分析。在基准情景中,对2030年不同的替代弹性赋值得出的中国石油进口量预测结果如表6-8所示。

表6-7 不同替代弹性的中国石油进口量

单位:亿t

替代弹性σ	0.2	0.5	1.01	2	5
2030年石油进口量	6.38	6.84	7.21	7.56	7.95

可见,随着替代弹性的逐渐增大,中国的石油进口量呈上升趋势,说明中国的石油进口能力提升能够推动中国石油进口量增加,保障中国石油供给安全。而造成产油国之间的替代弹性较小的原因主要包括石油品质、石油开采、石油运输等因素,中国要提高石油进口能力就可以从这几方面入手:①向产油国输出石油勘探、开采技术,帮助产油国节省石油开采成本,提升石油品质;②到产油国投资建厂,同时加强运输通道等基础设施建设;③通过政治协商或驻军等方式从产油国获取石油资源,美国从伊拉克进

口石油正是采用这种方式。

6.4.2 中国与"一带一路"产油国贸易的基准情景预测

基准情景预测了2016—2030年中国的经济发展以及石油资源的总进口量和分国家的进口量。按照不变条件发展,BRACE模型预测了2016—2030年中国石油资源总进口、总生产和总消费的变化趋势(图6-35)。结果表明,中国对石油资源的需求呈递增趋势,产能不断提高,石油生产增速高于石油进口,至2030年中国的石油生产量将达到10.22亿t。

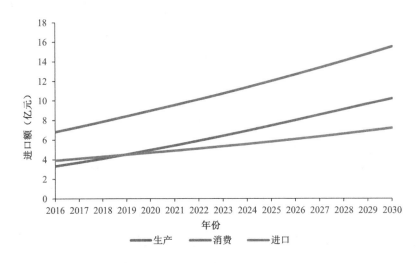

图6-35 基准情景下石油资源实物量预测(2016—2030年)

从宏观环境来看,中国的GDP出现上升趋势,增长至2030年GDP约为1750亿元,而GDP增长速度逐年减缓,预计在2030年降至6.5%以下(图6-36)。

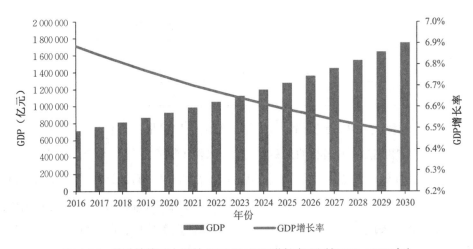

图6-36 基准情景下中国的GDP和GDP增长率预测(2016—2030年)

尽管石油资源在未来15年中进口额逐年增加,但中国石油资源的对外依存度将逐渐减弱,至2030年中国石油资源的进口贸易额达到23 538.75亿元,而石油对外依存度由2016年的57.35%降至2030年的46.43%(图6-37)。

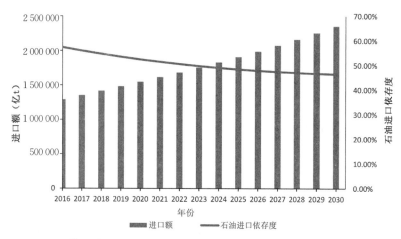

图6-37　基准情景下中国石油进口额和进口依存度预测(2016—2030年)

从各产油国向中国出口石油的变化趋势来看,"一带一路"产油国向中国出口石油资源量超过了总进口量的60%,并且逐年上升。另外,前面研究已证明了产油国的石油贸易对经济增长的影响,实施"一带一路"倡议,加强与各产油国的能源贸易是互惠双方的外交策略(图6-38)。

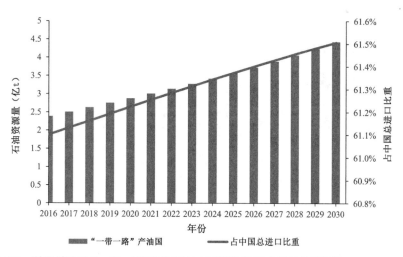

图6-38　基准情景下"一带一路"产油国在中国石油进口中的地位预测(2016—2030年)

通过模型对不变条件下中国从"一带一路"产油国的石油进口量进行预测,发现2030年沙特阿拉伯依然是中国最大的石油来源国,出口量达到1.2亿t,排在前五位的国家还有俄罗斯、伊朗、阿曼和伊拉克(图6-39)。

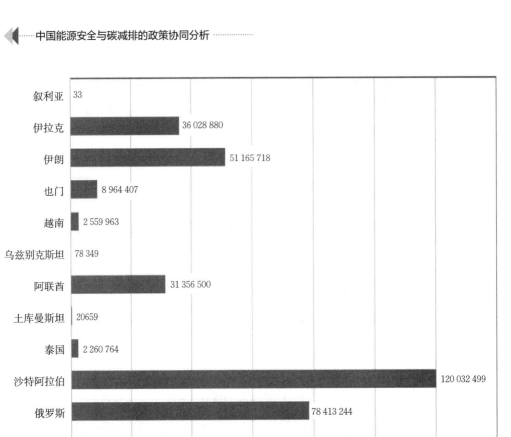
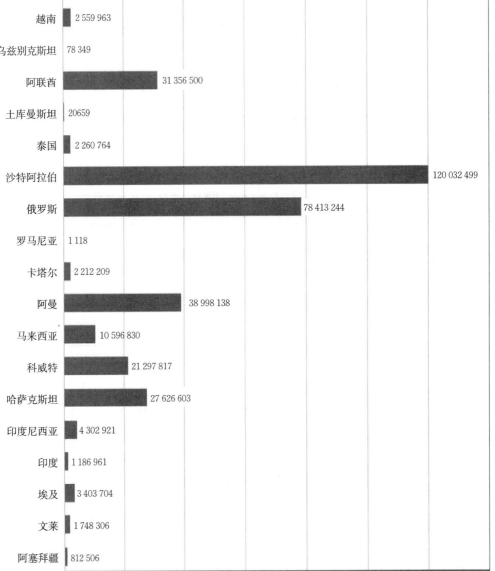

■ 中国石油进口量(单位:t)

图6-39 基准情景下中国从"一带一路"产油国的石油进口量(2030年)

6.4.3 中国对"一带一路"产油国的优惠性政策和冲击情景模拟

分析其余三种情景的政策设定,得出模拟结果并进行比较如下。

1. 政府补贴情景

通过政府对"一带一路"产油国进口税进行补贴,促进沿线产油国向中国出口石油资源。模拟石油价格分别减少5%或1%,与基准情景相比,中国的石油进口量的变化如表6-9所示。中国石油进口量随着政府补贴的提高而增加,而且仅对"一带一路"产油国实行贸易优惠所实现的中国石油总进口超过了不变条件下中国从世界的总进口,充分说明了"一带一路"产油国对其他主要产油国的替代作用。

表6-9 政府补贴情景下的中国石油进口量变化

单位:亿t

年份	基准情景	1%补贴	5%补贴
2020	4.7	4.74	4.91
2025	5.82	5.87	6.1
2030	7.21	7.28	7.57

比较政府补贴1%和5%的情景,显然进口补贴越多,可获得的石油进口量越大,对保障中国石油安全是有利的。但同时也要考虑经济成本,在BRACE模型中设定税收公式,以2030年为例,比较不同政府补贴情景下的税收差额,不变条件的税收约为143 505亿元,当政府补贴进口税1%时,税收减少了109.8亿元,若补贴增至5%,税收将再次减少473.92亿元,政府的经济负担过重。因此,本书建议采取1%的税收补贴政策促进"一带一路"产油国与中国的石油贸易合作。以下是对政府补贴1%情景下的结果分析。

从经济水平来看,政府补贴1%税收对GDP的影响甚微,对2020年以前GDP增长率的发展趋势影响显著。在模拟期的前5年中,税收补贴带动了GDP增长速度。相对于基准情景,GDP在2020年之前是上升趋势,与基准情景的预测结果是相反的,但在2020年以后,两种情景下的GDP增长率相同,说明发挥"一带一路"产油国的替代优势,不会阻碍经济发展。其中,基准GDP和基准GDP增长率分别表示基准情景中的GDP和GDP增长率(图6-40)。

在政府补贴情景下,进口税的减少必然促进"一带一路"产油国增加向中国出口石油资源,图6-41反映了该情景下中国从"一带一路"进口石油实物量变化。可见,在石油贸易优惠政策下,"一带一路"产油国向中国出口石油资源明显以递增的方式增加,在中国石油进口贸易中的地位与日俱增。

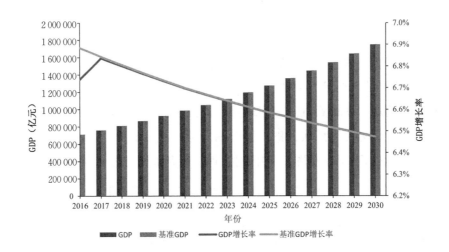

图6-40　政府补贴情景下经济发展相对于基准情景的变化

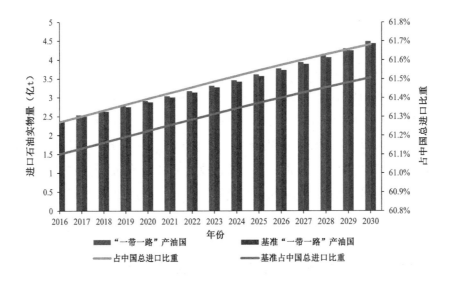

图6-41　政府补贴情景下"一带一路"产油国在中国石油进口中的地位变化(2016—2030年)

政府补贴1‰石油进口税给"一带一路"产油国,推动了这些国家与中国的石油贸易,在此情景下,2030年各个产油国向中国出口石油的数量都明显增加。与基准情景相比,沙特阿拉伯向中国的石油出口量增加了0.1亿t,说明进口税补贴与中国石油进口量正相关,同时验证了"一带一路"产油国对其他主要产油国的替代作用和税收补贴政策的有效性(图6-42)。

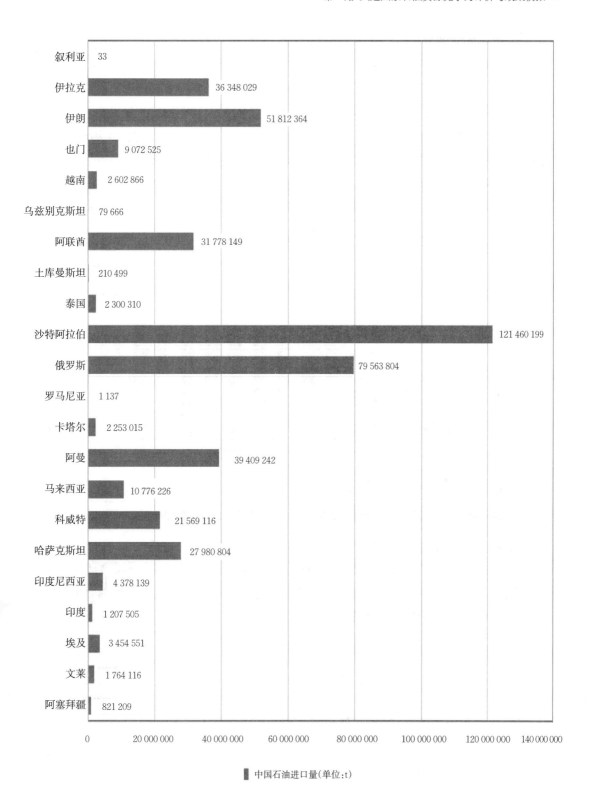

■ 中国石油进口量（单位：t）

图6-42　政府补贴情景下中国从"一带一路"产油国进口石油量（2030年）

2.优先策略情景

优先策略即采取了差别性的石油贸易政策。根据产油国的石油资源竞争力评价结果,首先设定2016年开始给予石油资源竞争力第Ⅰ、Ⅱ级国家1%的进口税补贴,结果显示2030年中国的石油进口量将达到7.24亿t,能够实现基准情景的预测值,也验证了石油资源竞争力评价的科学性。为保障中国的石油安全,进一步设定自2020年起给予第Ⅲ级国家1%的补贴,促进中国石油进口量至2030年增至7.28亿t。最后,设置石油资源竞争力第Ⅳ级的国家2025年开始享受1%政府补贴,2030年中国的石油进口量没有显著变化,原因在于这一级国家的石油资源竞争力较弱,对中国的石油进口影响不大(图6-43)。

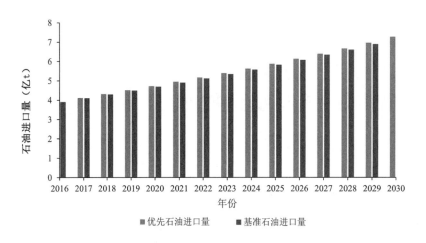

图6-43 优先情景下中石油进口量和依存度相对于基准情景变化(2016—2030年)

比较以上三种情景下的政府税收收入,发现在政府补贴1%的情景中,情景3比情景2为政府节省了7.85亿元(表6-10),说明发挥"一带一路"产油国的石油资源竞争力,不仅有助于保证中国持续稳定地获得石油资源,还能够增强中国石油资源进口的经济性。因此,为节约经济成本,建议采用情景3。

表6-10 模拟情景比较

单位:亿元(2012年不变价)

模拟情景		2016年	2020年	2025年	2030年
政府税收收入	情景1(BS)	111 537.8	121 143.1	132 382.9	143 505.0
	情景2(S2)	111 495.6	121 080.3	132 295.3	143 395.2

续表

模拟情景		2016年	2020年	2025年	2030年
政府税收收入	情景3(S3)	111 517.7	121 111.5	132 306.2	142 403.0
差值	S2—BS	−42.15	−62.80	−87.57	−109.80
	S3—BS	−20.09	−31.53	−76.71	−101.96
	S2—S3	−22.06	−31.27	−10.86	−7.85

相对于基准情景,根据石油资源竞争力强弱设置的优先策略情景,将促进中国的 GDP 逐年增长到 2030 年达到 174.86 万亿元(图 6-44),GDP 增速呈下降趋势,至 2021 年出现拐点,预测 GDP 增长率的最小值为 6.47%。这是由于在这一阶段增加了对第Ⅲ级国家的政府补贴。

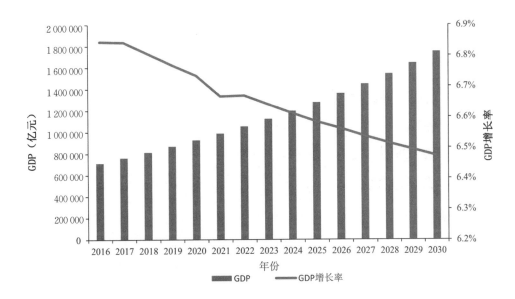

图 6-44　优先情景下中国的 GDP 和 GDP 增长率变化(2016—2030 年)

按照分阶段的优先合作策略,中国从"一带一路"产油国进口石油数量发生变化,如图 6-45 所示,石油资源竞争力较强的国家对中国的石油出口量增幅最显著,说明根据石油资源竞争力指数排名规划中国的石油贸易路径,能够充分发挥各产油国的石油资源竞争力,保障中国的石油供给安全。

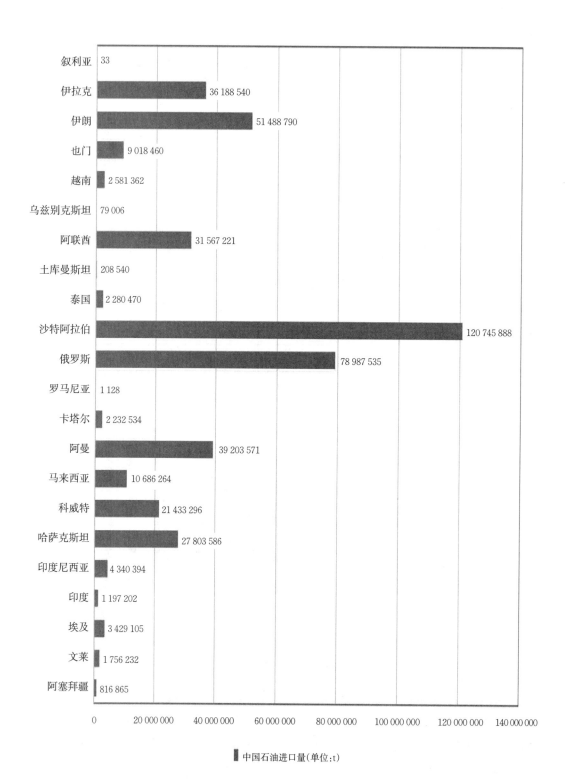

中国石油进口量(单位:t)

图6-45 优先策略下中国从"一带一路"产油国进口石油量(2030年)

3. 冲击模拟

首先假设政治稳定性较低的5个国家同时发生供给中断情况,然后逐个设置其中某个国家的石油供给突然中断,做比较分析(表6-11)。5个国家同时中断石油供给将导致石油进口量减少0.6亿t,就单个国家而言,伊拉克出现冲突带来的负面影响最大,其次是也门,另外3个国家的供给中断对中国石油进口影响甚微,尤其是叙利亚的冲突影响几乎为零,说明由于战争原因近几年叙利亚的石油资源竞争力较弱。

表6-11 冲击模拟下中国石油进口量变化

单位:亿t

年份	5个国家	土库曼斯坦	乌兹别克斯坦	伊拉克	也门	叙利亚	基准情景
2020	4.34	4.69	4.70	4.41	4.63	4.70	4.7
2025	5.36	5.81	5.82	5.45	5.73	5.82	5.82
2030	6.62	7.20	7.21	6.74	7.09	7.21	7.21

当某个国家由于战争等原因突然中断石油供给时,对中国GDP有反向影响,即中断国家越多,对中国石油进口影响越大,相应的GDP增长越多。与基准情景相比,冲击情景的GDP均有所下降(表6-12)。在5个国家中,也门的冲突情景对中国GDP的影响最显著,叙利亚影响最小。

表6-12 冲击模拟下中国的GDP变化

单位:亿t

年份	5个国家	土库曼斯坦	乌兹别克斯坦	伊拉克	也门	叙利亚	基准情景
2020	933 910	925 404	925 369	927 057	932 185	925 359	925 359
2025	1 288 435	1 276 349	1 276 298	1 278 704	1 285 992	1 276 284	1 276 284
2030	1 766 224	1 750 030	1 749 961	1 753 194	1 762 958	1 749 943	1 749 943

6.5 本章小结

本章由两部分组成,首先,基于历史数据对2000—2015年"一带一路"产油国的石油资源竞争力进行评价,与石油资源储量排名比较发现,产油国在国际市场上的石油资源竞争力不仅与资源禀赋有关,还受政治军事、经济环境、基础设施等多种要素的影响。通过聚类分析法对产油国进行石油竞争力等级分类,为BRACE模型的情景设定提供依据。

为进一步研究产油国石油资源竞争力对国际石油贸易的影响,根据BRACE模型模拟了不变条件(基准情景)下,2012—2015年中国石油资源的进口量与现实数据对比分析,并预测了2030年中国的石油资源进口量与国内外其他研究成果对比分析,以此对模型进行测试。通过测试以后,在不变条件(基准情景)下,对2016—2030年中国石油资源的进口量和来源国、中国的GDP、GDP增长率和进口依存度进行预测。最后,分情景模拟了政府补贴情景、优先策略情景和冲击模拟下,2016—2030年中国GDP和进口依存度的变化,以及中国进口石油资源的总量变化和来源国变化,并与基准情景对比分析。

模拟基期结果表明,在基准情景中,预测中国从"一带一路"共建国家进口石油资源在2030年达到了7.21亿t,预测结果在其他学者预测的范围区间内。通过敏感性分析,说明中国的石油进口能力较弱,可以从石油勘探、开采、运输等方面开展资金、技术输出,增强中国石油进口的主动权。在分布区域上,"一带一路"产油国向中国出口石油占中国总进口量的60%以上,揭示了该区域在中国的石油进口贸易中的重要地位。因此,政府要在贸易谈判和区域合作中,寻求适当的合作方式,加强与沿线国的石油贸易。

政府补贴情景分别设置补贴石油进口税的1%和5%,比较两种假定的预测结果发现,中国石油进口量与政府补贴是正相关关系,结合经济成本,建议采用1%政府补贴的石油贸易策略。预测结果反映了"一带一路"产油国对世界其他主要产油国有替代性作用。

优先策略是根据产油国石油资源竞争力的强弱设定的石油贸易合作策略情景,从2016年开始,优先给予石油竞争力排名第Ⅰ、Ⅱ级产油国1%的进口补贴,在2022年增加对第Ⅲ级沿线产油国的补贴,2025年对"一带一路"产油国全部给予1%的政府补贴。由此,带动中国石油进口在2030年增至7.28亿t。

冲突情景下,设定政治稳定性较弱的产油国(土库曼斯坦、乌兹别克斯坦、伊拉克、也门和叙利亚)分别或同时出现供给中断,将造成中国石油进口量的减少和中国GDP的增长。

第七章
中国资源型城市的CGE建模策略与政策分析方向

　　资源型城市,尤其是煤炭资源型城市(简称煤炭城市),对中国保障能源安全乃至区域可持续发展具有重要意义。然而,资源型城市普遍面临资源逐渐枯竭、产业结构单一、经济增长乏力等问题。资源型城市转型重点是接续替代产业的选择以实现产业结构优化,其中技术进步是推进产业转型的关键因素之一,而政府宏观调控发挥着主导作用。CGE模型作为政策分析模型非常契合资源型城市转型问题的综合性和系统性特点,建模过程需要体现资源型城市的现状、主要问题、转型及发展目标,主要扩展是引入资源环境税费、内生性技术进步、区域间商品和要素流动、跨行业要素流动限制和生态约束条件等,目标是为资源型城市可持续发展战略提供科学依据。

7.1 中国资源型城市的内涵与研究进展

7.1.1 资源型城市的界定

　　资源型城市(包括资源型地区)是以本地区矿产、森林等自然资源开采、加工为主导的城市类型,按专业化职能特征可以分为两种:以采掘业为主的煤炭型、石油型、森林型城市;以制造业为主的金属型城市。国务院2013年发布《全国资源型城市可持续发展规划(2013—2020年)》把262个资源型城市按不同发展阶段划分为四类:成长型、成熟型、衰退型和再生型。分类型明确发展导向和重点任务,不仅解决当前资源型城市所面临的现实问题,也对长远发展做出了谋划。资源型城市为国家经济建设与发展提供能源与原材料支撑,为社会提供大量就业机会,促进了城镇化建设也带动了区域经济发展,为中国发展做出了重要贡献。然而,资源型城市普遍面临着自然资源枯竭、生态环境恶化、产业结构单一、经济增长乏力、居民收入下降、失业率上升等问题,其中涉及自然资源的有效配置、环境规划与管理,社会经济体制改革、政府机构及其政策体系完善,以及劳动力调配与就业保障等议题。因此,资源型城市的转型问题对于中国区域可持续发展有重要意义。

资源型城市转型与其对资源的特殊依赖性和产业结构单一性密切相关,具有独特的形成、演化特点和转型规律。发达国家资源型城市转型积累了丰富的经验,其中包括资源型城市发展阶段的界定、政府的制度激励和政策投资导向、创造优越环境吸引创新型人才,以及资源税费制度的设计等。同时,资源型城市转型是一个综合性和系统性问题,需要根据中国国情和资源型城市特征选择并改进研究方法和理论框架。

7.1.2 中国资源型城市的研究进展

通过借鉴发达国家的成熟的理论和实证研究方法,中国的资源型城市研究按侧重点可以分为以下几类。

1. 资源型城市的资源枯竭与接续替代产业的选择

已有研究表明,耕地、能源、矿产和森林等四种资源丰度与区域经济发展水平呈现负相关关系。由于资源型城市经济增长过分依赖自然资源,导致产业结构上"一业独大"而接续替代产业乏力。许多城市进入资源枯竭阶段后陷入发展困境,产业功能严重失衡成为不可持续问题重要原因之一。因此,正确选择接续替代产业是实现资源型城市可持续发展的前提,需要基于自身优势,从产业存在、产业发展、产业相关、区域内与区域间协调、可持续发展潜力等方面确立主导产业选择体系和产业结构优化设计。其中,技术进步是资源型城市推进产业转型和结构优化的关键因素之一。

2. 资源型城市的发展阶段、转型模式与可持续发展

资源型城市的生态状况普遍不佳,且不同类型的资源型城市生态效率差异很大。资源型城市转型不仅是经济结构转型,也是与社会发展、居民福利、环境治理相结合的跨地域和时期的系统性过程,要根据转型阶段性特点和内外部环境变化适时调整,探讨经济转型的增长绩效、资源与要素的分配和优化机制、可持续发展能力评价等,通过合适的发展对策和政策规划,由产业转型促进经济、社会和生态协调和可持续发展。在明确发展阶段的基础上,转型中的资源和环境承载力问题,以及循环经济模式和低碳经济模式等议题也出现在对资源型城市转型的发展目标和路径设计之中。同时,在中国城镇化进程逐步加快的大背景下,如果发展速度超过预期,资源短缺问题可能难以避免。因此,资源型城市的顺利转型与发展不仅是其自身问题,也是保障国家长期资源安全的战略问题。

3. 资源型城市的转型效率和政府作用

资源型城市向多元化经济转型和发展是一项综合而且复杂的系统过程。资源型城市经济转型中的一个突出问题是部分城市的定位没有充分考虑资源禀赋状况和未来发展趋势,定位不准确或者模糊,因此对不同城市的经济转型能力和效率进行评价和比较具有借鉴意义。评价标准包括替代产业的契合度、综合效率、技术效率和规模

效率、城市综合竞争力水平等。政府是推进资源型城市转型的主导力量。其中,既要处理好以中央政府为主导,统筹解决的诸如政府财力支持与长效机制建设的关系,也要处理好以地方政府为主导,协调处理的诸如资源型产业与非资源型产业的关系,确保产业政策的连续性,以新型城镇化视角发展战略性工业。因此,中央与地方政府的协调、环境与经济的协调发展、不同发展阶段的产业演化特征和区域可持续发展方式都需要引起足够的重视。

综上所述,中国资源型城市的研究多集中在产业结构调整与优化、转型能力与潜力评估、转型模式与对策、政府作用与可持续发展等方面,大多是历史的总结和现状的分析。长期而言,只有在城市衰退之前尽早进行经济转型,才能实现可持续发展。然而,动态预测类型研究,如预测资源型城市在不同发展阶段可能面临的问题,以及选择转型时点和发展模式等研究还不多见。由于缺乏统一的分析框架,难以对不同类型资源型城市的主导产业链延伸、接续替代产业选择、产业关联效应,以及可能产生的传导机制和资源环境效应进行借鉴、总结和预测,限制了资源型城市转型、发展的政策设计和阶段性规划方面的研究。

7.2 资源型城市CGE模型的框架设计

资源型城市的CGE模型构建主要包括两个方面:一是构建统一的数据框架SAM,二是以SAM为数据基础建立CGE模型。同时,SAM也为CGE模型提供了作为比较参照的模拟基期。国外关注资源、能源与环境的CGE模型已经有了许多尝试,如经济与能源发展模型(IPAC-AIM/CGE)、麻省理工学院(MIT)的EPPA模型,普度大学引入能源要素的GTAP-E模型等。国内研究中也有许多类似的尝试,如高颖和李善同的引入资源和环境账户的CGE模型、雷明等的绿色SAM、邓祥征的ESAM和环境CGE模型等。

7.2.1 资源型城市SAM的数据结构

图7-1是在参考前人研究基础上针对资源型城市研究需要构建的资源型城市SAM。灰色部分是所要收集的数据,数据来源包括所选资源型城市的投入产出表、各种统计年鉴、地方政府统计公报,以及实地调研与专家咨询等。SAM一般包含三个部门,即生产部门、要素(即增加值)部门和机构部门。生产部门需要要素投入以实现产品的产出,这些产品会被机构部门所消费,而机构部门消费所需收入则来源于要素供应。生产部门概括为资源型产业和非资源型产业,要素投入一般指资本、劳动力和生产税,机构包含居民、企业和政府。当考虑国内外市场、国内跨区域市场、跨时期收入与消费时,三个部门之外还分别需要加上国内外进出口、区域间商品调入调出、投资与储蓄。同时,加入生态部门,讨论资源和环境问题;探讨要素区域间流动问题,如资本和劳动力的输入输出等。多数

部门都将在进一步的研究中进行细分,如资源型产业可以按照所研究资源型城市主导产业细分,如煤炭产业、石油产业及其他矿业产业等,非资源型产业可分为农业、非资源型工业和服务业等;资源部门可分为水资源、土地资源、煤炭资源、油气资源,以及其他矿产资源等;环境部门可分为固体废弃物排放、温室气体排放、污水排放等。SAM是年度数据,在考虑不同时期的本地资源承载力和环境承载力时,将在表外单独列出,并作为动态模型中资源消耗和污染排放的总量控制数。其中,单元格"1-A"至"15-O"部分为价值量数据,且行和与列和相等。资源部门、环境部门和自然界部门为物质量数据。

统一数据框架的资源型城市社会核算矩阵(SAM)			生产部门		要素部门			机构部门					其他部门					生态部门		
			A	B	C	D	E	F	G	H	I	J	K	L	M	N	O	P	Q	R
			资源型产业	非资源型产业	资本	劳动力	税收	居民	资源型企业	非资源型企	地方政府	中央政府	投资	科学与技术	本地调出	本地出口	总产出	资源部门	环境部门	自然界
生产部门	1	资源型产业	中间投入与中间使用					居民消费		各级政府消费			资本形成	R&D支出	产品调出	产品出口		资源恢复	生产污染排放	
	2	非资源型产业																		
要素部门	3	资本	资本投入												资本输出					
	4	劳动力	劳动力投入												劳务输出					
	5	知识资本	知识投入																	
	6	税收和补贴	资源环境税费及其他生产税和补贴						直接税											
机构部门	7	居民			本地资本供应	本地劳动力供应			企业对居民的转移支付		各级政府对居民的补贴									生活污染排放	
	8	资源型企业																		
	9	非资源型企业																		
	10	地方政府					税收收入及其分配													
	11	中央政府																		
其他部门	12	储蓄						居民、企业和政府储蓄						调入调出差额与进出口差额						
	13	外地调入	产品调入		外来资本	外来劳动力														
	14	国外进口	产品进口																	
	15	总投入																		
生态部门	16	资源部门	生产资源消耗					生活资源消耗												资源净消耗
	17	环境部门	生产污染治理																	污染净排放

图7-1 资源型城市的社会核算矩阵(SAM)表式设计

注:生态部门的内容主要参考了雷明等(2011)绿色SAM表式设计。

7.2.2 资源型城市CGE模型的模块设计与动态模拟

与SAM一一对应,标准CGE模型包含五个模块,即生产模块、贸易模块、机构(居民、企业和政府)模块、投资—储蓄模块,以及市场出清和宏观闭合模块等。资源型城市政策研究要关注人口、资源、环境和发展之间的联系。因此,以标准CGE模型为基础,资源型城市CGE模型的构建主要参考CGE模型在资源与环境问题方面的应用,上述五个模块需要在标准CGE模型基础上进行调整,同时还要加上两个模块,即人口模块和生态模块：人口模块讨论资源型城市在不同发展阶段的人口流动，如城乡人口流动和跨区域人口流动等，以此细化失业问题；生态模块讨论资源和环境约束，其中生态效率核算值得借鉴，以此讨论资源型城市可持续发展的中长期路径。以资源型城市的资源型产业产品为例，图7-2展现了资源型城市CGE模型的主体框架。例如，在生产模块，电力与化石能源等组成能源投入，能源投入与资本组合为资本-能源组合，该组合进而与劳动力组合成增加值组合，增加值组合与其他中间投入共同形成非知识资本，并与知识资本组合形成产业的产出；在贸易模块，部分产出用于调出与出口，部分留在本地市场，与调入品和进口产品组合成为本地销售商品，本地销售商品的一部分重新用于下一期的中间投入，另一部分满足各级政府和居民的消费需求以及新增投资需求；在机构模块和投资-储蓄模块，各机构主体的消费和投资由这些机构的收入决定，其中政府收入来源于去除补贴的各种生产税费，居民和企业收入来源于要素供应报酬；在市场出清和宏观闭合模块描绘了区域间要素禀赋和流动情况；生态模块讨论生产和生活中的资源净消耗和污染净排放，主要关注如何通过合理设定一系列资源和环境税费维护资源承载力和环境承载力。

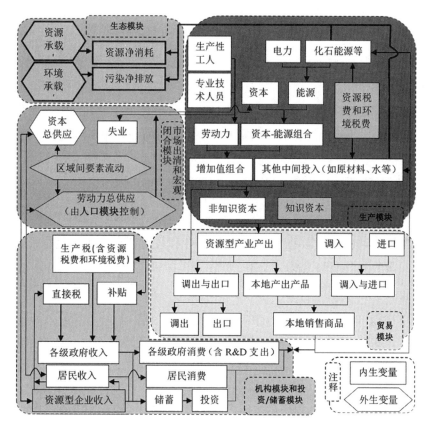

图7-2　资源型城市中资源型产业及其产品的一般均衡模型结构

1. 生产模块

在生产模块中,各个产业的生产结构常以多层嵌套的常替代弹性方程(constant elasticity substitution, CES)实现,这种方程形式优点在于可以在生产函数结构中通过引入弹性参数、份额参数和效率参数实现对能源、电力及其他作为原材料的资源等投入结构和相互替代进行描述。生产模块基本假设是生产利润最大化,调整主要集中在生产函数中:①引入资源税,以真实地反映自然资源的全部价值,激励更高效率地利用自然资源的经济行为;②引入环境税,是将生产活动的外部效应内部化,增强环境可持续性,如以污染为依据的产品环境税,对环境友好行为给予奖励的所得税、增值税和消费税减免、加速折旧等,以及温室气体税和排污费等;③引入内生性技术进步,即通过引入知识资本,并为知识资本与人力资本支出建立函数关系,从而探讨科技政策对资源型城市发展的影响。

2. 区域间贸易模块

区域间贸易模块讨论资源型城市与其他地区的商品贸易和要素流动问题,即资源型城市不同发展阶段的空间效应,如资源型城市发展初期对商品和要素形成的集聚效应,发展过程中经济影响的扩散效应,以及衰竭过程中要素的转移和流失等。根据地理学第一定律,可以进一步将"其他地区"细分为"相邻地区"和"非相邻地区",或根据需要细分为更为具体的地区。区域间商品贸易可服从 Armington 假设,即本地产品与调入/进口产品以及与调出/出口之间存在不完全替代关系。区域间要素流动探讨的是资源型城市可以通过加强资本与劳动力引进,尤其是专业技术人员引进,解决转型和发展中资金和人才不足问题。区域间贸易模块的改进可以参考多区域 CGE 模型研究,如普渡大学的 GTAP 模型、世界银行的 LINKAGE 模型、澳大利亚 Monash 大学等建立的 TERM 模型,以及由王飞等建立的中国 30 地区连接的 CGE 模型等。

3. 机构模块

机构模块探讨的是资源型城市中居民、企业和政府各自收入和消费问题,以及他们之间的一次收入分配和二次收入分配问题。根据研究需要,企业可细分为资源型企业和其他企业;政府分为中央政府和地方政府;居民分为城镇居民和农村居民,体现城乡居民的收入与支出差异,进而可根据居民的收入水平不同进一步细分,如城镇居民分为城镇高收入居民、城镇中等收入居民、城镇低收入居民,农村居民也可以根据需要进行同样的细分。其中,居民在给定收入条件下追求消费效用最大化是 CGE 模型所要遵循的基本假设之一,有许多需求函数形式,需要根据特定资源型城市特点和研究问题进行选择。常用的需求函数形式有 Cobb-Douglas 函数、线性支出系统(linear expenditure system, LES)、近乎理想需求系统(almost ideal demand system, AIDS)等。

4. 投资-储蓄模块和动态模拟设定

投资-储蓄模块探讨的是新一期资本形成问题,基本假设是经济发展的驱动力来源于资本与劳动力的增长。静态模型不讨论投资-储蓄的变动。动态模型中,假设 t 期的投资和资本累计取决于 $t+1$ 期的投资预期回报率,而 $t+1$ 期投资预期回报率又取决于 t 期实际的资本回报,以此构建递归动态(recursive dynamic)过程。考虑到资源型城市各个产业,尤其是资源型产业的资本增长历年变动都存在差异,采用设定资本增长弹性的递归动态过程将有良好的模拟表现。图7-3的 $R'R$ 曲线描绘了一个在特定区间波动的均衡预期收益率:特定区间最低值设定为 KSKgmin$_{资源型产业}$,一般等于当地资源型产业的资本折旧率;最高值 KSKgmax$_{资源型产业}$ 设定为当地资源型产业资本增长率历史最高值。其他变量包括:ROR$_{资源型产业}$ 为资本的均衡预期收益率;RORZ$_{资源型产业}$ 为资本的历史一般收益率;KSKg$_{资源型产业}$ 为实际资本增长率;KSKtrend$_{资源型产业}$ 为资本的历史一般增长率。

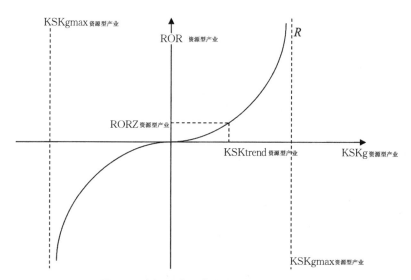

图7-3　资源型产业资本的均衡预期收益率

注:主要参考了 Dixon 和 Rimmer(2002)的研究进行修改。

5. 市场出清和宏观闭合模块

CGE模型的均衡条件主要包括商品市场均衡、要素市场均衡、投资-储蓄均衡、政府预算均衡和国际收支均衡等。市场出清和宏观闭合模块的设定要根据资源型城市的具体情况进行有针对性的设定,尤其是区域间要素流动。考虑到资源型城市转型过程中普遍面临较为严重的失业问题,以及背后所揭示的资源型产业的生产性工人,如矿业工人,因缺乏相关技能而再就业困难问题,宏观闭合模块因此必须考虑资源型产业的劳动力跨行业转移问题。标准CGE模型一般假设劳动力跨行业间自由流动以表现最优市场机制和资源配置过程,而资源型城市转型中的严峻挑战之一是资源型产业劳动力的转移和安置。当设定资源型产业的劳动力无法跨行业流动时,将在产业层面衡量劳动力的结构性失衡问题,如给定产业劳动力报酬情况下(最低工资标准)的失业问题,给定产业内劳动力投入水平情况下(控制失业率)的报酬下降问题等。综上,当资源型产业的发展受限于资源枯竭和环境约束时,动态模拟结果可以通过一系列模拟为失业问题提供可能的解决方案。

6. 人口模块

人口模块主要应用于动态过程中,主要作用是预测特定时期内资源型城市的劳动力供应,即将劳动力供应作为人口变动的函数,而人口变动又受到人口年龄结构、性别观念、出生率和死亡率,以及外出务工人员和外来务工人员等因素的影响。在静态模型中,劳动力总供应是外生变量;而在动态模型中,劳动力供应将在人口模块中作为内生变量。因此,人口模块的建立需要基于历史数据并选择合适的人口预测模型,以体现资源型城市的人口变动特点。其中,资源型城市的城乡人口流动和该城市与相邻地区人口流动需要重点关注。

7. 生态模块

资源型城市发展过程中存在着产生、发展、成熟、衰退的生命周期,而这个周期的主导因素是城市周边地域内可采自然资源的储量。资源型城市实现转型所依据的假设是政府可以通过一系列宏观调控转变资源型城市的发展模式,目的是在衰退阶段创造一个再次发展的"拐点"。生态模块的作用是在模型中将资源型城市发展设为经济变量、资源消耗变量、环境价值变量的函数,从而在长期变化过程中引入资源承载力和环境承载力等生态约束,进而还可以引入生态效率核算以评估资源型城市转型和发展效率,为相关政策调控的时点选择和转型模式选择提供量化依据。

7.3 资源型城市转型与发展的政策问题

当前中国经济社会可持续发展的根本前提是保障能源资源的可持续供应及其在区域之间的合理配置。需要注意的是,尽管中国能源效率整体水平不断改进,但区域间差异持续扩大,区域分异态势显著。另外,缪尔达尔和赫希曼的理论表明,资本和劳动力等要素流动、产业分工和区际贸易会形成极化效应或涓流效应,对区域发展格局演进产生影响。资源型城市转型与发展要在区域比较优势原则和劳动力地域分工的基础上,促进生产要素在区域空间内的重组和流动,进行城市功能的分工、合作与互补。如西北资源型城市转型和发展可以融入西北地区兰州—白银经济区、河西走廊经济区、新疆经济区和柴达木经济区等。

资源型城市转型与发展的政策研究需要因地制宜,抓住主要问题并合理制定政策时间表。现有的资源型城市政策重点主要包括接续和替代产业政策、区域规划布局及交通网络建设、就业政策以及生态保护政策等,以解决资源枯竭、环境污染、失业严重这三个最为显著的问题。CGE模型,尤其是动态CGE模型,将立足于当前资源型城市发展现状,基于调研和相关资料设定长期发展路径进行宏观预测,将城市未来发展所可能面临的问题——量化并呈现出来,为更加细致和准确的政策设计和战略目标提供科学依据。应用资源型城市CGE模型进行具体政策研究,主要关注以下问题。

(1)资源型城市当前发展模式的特点、问题以及未来的演化方向。

(2)资源型城市中各个产业发展的特点和问题,包括资源型产业、接续产业和替代产业的发展现状和问题,以及产业间相互关联的状况。

(3)资源型城市在所属区域中的经济地位和区域关联特点,即商品和要素的流动现状等。

(4)在当前的发展模式和资源环境条件下,资源型城市的发展在何时将面临严峻的经济增长乏力、大规模失业、生态环境恶化等问题。

(5)在未来可预见时期内,资源型城市应何时推进下一步转型策略,选择何种模式转型,转型时间和转型模式的选择中需要关注哪些问题、有哪些备选的政策方案。

(6)考虑到特定资源型城市转型所面临的一系列问题,应设计多种政策安排、制定综合转型策略,需要评估多种政策安排的优劣得失以及探讨实现转型和发展目标的可能性,从而在实现社会福利最大化的基础上制定资源型城市可持续发展的长期战略。

7.4 本章小节

中国资源型城市的研究普遍借鉴了发达国家的研究方法,并针对中国的具体问题和研究需要进行了调整,主要的侧重点在于:①资源枯竭与接续替代产业的选择,其中技术进步与产业优化是关注的重点;②资源型城市发展阶段、转型模式与可持续发展的研究,重点是在经济发展的目标下寻求解决历史遗留的生态问题,改善资源和环境状况以实现可持续发展;③对于资源型城市的转型效率与政府作用,核心是发挥政府的宏观调控和战略主导作用,制定一系列经济、资源和环境政策,并推进相关体制机制的改革。因此,资源型城市转型是一个综合性和系统性问题,可计算一般均衡(CGE)模型非常适用于资源型城市转型问题的研究。

在总结资源型城市的特点、问题和研究目标以及现有资源和环境CGE模型研究的基础上,资源型城市CGE模型是对标准CGE模型的扩展。主要包括两方面,一是构建统一数据框架的资源型城市社会核算矩阵(SAM),二是以该SAM为数据基础建立CGE模型。主要扩展是在经济主体的行为方程中增加知识资本和政策变量,在宏观经济运行中讨论资源和环境约束以及可持续发展的政策目标等。资源型城市CGE模型将立足于当前资源型城市的发展现状,基于调研和相关资料设定长期发展路径以进行宏观预测,为城市未来发展所可能面临的问题提供更加细致和准确的政策设计和解决方案。简而言之,CGE模型着力于提供一个宏观视角。在政策研究中,需要根据实际情况对模拟结果进行验证,从而不断改善模型结构和参数设定,不断完善宏观调控框架和政策方案设计,为资源型城市长期可持续发展提供较为准确可行的科学依据和宏观预警机制。

参考文献

[1] 白冰, 李小春, 刘延锋, 等. 中国CO_2集中排放源调查及其分布特征[J]. 岩石力学与工程学报, 2006, 25(1): 2918–2923.

[2] 白福臣, 周景楠. 基于主成分和聚类分析的区域海洋产业竞争力评价[J]. 科技管理研究, 2016, 36(3): 41–44.

[3] 鲍荣华, 王淑玲, 刘树臣, 等. 矿产资源国际竞争力指数的研究和测算[J]. 中国国土资源经济, 2006(11): 20–24＋47.

[4] 芮明杰, 富立友, 陈晓静. 产业国际竞争力评价理论与方法[M]. 上海: 复旦大学出版社, 2010.

[5] 曹靖, 张文忠. 中国资源枯竭城市产业结构特征[J]. 地理科学进展, 2013, 32(8): 1216–1226.

[6] 曾学敏. 水泥行业全球启动能效对标[J]. 中国水泥, 2010, 4: 25–27.

[7] 曾学敏. 水泥工业能源消耗现状与节能潜力[J]. 中国水泥, 2006, (3): 16–21.

[8] 查冬兰, 周德群. 地区能源效率与二氧化碳排放的差异性[J]. 系统工程, 2007, 25(11): 65–71.

[9] 陈晨, 夏显力. 基于生态足迹模型的西部资源型城市可持续发展评价[J]. 水土保持研究, 2012, 19(1): 197–201.

[10] 陈其慎. 关于矿产资源竞争力评价问题[D]. 北京: 中国地质大学, 2013.

[11] 陈强. 高级计量经济学及Stata应用[M]. 2版. 北京: 高等教育出版社, 2014.

[12] 陈睿, 饶政华, 刘继雄, 等. 基于LEAP模型的长沙市能源需求预测及对策研究[J]. 资源科学, 2017, 39(3): 482–489.

[13] 陈夕红, 李长青, 籍卉林, 等. 基于技术扩散的全社会能源效率空间条件收敛分析[J]. 中国人口·资源与环境, 2013, 23(8): 7–13.

[14] 陈夕红, 李长青, 张国荣, 等. 经济增长质量与能源效率是一致的吗?[J]. 自然资源学报. 2013, 28(11): 1858–1868.

[15] 陈夕红, 张宗益, 康继军, 等. 技术空间溢出对全社会能源效率的影响分析[J]. 科研管理, 2013, 34(2): 62–68.

[16] 陈晓声. 产业竞争力的测度与评估[J]. 上海经济, 2001(6): 45–47.

[17] 褚义景，马新华，梁非坤．我国钢铁行业的节能减排对策研究[J]．武汉理工大学学报，2010，32(4)：63-66．

[18] 崔源声，蒋永富，田桂萍．当前我国水泥工业面临的形势及未来发展前景展望[J]．2015中国水泥技术年会暨第十七届全国水泥技术交流大会论文集，2015．

[19] 崔源声，史伟．中国水泥工业节能减排的潜力与发展战略[J]．散装水泥，2007(3)：62-66．

[20] 邓祥征．环境CGE模型及应用[M]．北京：科学出版社，2011．

[21] 狄昂照．亚太地区十五个国家(地区)国际竞争力的比较[J]．中国国情国力，1992(3)：52-54．

[22] 董锋，谭清美，周德群，等．资源型城市可持续发展水平评价：以黑龙江省大庆市为例[J]．资源科学，2010，32(8)：1584-1591．

[23] 董锁成，李泽红．我国资源型城市经济转型路径探索[J]．科技创新与生产力，2011，1：21-26．

[24] 杜辉．资源型城市可持续发展保障的策略转换与制度构造[J]．中国人口·资源与环境，2013，23(2)：88-93．

[25] 樊纲．高新技术不等于竞争力[J]．中国民营科技与经济，2004(1)：12-13．

[26] 范宪伟，高峰，韩金雨，等．基于低碳经济视角分析资源型城市产业转型[J]．城市经济，2012，19(1)：71-76．

[27] 冯晓华．基于AHP和灰色关联分析的中国石油进口供应链风险评价及战略对策选择[D]．青岛：中国海洋大学，2010．

[28] 凤凰网．2013年全球碳排放量将创纪录[EB/OL]．2013-01-21．http://news.ifeng.com/gundong/detail_2013_11/21/31428190_0.shtml．

[29] 付海波，孔锐．基于熵权法的矿产资源竞争力比较评价[J]．资源与产业，2010(3)：67-70．

[30] 傅晶晶．资源税改革与资源型城市的可持续发展[J]．探索，2013，2：86-89．

[31] 傅利平，王中亚．"资源诅咒"与资源型城市[J]．城市问题，2010(11)：2-8．

[32] 高洁，徐凯，肖荣阁．从"资源诅咒"看资源型城市可持续发展[J]．资源与产业，2011，13(3)：1-6．

[33] 高天明，沈镭，刘粤湘，等．中国资源型城市产业结构演进分析[J]．资源与产业，2011，13(6)：11-18．

[34] 高颖，李善同．含有资源与环境账户的CGE模型的构建[J]．中国人口·资源与环境，2008，18(3)：20-23．

[35] 高颖，李善同．征收能源消费税对社会经济与能源环境的影响分析[J]．中国人口·资源与环境，2009，2：30-35．

[36] 工业和信息化部节能与综合利用司．工业绿色发展规划(2016—2020年)

[EB/OL]. 2016－06－30. http://www. miit. gov. cn/n1146295/n1652858/n1652930/n3757016/c5143553/content.html.

[37] 谷天野.煤炭洁净加工与高效利用[J].洁净煤技术,2006,12(4):88-90.

[38] 顾杰.论资源型城市转型中的政府转型:以全国首批资源型城市转型试点城市大冶市为例[J].武汉科技大学学报:社会科学版,2009,11(3):1-4.

[39] 郭京福.产业竞争力研究[J].经济论坛,2004(14):32-33.

[40] 国家发展改革委员会,国家能源局.电力发展"十三五"规划(2016—2020年)[EB/OL]. 2016－12－22. http://www. ndrc. gov. cn/gzdt/201603/P020160318576353824805.pdf.

[41] 国家发展改革委员会,住房和城乡建设部.绿色建筑行动方案[EB/OL]. 2013-01-01. http://www.gov.cn/zwgk/2013-01/06/content_2305793.html.

[42] 国家计委宏观经济研究院产业发展研究所课题组.我国产业国际竞争力评价[J].宏观经济研究,2001(7):35-39.

[43] 国家能源局.国家能源局关于发布2020年煤电规划建设风险预警的通知[EB/OL]. 2017-04-20. http://zfxxgk.nea.gov.cn/auto84/201705/t20170510_2785.html.

[44] 国家体改委经济体制改革研究院,中国人民大学,综合开发研究院联合研究组.中国国际竞争力发展报告(1996)[M].北京:中国人民大学出版社,1997.

[45] 国家铁路局.2016年铁道统计公报[EB/OL]. 2017-03-24. http://www.moc.gov.cn/tongjishuju/tielu/201703/t20170328_2182141.html.

[46] 国家统计局.中华人民共和国2016年国民经济和社会发展统计公报[EB/OL]. 2017-02-28. http://www.stats.gov.cn/tjsj/zxfb/201702/t20170228_1467424.html.

[47] 国家统计局.中国统计年鉴2016[M].北京:中国统计出版社,2016.

[48] 国务院."十三五"节能减排综合工作方案[EB/OL]. 2017-01-05. http://www.gov.cn/zhengce/content/2017-01/05/content_5156789.html.

[49] 国务院."十三五"现代综合交通运输体系发展规划[EB/OL]. 2017-02-28. http://www.gov.cn/zhengce/content/2017-02/28/content_5171345.html.

[50] 国务院.全国资源型城市可持续发展规划(2013—2020年)[EB/OL].中央政府门户网站,2013. http://www. gov. cn/zwgk/2013－12/03/content_2540070.htm.

[51] 国务院.国务院关于促进资源型城市可持续发展的若干意见[EB/OL].中央政府门户网站,2007. http://www.gov.cn/zwgk/2007－12/24/content_841978.htm.

[52] 韩学键,元野,王晓博,等.基于DEA的资源型城市竞争力评价研究[J].中国软科学,2013(6):127-133.

[53] 韩一杰,刘秀丽.基于超效率DEA模型的中国各地区钢铁行业能源效率及节能减排潜力分析[J].系统科学与数学,2011,31(3):287-298.

[54] 侯明,张友祥.资源型城市可持续发展研究综述[J].当代经济研究,2012,8:58-61.

[55] 侯瑜.理解变迁的方法:社会核算矩阵及CGE模型[M].大连:东北财经大学出版社,2006.

[56] 侯玉梅,梁聪智,田歆,等.我国钢铁行业碳足迹及相关减排对策研究[J].生态经济,2012,12:022.

[57] 候利恩.中国建筑能源消费情况研究[J].华中建筑,2015(12):94-100.

[58] 黄焕宗.基于熵权法和优劣解距离法的区域物流产业竞争力评价:以福建省各市的数据为例[J].安庆师范学院学报(自科版),2016(1):24-26.

[59] 黄建.基于LEAP的中国电力需求情景及其不确定性分析[J].资源科学,2012,34(11):2124-2132.

[60] 黄晓勇.中国能源安全[M].北京:社会科学文献出版社,2014.

[61] 江洪,赵宝福.碳排放约束下能源效率与产业结构解构、空间分布及耦合分析[J].资源科学,2015,37(1):0152-0162.

[62] 姜楠,谷树忠,沈镭,等.我国矿业城市发展的国家安全定位[J].矿业研究与开发,2004,24(5):1-5.

[63] 交通部综合规划司.推进交通运输生态文明建设实施方案[EB/OL].2017-04-14.http://zizhan.mot.gov.cn/zfxxgk/bnssj/zhghs/201704/t20170414_2190311.html.

[64] 交通运输部综合规划司.2016年交通运输行业发展统计公报[EB/OL].2017-04-17.http://zizhan.mot.gov.cn/zfxxgk/bnssj/zhghs/201704/t20170417_2191106.html.

[65] 金碚.中国工业国际竞争力:理论、方法与实证研究[M].北京:经济管理出版社,1997.

[66] 金艳鸣,雷明.二氧化硫排污权交易研究:基于资源-经济-环境可计算一般均衡模型的分析[J].中国工业经济,2012,11:5-17.

[67] 孔祥东.评产能置换政策对水泥行业去产能的影响[EB/OL].2017-06-09.http://www.dcement.com/Item/156786.aspx.

[68] 雷明,等.中国资源·经济·环境绿色核算综合分析(1992—2002年)[M].北京:北京大学出版社,2011.

[69] 雷明,李方.中国绿色社会核算矩阵(GSAM)研究[J].经济科学,2006,3:84-96.

[70] 李惠娟,龙如银,兰新萍.资源型城市的生态效率评价[J].资源科学,2010,32(7):1296-1300.

[71] 李惠娟,龙如银.资源型城市环境库兹涅茨曲线研究:基于面板数据的实

证分析[J].自然资源学报,2013,28(1):19-27.

[72] 李建武.中国能源效率及节能潜力分析[J].地理学报,2010,31(5):733-740.

[73] 李玲娥,周荣飞.国外资源型经济可持续发展的做法及启示[J].经济纵横,2012,4:93-95.

[74] 李青彦.建筑节能行业观察[EB/OL].2016-12-07.http://huanbao.bjx.com.cn/news/20161021/782581.shtml.

[75] 李荣华,惠树鹏.资源型城市产业转型效果评价:以国家首批资源枯竭型城市为例[J].生产力研究,2013,11:61-63.

[76] 李武斌.新兴资源型城市的可持续增长[J].资源与产业,2012,14(5):1-6.

[77] 李心萍.严重过剩的情况下仍不断建设新项目:水泥产能利用率持续走低[N].人民日报,2015-01-12(019).

[78] 李新创,高升.钢铁工业绿色发展途径探讨[J].工程研究:跨学科视野中的工程,2017,9(1):19-27.

[79] 李学良,孙克勇.资源型城市转型要创新思维[J].发展,2014(10):98-99.

[80] 李志刚.基于CGE模型的政策模拟系统研究[J].中国农业大学学报,2006,11(5):98-102.

[81] 梁伟,张慧颖,朱孔来.基于模糊数学和灰色理论的城市生态环境竞争力评价[J].中国环境科学,2013,33(5):945-951.

[82] 林伯强,何晓萍.中国油气资源耗减成本及政策选择的宏观经济影响[J].经济研究,2008,5:94-104.

[83] 刘峰,阚瑗珂,李国明,等.工业园生态化推进的西部典型资源型城市可持续发展研究:以攀枝花为例[J].资源与产业,2012,14(1):8-11.

[84] 刘佳杰,温晓丽.东北资源型城市产业结构优化升级的对策研究[J].特区经济,2011(1):234-235.

[85] 刘佳骏,董锁成,李宇.产业结构对区域能源效率贡献的空间分析:以中国大陆31省(市、自治区)为例[J].自然资源学报,2011,26(12):1999-2011.

[86] 刘立涛,沈镭,高天明,等.中国能源安全评价及时空演进特征[J].地理学报,2012,67(12):1634-1644.

[87] 刘立涛,沈镭.中国能源分区情景分析及可持续发展功能定位[J].自然资源学报,2011,26(9):1484-1495.

[88] 刘立涛,沈镭.中国区域能源效率时空演进格局及其影响因素分析[J].自然资源学报,2010,25(12):2142-2153.

[89] 刘立涛,张艳,沈镭,等.水泥生产的碳排放因子研究进展[J].资源科学,2014,36(1):0110-0119.

[90] 刘亦文,胡宗义.能源技术变动对中国经济和能源环境的影响:基于一个动态可计算一般均衡模型的分析[J].中国软科学,2014,4:43-57.

[91] 刘语轩.资源型城市转型的资源约束与转型路径分析[J].生产力研究，2009(24)：27-28.

[92] 刘越，孟海波，沈玉君，等.基于模糊层次分析法的生物燃气产业竞争力评价模型及应用[J].农业工程学报，2016，32(S1)：275-283.

[93] 刘云刚.中国资源型城市的职能分类与演化特征[J].地理研究，2009，28(1)：153-160.

[94] 柳泽，周文生，姚涵.国外资源型城市发展与转型研究综述[J].中国人口·资源与环境，2011，21(11)：161-168.

[95] 陆大道.统筹兼顾 全面部署 资源型城市可持续发展迈入新阶段：《全国资源型城市可持续发展规划》专家解读之一[EB/OL].中央政府门户网站，2013.http://www.gov.cn/jrzg/2013-12/03/content_2540062.htm.

[96] 栾欣超.资源型城市转型过程中的地方政府责任：以"鄂尔多斯困境"为例[J].前沿，2014，10：115-120.

[97] 罗若愚，张龙鹏.西部资源型城市产业转型、经济增长与政策选择[J].统计与决策，2013(10)：66-68.

[98] 罗玉波，王玉翠.结构方程模型在竞争力评价中的应用综述[J].技术经济与管理研究，2013(3)：21-24.

[99] 马克，李军国.我国资源型城市可持续发展的实践与探索：国内资源枯竭型城市十年经济转型经验与展望[J].经济纵横，2012，8：25-28.

[100] 马士国.征收硫税对中国二氧化碳排放和能源消费的影响[J].中国工业经济，2008，2：20-30.

[101] 迈克尔·波特.国家竞争优势[M].李明轩，邱如美.北京：华夏出版社，2002.

[102] 聂亚珍，张云，姜学勤.资源型城市产业兴衰与转化之规律[M].北京：中国书籍出版社，2015.

[103] 潘雄锋，刘清，张维维.空间效应和产业转移双重视角下的我国区域能源效率收敛性分析[J].管理评论，2014，26(5)：23-29.

[104] 潘雄锋，杨越，张维维.我国区域能源效率的空间溢出效应研究[J].管理工程学报，2014，28(4)：132-186.

[105] 裴长洪，王镭.试论国际竞争力的理论概念与分析方法[J].中国工业经济，2002(4)：41-45.

[106] 彭锋，李晓."十二五"中国废钢铁行业发展现状分析与"十三五"展望[J].中国冶金，2016，26(10)：29-32.

[107] 前瞻产业研究院.我国建筑能耗约占社会总能耗的33%[EB/OL].2014-05-05.http://www.chinairn.com/news/20140505/190538292.shtml.

[108] 钱勇.资源型城市产业转型研究：基于企业组织与城市互动演化的分析[M].北京：科学出版社，2012.

[109] 清华大学建筑节能研究中心.中国建筑节能年度发展研究报告2015[M].北京：中国建筑工业出版社，2015.

[110] 人民网.全国统一碳市场"箭在弦上"我国2020年后或开征碳税[EB/OL].2016-08-10. http://gd.people.com.cn/n2/2016/0810/c123932-28809932.html.

[111] 沈斌，肖华堂.资源型城市问题演变路径分析[J].改革与战略，2012，28(2)：41-43.

[112] 沈镭，成升魁.论国家资源安全及其保障战略[J].自然资源学报，2002，17(4)：393-400.

[113] 沈镭，程静.矿业城市可持续发展的机理初探[J].资源科学，1999，21(1)：44-50.

[114] 沈镭，刘立涛，高天明，等.中国能源资源的数量、流动与功能分区[J].资源科学，2012，34(9)：1611-1621.

[115] 沈镭，刘立涛，张艳.区域能源安全复杂性的理论分析框架与实证研究[J].中国能源，2010，32(11)：30-36.

[116] 沈镭，刘立涛.中国能源可持续发展区域差异及其因素分析[J].中国人口·资源与环境，2010，20(1)：17-23.

[117] 沈镭，钟帅，胡纾寒.全球变化下资源利用的挑战与展望[J].资源科学，2018，40(1)：1-10.

[118] 沈镭，万会.试论资源型城市的再城市化与转型[J].资源·产业，2003，5(6)：116-119.

[119] 沈镭.我国资源型城市转型的理论与案例研究[D].北京：中国科学院大学，2005.

[120] 沈镭.西北地区矿业城市转型与可持续发展[J].科技导报，2005，23(1)：42-46.

[121] 范若虹.2016年中国钢铁行业有效产能及总产量双升[EB/OL].2017-02-13. http://finance.sina.com.cn/roll/2017-02-13/doc-ifyamvns5126552.shtml.

[122] 石敏俊，李娜，袁永娜，等.低碳发展的政策选择与区域响应[M].北京：科学出版社，2012.

[123] 石敏俊.现代区域经济学[M].北京：科学出版社，2013.

[124] 史丹，等.中国能源安全的新问题与新挑战[M].北京：社会科学文献出版社，2013.

[125] 史丹，吴利学，傅晓霞，等.中国能源效率地区差异及其成因研究：基于随机前沿生产函数的方差分解[J].管理世界，2008，2：35-43.

[126] 史丹.全球能源格局变化及对中国能源安全的挑战[J].中外能源，2013，18(2)：1-7.

[127] 史丹.中国能源效率的地区差异与节能潜力分析[J].中国工业经济，2006，10：49-58.

[128] 史清琪,张于喆.国外产业国际竞争力评价理论与方法[J].宏观经济研究,2001(2):27-31.

[129] 史伟,崔源声,武夷山.2011年到2050年中国水泥需求量预测[C]//2011中国水泥技术年会暨第十三届全国水泥技术交流大会论文集,2011.

[130] 世界可持续发展工商理事会,国际能源署.水泥技术路线图2009~2050年碳减排目标(上)[J].中国水泥,2010,6:24-31.

[131] 世界可持续发展工商理事会,国际能源署.水泥技术路线图2009~2050年碳减排目标(下)[J].中国水泥,2010,7:21-28.

[132] 舒印彪,张丽英,张运洲,等.我国电力碳达峰、碳中和路径研究[J].中国工程科学,2021,23(6):1-14.

[133] 孙广生,黄祎,田海峰,等.全要素生产率、投入替代与地区间的能源效率[J].经济研究,2012,9:99-112.

[134] 孙涵,诸克军.西部矿产资源竞争力评价[J].西安科技大学学报,2008(4):808-812.

[135] 孙威,董冠鹏.基于DEA模型的中国资源型城市效率及其变化[J].地理研究,2010,29(12):2155-2165.

[136] 孙志成.各省区资源优势与资源竞争力的研究[J].江西农业大学学报(社会科学版),2009(1):104-108.

[137] 唐颖,张慧琴.基于SEM结构方程的区域科技竞争力评价模型构建[J].科学管理研究,2013,31(1):79-83.

[138] 陶晓燕.基于主成分分析的资源型城市产业转型能力评价[J].资源与产业,2013,15(2):1-5.

[139] 万会,沈镭.矿业城市发展的影响因素及可持续发展对策[J].资源科学,2015,27(1):20-25.

[140] 王春杨,李青淼.资源型城市经济转型路径研究:以山东省枣庄市为例[J].城市发展研究,2012(2):36-41.

[141] 王飞,郭颂宏,江崎光男.中国区域经济发展与劳动力流动:使用区域链接CGE模型的数量分析[J].经济学,2006,5(4):1067-1090.

[142] 王克,王灿,吕学都,等.基于LEAP的中国钢铁行业CO_2减排潜力分析[J].清华大学学报:自然科学版,2007,46(12):1982-1986.

[143] 王克.基于CGE的技术变化模拟及其在气候政策分析中的应用[M].北京:中国环境科学出版社,2011.

[144] 王其文,李善同.社会核算矩阵:原理、方法和应用[M].北京:清华大学出版社,2008.

[145] 王强,樊杰,伍世代.1990—2009年中国区域能源效率时空分异特征与成因[J].地理研究,2014,33(1):43-56.

[146] 王强,郑颖,伍世代,等.能源效率对产业结构及能源消费结构演变的响

应[J].地理学报,2011,66(6):741-749.

[147]　王素军.资源型城市理论研究述评[J].甘肃社会科学,2010(4):82-85.

[148]　魏丹青,赵建安,金迁致.水泥生产碳排放测算的国内外方法比较及借鉴[J].资源科学,2012,34(6):1152-1159.

[149]　魏一鸣,吴刚,梁巧梅,等.中国能源报告(2012):能源安全研究[M].北京:科学出版社,2012.

[150]　吴疆.从电荒形成机理剖析能源安全的长久之治[J].中国电力企业管理,2021,28:16-23.

[151]　肖劲松.宏观调控:中国资源型城市可持续发展源动力[M].北京:电子工业出版社,2014.

[152]　谢伏瞻,蔡昉,李雪松.2022年中国经济形势分析与预测[M].北京:社会科学文献出版社,2021.

[153]　谢龙.我国火力发电能耗状况研究及展望[J].通信电源技术,2016,33(1):165-166.

[154]　邢世勋.中国废钢铁产业发展现状与电炉钢展望[J]//中国金属学会,河北省冶金学会.2016年钢锭制造技术与管理研讨会论文集,2016:135-139.

[155]　徐二明,高怀.中国钢铁企业竞争力评价及其动态演变规律分析[J].中国工业经济,2004(11):40-46.

[156]　徐敏.《中国建筑能耗研究报告(2016)》发布[N].建筑时报,2016-12-08(008).

[157]　徐晓亮.资源税改革中的税率选择:一个资源CGE模型的分析[J].当代经济科学,2010,6:82-89.

[158]　徐晓亮.资源税改革能调整区域差异和节能减排吗?动态多区域CGE模型的分析[J].经济科学,2012,5:45-54.

[159]　徐莹,李瑞.基于网络分析法的第四方物流企业竞争力评价[J].江苏商论,2016(2):45-49.

[160]　薛晨,任景,马晓伟,等.面向高比例新能源消纳的西北调峰辅助服务市场机制及实践[J].中国电力,2021,54(11):19-28.

[161]　薛静静,沈镭,刘立涛,等.中国区域能源利用效率与经济水平协调发展研究[J].资源科学,2013,35(4):713-721.

[162]　薛静静.中国省域能源供给安全格局及优化机制研究[D].北京:中国科学院大学,2014.

[163]　闫军印,李彩华,栾文楼.区域矿产资源竞争力评价模型构建[J].石家庄经济学院学报,2008(6):35-47.

[164]　杨显明,焦华富,许吉黎.不同发展阶段煤炭资源型城市空间结构演化的对比研究:以淮南、淮北为例[J].自然资源学报,2015,30(1):92-105.

[165]　杨晓东,朱晓波.我国钢铁工业低碳低耗发展之路怎么走?[N].中国冶金

报，2017-05-17(002).

[166] 杨宇，刘毅.基于DEA-ESDA的中国省际能源效率及其时空分异研究[J].自然资源学报，2014，29(11)：1815-1825.

[167] 杨芷晴.基于国别比较的制造业质量竞争力评价[J].管理学报，2016，13(2)：306-314.

[168] 叶莉，陈修谦.基于旅游竞争力评价的中国与东盟国家旅游贸易互动分析[J].经济地理，2013，33(12)：177-181.

[169] 尤丽都孜·司地克，彭甲超.黑龙江矿业经济竞争力评价研究：基于10省(区)的比较[J].中国国土资源经济，2017(1)：44-48.

[170] 于萍，陈效述，马禄义.住宅建筑生命周期碳排放研究综述[J].建筑科学，2011，27(4)：9-13.

[171] 余瑞祥，成金华，刘江宜.资源竞争力的科学内涵及影响因素[J].中国地质大学学报(社会科学版)，2004，4(1)：39-42.

[172] 袁敏，康艳兵，刘强，等.2020年我国钢铁行业CO_2排放趋势和减排路径分析[J].中国能源，2012，34(7)：22-26.

[173] 张车伟，蔡翼飞.人口与劳动绿皮书：中国人口与劳动问题报告No.19[M].北京：社会科学文献出版社，2018.

[174] 张菲菲，刘刚，沈镭.中国区域经济与资源丰度相关性研究[J].中国人口·资源与环境，2007，17(4)：19-24.

[175] 张金昌.国际竞争力评价的理论与方法研究[D].北京：中国社会科学院，2001.

[176] 张静萍，张洪潮.新型城镇化视角下资源型城市战略性工业产业优选模型研究[J].工业技术经济，2014(12)：40-48.

[177] 张少杰，林红."金砖五国"服务业国际竞争力评价与比较研究[J].中国软科学，2016(1)：154-164.

[178] 张泰，王兰军，韩凤芹，等.资源型城市财政可持续发展的思考与建议：基于陕西神木的调研[J].经济研究参考，2014，55：27-43.

[179] 张同斌，宫婷.中国工业化阶段变迁、技术进步与能源效率提升：基于时变参数状态空间模型的实证分析[J].资源科学，2013，35(9)：1772-1781.

[180] 张团结，王志宏，从少平.基于产业契合度的资源型城市产业转型效果评价模型研究[J].资源与产业，2008，10(1)：1-3.

[181] 张伟，朱金艳.基于循环经济DEA模型的黑龙江省资源型城市综合评价[J].资源与产业，2012，14(1)：1-7.

[182] 张文忠，王岱，余建辉.资源型城市接续替代产业发展路径与模式研究[J].中国科学院院刊，2011，26(2)：134-141.

[183] 张文忠.分类指导 改革创新 全面推进资源型城市可持续发展：《全国资源

型城市可持续发展规划》专家解读之二[J].国土资源,2014(1):11-13.

[184] 张文忠.资源型城市规划以人为核心推进城镇化[J].北方经济,2014(1):10-12.

[185] 张晓,张希栋.CGE模型在资源环境经济学中的应用[J].城市与环境研究,2015,2:91-112.

[186] 张欣.可计算一般均衡模型的基本原理与编程[M].上海:格致出版社,上海人民出版社,2010.

[187] 张雪梅.资源型城市主导产业延伸产业链的对策分析[J].生产力研究,2011(1):161-162.

[188] 张友国,郑玉歆.中国排污费征收标准的一般均衡分析[J].数量经济技术经济研究,2005,5:3-16.

[189] 张友祥,支大林,程林.论资源型城市可持续发展应处理好的几个关系[J].经济学动态,2012(4):80-83.

[190] 张芸,张敬,张树深,等.基于层次灰关联的钢铁行业CO_2排放影响因素[J].辽宁工程技术大学学报:自然科学版,2009,28(4):656-659.

[191] 张运洲,张宁,代红才,等.中国电力系统低碳发展分析模型构建与转型路径比较[J].中国电力,2021,54(3):1-11.

[192] 赵辉.成长型资源型城市转型路径研究:以榆林市为例[J].当代经济管理,2014,36(5):57-62.

[193] 赵建安,金千致,魏丹青.我国主要工业部门技术节能减排的潜力及实现途径探讨[J].自然资源学报,2012,27(6):912-921.

[194] 赵鹏大,池顺都,刘粤湘,等.关于矿产资源竞争力评价问题[J].世界科技研究与发展,1998(6):4-8.

[195] 赵晏强,李小春,李桂菊.中国钢铁行业CO_2排放现状及点源分布特征[J].钢铁研究学报,2012,24(5):1-9.

[196] 赵永,王劲峰.经济分析CGE模型与应用[M].北京:中国经济出版社,2008.

[197] 赵建安,钟帅,沈镭.中国主要耗能行业技术进步对节能减排的影响与展望[J].资源科学,2017,39(12):2211-2222.

[198] 智研咨询.2016年全球发电量与装机规模分析[EB/OL].2016-09-28.http://www.chyxx.com/industry/201609/452723.html.

[199] 钟帅,沈镭,赵建安,等.国际能源价格波动与中国碳税政策的协同模拟分析[J].资源科学,2017,39(12):2310-2322.

[200] 中国电力企业联合会规划发展部.2016年全国电力工业统计快报[EB/OL].2017-01-20.http://www.cec.org.cn/guihuayutongji/tongjxinxi/niandushuju/2017-01-20/164007.html.

[201] 中国钢铁工业协会.中国钢铁工业发展报告(2016年版)[R].2016.

[202] 中国钢铁工业协会化解过剩产能工作组. 如何看待中国2016年化解钢铁过剩产能?[N]. 中国冶金报, 2017-03-03(001).

[203] 中国经济网. 2012全球碳计划报告: 中国人均碳排放量远低于美国[EB/OL]. 2012-12-03. http://www.ce.cn/cysc/newmain/yc/jsxw/201212/03/t20121203_21295830.shtml.

[204] 中国水泥协会. 2016年新点火水泥熟料线19条, 产能2558万吨[EB/OL]. 2017-01-03. http://www.dcement.com/Article/201701/134849152578.html.

[205] 中国水泥协会. 水泥工业"十三五"发展规划[EB/OL]. 2017-06-06. http://www.dcement.com/article/201706/156671.html.

[206] 中投顾问产业研究中心. 全球水泥产量规模状况分析[EB/OL]. 2016-12-09. http://www.cbminfo.com/BMI/sn/469673/469675/6535083/index.html.

[207] 朱胜清, 曹卫东, 罗健, 等. 我国能源效率与产业结构演变响应的区域差异研究[J]. 人文地理, 2013, 28(6): 118-125.

[208] 住房和城乡建设部. 建筑节能与绿色建筑发展"十三五"规划[EB/OL]. 2017-03-01. http://pwww.mohurd.gov.cnwjfb201703W020170314100832.pdf.

[209] ANG S W, CHOONG W L, NG T S. Energy security: Definitions, dimensions and indexes[J]. Renewable & Sustainable Energy Reviews, 2015, 42: 1077-1093.

[210] ARBABZADEH M, SIOSHANSI R, JOHNSON J X, et al. The role of energy storage in deep decarbonization of electricity production[J]. Nat Commun., 2019, 10: 1.

[211] ASIA PACIFIC ENERGY RESEARCH CENTRE (APERC). A quest for energy security in the 21st century [EB/OL]. Institute of energy economics, Japan, 2007.

[212] BALLANTYNE A P, ALDEN C B, MILLER J B, et al. Increase in observed net carbon dioxide uptake by land and oceans during the past 50 years [J]. Nature, 2012, 488(7409): 70-72.

[213] BAO Q, TANG L, ZHANG Z, et al. Impacts of border carbon adjustments on China's sectoral emissions: Simulations with a dynamic computable general equilibrium model[J]. China Economic Review, 2013, 24: 77-94.

[214] BOUCHER O, BELLASSEN V, BENVENISTEC H, et al. In the wake of Paris Agreement, scientists must emBRENT new directions for climate change research[J]. Proceedings of the National Academy of Sciences of the United States of America, 2016, 113(27): 7287-7290.

[215] BP. Statistical Review of World Energy[EB/OL]. 2016. http://www.bp.com/en/global/corporate/energy—economics/statistical—review—of—world—energy.html.

[216] BRUNINX K, DELARUE E. A statistical description of the error on wind power forecasts for probabilistic reserve sizing[J]. IEEE Trans. Sustain. Energy, 2014, 5: 995-1002.

[217] BURFISHER M E. Introduction to computable general equilibrium models [M]. New York: Cambridge University Press, 2011.

[218] CAO W S, BLUTH C. Challenges and countermeasures of China's energy security[J]. Energy Policy, 2013, 53: 381-388.

[219] CARRARO C, GERLAGH R, VAN DER ZWAAN B. Endogenous technical change in environmental macroeconomics[J]. Resource and Energy Economics, 2003, 25(1): 1-10.

[220] CHALVATZIS K J, RUBEl K. Electricity portfolio innovation for energy security: The case of carbon constrained China[J]. Technological Forecasting and Social Change, 2015, 100: 267-276.

[221] CHEN W, HONG J, XU C. Pollutants generated by cement production in China, their impacts, and the potential for environmental improvement[J]. Journal of Cleaner Production, 2014, 103: 61-69.

[222] CHERP A, JEWELL J. The concept of energy security: Beyond the four As[J]. Energy Policy, 2014, 75: 415-421.

[223] CHERP A, VINICHENKO V, TOSUN J, et al. National growth dynamics of wind and solar power compared to the growth required for global climate targets[J]. Nat. Energy 2021, 6: 742-754.

[224] CIAIS P, GASSER T, PARIS J D, et al. Attributing the increase in atmospheric CO_2 to emitters and absorbers[J]. Nature Climate Change, 2013, 3 (10): 926-930.

[225] DEANGELO J, AZEVEDO I, BISTLINE J, et al. Energy systems in scenarios at net-zero CO_2 emissions[J]. Nat Commun., 2021, 12: 6096.

[226] DEESE D, NYE J. Energy and security [M]. Cambridge: Ballinger Publishing Co., 1988: 5.

[227] DELLINK R, HOFKES M, VAN IERLAND E, et al. Dynamic modelling of pollution abatement in a CGE framework[J]. Economic Modelling, 2004, 21(6): 965-989.

[228] DIXON P B. Evidence-based trade policy decision making in australia and the development of computable general equilibrium modelling[R]. Monash university, centre of policy studies and the impact project, 2006.

[229] DIXON P B, PARMENTER B R. Computable general equilibrium modelling for policy analysis and forecasting [J]. Handbook of computational economics, 1996, 1: 3-85.

［230］ DIXON P B, RIMMER M T. Dynamic general equilibrium modelling for forecasting and policy［M］. WA, UK: Emerald Group Publishing Limited, 2002.

［231］ DONG Y, ISHIKAWA M, HAGIWARA T. Economic and environmental impact analysis of carbon triffs on Chinese exports［J］. Energy Economics, 2015, 50: 80–95.

［232］ DRECHSLER M, EGERER J, LANGE M, et al. Efficient and equitable spatial allocation of renewable power plants at the country scale［J］. Nat. Energy, 2017, 6: 17124.

［233］ FAN J, WANG Q, SUN W. The failure of China's Energy Development Strategy 2050 and its impact on carbon emissions［J］. Renewable & Sustainable Energy Reviews, 2015, 49: 1160–1170.

［234］ FRANCES G E, MARIN－QUEMADA J M, GONZALEZ E S M. RES and risk: Renewable energy's contribution to energy security. A portfolio－based approach［J］. Renewable & Sustainable Energy Reviews, 2013, 26: 549–559.

［235］ FROGGATT A. The climate and energy security implications of coal demand and supply in Asia and Europe［J］. Asia Europe Journal, 2013, 11 (3): 285–303.

［236］ GALLAGHER KS, ZHANG F, ORVIs R, et al. Assessing the Policy gaps for achieving China's climate targets in the Paris Agreement［J］. Nat. Commun. 2019, 10: 1256.

［237］ GAO T, SHEN L, SHEN M, et al. Analysis on differences of carbon dioxide emission from cement production and their major determinants［J］. Journal of Cleaner Production, 2015, 103: 160–170.

［238］ GRUBERT E. Fossil electricity retirement deadlines for a just transition［J］. Science, 2020, 370: 1171–1173.

［239］ GU J J, GUO P, HUANG G H, et al. Optimization of the industrial structure facing sustainable development in resource－based city subjected to water resources under uncertainty［J］. Stochastic Environmental Research and Risk Assessment, 2013, 27(3): 659–673.

［240］ HASANBEIGI A, JIANG Z, PRICE L. Retrospective and prospective analysis of the trends of energy use in Chinese iron and steel industry［J］. Journal of Cleaner Production, 2014, 74: 105–118.

［241］ HASANBEIGI A, MORROW W, SATHAYE J, et al. A bottom－up model to estimate the energy efficiency improvement and CO^2 emission reduction potentials in the Chinese iron and steel industry［J］. Energy, 2013,

50：315–325.

[242] HASANBEIGI A, PRICE L, LIN E. Emerging energy—efficiency and CO² emission—reduction technologies for cement and concrete production：A technical review[J]. Renewable and Sustainable Energy Reviews, 2012, 16 (8)：6220–6238.

[243] HERTEL T W. Global trade analysis：Modeling and applications[R]. New York：Cambridge University Press, 1997.

[244] HOAG H. Low—carbon electricity for 2030[J]. Nat. Clim. Chang, 2011, 1：233–235.

[245] HÖÖK M, TANG X. Depletion of fossil fuels and anthropogenic climate change：A review[J]. Energy Policy, 2013, 52：797–809.

[246] HOSOE N, GASAWA K, HASHIMOTO H. Textbook of computable general equilibrium modelling[M]. New York：Palgrave Macmillan, 2010.

[247] HORRIDGE M, Madden J, Wittwer G. The impact of the 2002—2003 drought on Australia [J]. Journal of Policy Modeling, 2005, 27(3)：285–308.

[248] HUSILLOS RODRÍGUEZ N, MARTÍNEZ-RAMÍREZ S, BLANCO-VARELA M T, et al. The effect of using thermally dried sewage sludge as an alternative fuel on Portland cement clinker production [J]. Journal of Cleaner Production, 2013, 52：94–102.

[249] JEWELL J, VINICHENKO V, MCCOLLUM D, et al. Comparison and interactions between the long-term pursuit of energy independence and climate policies[J]. Nature Energy, 2016, 1(6)：1–9.

[250] JING Z, LI M, XU H, et al. Qualitative and quantitative evaluation of the security degree for chinese iron and steel industry[J]. Springer Berlin Heidelberg, 2012：1223–1227.

[251] JORGENSON A K. Economic development and the carbon intensity of human well-being[J]. Nature Climate Change, 2014, 4(3)：186–189.

[252] KING M D, GULLEDGE J. Climate change and energy security：An analysis of policy research[J]. Climatic Change, 2014, 123(1)：57–68.

[253] LEFEVRE N. Measuring the energy security implications of fossil fuel resource concentration[J]. Energy Policy, 2010, 38(4)：1635–1644.

[254] LI H, LONG R, CHEN H. Economic transition policies in Chinese resource-based cities：An overview of government efforts [J]. Energy Policy, 2013, 55(1)：251–260.

[255] LI M J, CHEN G P, DONG C, et al. Research on Power Balance of High Proportion Renewable Energy System [J]. Power Syst. Technol., 2019, 43：3979–3986.

［256］ LI W, LI H, SUN S. China's Low-Carbon Scenario Analysis of CO_2 Mitigation Measures towards 2050 Using a Hybrid AIM/CGE Model［J］. Energies, 2015, 8(5): 3529–3555.

［257］ LIAO H, TANG X, WEI Y M. Solid fuel use in rural China and its health effects［J］. Renewable & Sustainable Energy Reviews, 2016, 60: 900–908.

［258］ LIN B Q, DU K R. Technology gap and China's regional energy efficiency: A parametric metafrontier approach［J］. Energy Economics, 2013, 40: 529–536.

［259］ LIN B Q, LIU X. Dilemma between economic development and energy conservation: Energy rebound effect in China［J］. Energy, 2012, 45(1): 867–873.

［260］ LIU Y, ZHUANG X. Economic Evaluation and Compensation Mechanism of Coal resource-based cities in China ［J］. Energy Procedia, 2011, 5: 2142–2146.

［261］ LONG R, CHEN H, LI H, et al. Selecting alternative industries for Chinese resource cities based on intra and inter-regional comparative advantages ［J］. Energy Policy, 2013, 57(11): 82–88.

［262］ LU W, SU M, ZHANG Y, et al. Assessment of energy security in China based on ecological network analysis: A perspective from the security of crude oil supply［J］. Energy Policy, 2014, 74(9): 406–413.

［263］ LUIS R G, DAVID B, LUIS F M, et al. Long-term electricity supply and demand forecast (2018—2040): A LEAP model application towards a sustainable power generation system in Ecuador［J］. Sustainability, 2019, 11: 5316.

［264］ MA X M, DUAN Y, ZHOU J P, et al. Research on the Carbon Mitigation Path of Power Sector in Shenzhen［J］. Ecol. Econ., 2018, 34: 24–29.

［265］ MAULL H. Raw materials, energy and Western security ［M］. London: The Macmillan Press, 1984.

［266］ MICHAL M, PHILIP A S. China's power crisis: Long-term goals meet short-term realities［J］. Oies Energy Comment, 2021, 39: 1330–1337.

［267］ MIRJAT N H, UQAILI M A, HARIJAN K, et al. Long-term electricity demand forecast and supply side scenarios for pakistan (2015—2050): A LEAP Model Application for Policy Analysis［J］. Energy, 2018, 165: 512–526.

［268］ MORRIS J, PALTSEV S, REILLY J. Marginal abatement costs and marginal welfare costs for greenhouse gas emissions reductions: Results from the EPPA model［J］. Environmental Modeling and Assessment, 2012, 17(4): 325–336.

［269］ MOTLAGH S S, PANAHI M, HEMMASI A H, et al. A techno-economic and environmental assessment of low-carbon development policies in

Iran's thermal power generation sector[J]. Int. J. Environ. Sci. Technol., 2021: 1–16.

[270] MULHALL R A, BRYSON J R. Energy price risk and the sustainability of demand side supply chains[J]. Applied Energy, 2014, 123: 327–334.

[271] NEL W P, COOPER C J. Implications of fossil fuel constraints on economic growth and global warming[J]. Energy Policy, 2009, 37(1): 166–180.

[272] NIJKAMP P, WANG S, KREMERS H. Modeling the impacts of international climate change policies in a CGE context: The use of the GTAP-E model[J]. Economic Modelling, 2005, 22(6): 955–974.

[273] ODGAARD O, DELMAN J. China's energy security and its challenges towards 2035[J]. Energy Policy, 2014, 71(3): 107–117.

[274] OU P, HUANG R T, YAO X. Economic Impacts of Power Shortage[J]. Sustainability, 2016, 8: 687.

[275] PARRY I W H, SMALL K A. Does Britain or the United States have the right gasoline tax?[J]. American Economic Review, 2005, 95(4): 1276–1289.

[276] PATTERSON M G. What is energy efficiency? Concepts, indicators and methodological issues[J]. Energy Policy, 1996, 24(5): 377–390.

[277] QI Y, STERN N, WU T, et al. China's post-coal growth[J]. Nature Geosci, 2016, 9(8): 564–566.

[278] QIN C, BRESSERS H T, SU Z B, et al. Assessing economic impacts of China's water pollution mitigation measures through a dynamic computable general equilibrium analysis[J]. Environmental Research Letters, 2011, 6(4): 044026.

[279] REN Q. Circular economy action programs and countermeasures for small and medium-sized resource-based cities of china case study of Zibo city of Shandong province [J]. Energy Procedia, 2011, 5: 2183–2188.

[280] ROGELJ J, DEN ELZEN M, HOHNE N, et al. Paris Agreement climate proposals need a boost to keep warming well below 2 degrees C[J]. Nature, 2016, 534(7609): 631–639.

[281] RYAN C D, LI B, LANGFORD C H. Innovative workers in relation to the city: The case of a natural resource-based centre (Calgary) [J]. City, Culture and Society, 2011, 2: 45–54.

[282] SANDBERG N H, BERGSDAL H, BERGSDAL H. Historical energy analysis of the Norwegian dwelling stock[J]. Building Research & Information, 2011, 39(1): 1–15.

[283] SANDBERG N H, BRATTEBØ H. Analysis of energy and carbon flows

in the future Norwegian dwelling stock [J]. Building Research & Information, 2012, 40(2): 123–139.

[284] SENEVIRATNE S I, DONAT M G, PITMAN A J, et al. Allowable CO_2 emissions based on regional and impact related climate targets[J]. Nature, 2016, 529(7587): 477–483.

[285] SHAN B G. Analysis on the causes of global energy and power shortage in 2021 and its enlightenment to China[J]. China Energy News, 2022, 2: 12.

[286] SHEN L, HUDSON R. Towards sustainable mining cities: What policies should be sought and experiences could be learnt for China?[J] The Journal of Chinese Geography, 1999, 9(3): 207–227.

[287] SHEN L, CHENG S, GUNSON A J, et al. Urbanization, sustainability and the utilization of energy and mineral resources in China[J]. Cities. 2005, 22(4): 287–302.

[288] SHEN L, GAO T M, ZHAO J N, et al. Factory–level measurements on CO_2 emission factors of cement production in China[J]. Renewable & Sustainable Energy Reviews, 2014, 34: 337–349.

[289] SHEN L, GAO T M, CHENG X. China's coal policy since 1979: A brief overview[J]. Energy Policy, 2012, 40(10): 274–281.

[290] SHEN L, LIU L T, YAO Z J, et al. Development potentials and policy options of biomass in China[J]. Environmental Management, 2010, 46(4): 539–554.

[291] SHEN L, SUN Y P. Review on carbon emissions, energy consumption and low–carbon economy in China from a perspective of global climate change [J]. Journal of Geographical Sciences, 2016, 26(7): 855–870.

[292] SHI X P, SUN Y P, SHEN Y F. China's ambitious energy transition plans [J]. Science, 2021, 373(6551): 170.

[293] SOEST H, ELZEN M, VUUREN D. Net–zero emission targets for major emitting countries consistent with the Paris Agreement[J]. Nat. Commun. 2021, 12(1): 2140.

[294] SOIMAKALLIO S, SAIKKU L. CO_2 emissions attributed to annual average electricity consumption in OECD (the Organisation for Economic Co–operation and Development) countries[J]. Energy, 2012, 38(1): 13–20.

[295] SUN J W. Changes in energy consumption and energy intensity: A complete decomposition model[J]. Energy Economics, 1998, 20(1): 85–100.

[296] THOMSON E. Power shortages in China: Why?[J] China Int. J., 2011, 3: 155–171.

[297] TONG D, FARNHAM D J, Duan L, et al. Geophysical constraints on the

reliability of solar and wind power worldwide[J]. Nat. Commun. 2021, 12: 6146.

[298] UMBACH F. Global energy security and the implications for the EU[J]. Energy Policy, 2010, 38(3): 1229–1240.

[299] UNDP. World population prospects: The 2015 revision, methodology of the United Nations Population Estimates and Projections, working paper No. ESA/P/WP.242, 2015.

[300] VALDERRAMA C, GRANADOS R, CORTINA J L, et al. Implementation of best available techniques in cement manufacturing: A life−cycle assessment study[J]. Journal of Cleaner Production, 2012, 25: 60–67.

[301] VAN DER MENSBRUGGHE D. Linkage technical reference document: Version 6.0. Development Prospects Group (DECPG) [R]. The World Bank, 2005.

[302] VATOPOULOS K, TZIMAS E. Assessment of CO_2 capture technologies in cement manufacturing process[J]. Journal of cleaner production, 2012, 32: 251–261.

[303] VEERS P, DYKES K, LANTZ E, et al. Grand challenges in the science of wind energy[J]. Science, 2019, 366: 443.

[304] VOGLER J. Changing conceptions of climate and energy security in Europe [J]. Environmental Politics, 2013, 22(4): 627–645.

[305] WANG B, WANG L, ZHONG S, et al. Low−carbon transformation of electric system against power shortage in China: Policy optimization[J]. Energies, 2022, 15(4): 1574.

[306] WANG C. Decoupling analysis of China economic growth and energy Consumption [J]. China Population, Resources and Environment, 2010, 20 (3): 35–37.

[307] WANG J, REDONDO N E, GALIANA F D. Demand−side reserve offers in joint energy/reserve electricity markets[J]. IEEE Trans. Power Syst., 2003, 18: 1300–1306.

[308] WANG K, WANG C, CHEN J N. Analysis of the economic impact of different Chinese climate policy options based on a CGE model incorporating endogenous technological change [J]. Energy Policy, 2009, 37(8): 2930–2940.

[309] WANG W S, LIN W F, HE G Q, et al. Enlightenment of 2021 Texas blackout to the renewable energy development in China[J]. Proc. CSEE, 2021, 41: 4033–4042.

[310] WANG Z, ZHU Y, ZHU Y, et al. Energy structure change and carbon emission trends in China[J]. Energy, 2016, 115: 369–377.

［311］ WANG B J, ZHOU M, JI F. Analyzing on the selecting behavior of mining cities' industrial transition based on the viewpoint of sustainable development: a perspective of evolutionary game［J］. Procedia Earth and Planetary Science, 2009, 1: 1647–1653.

［312］ WEN Z, MENG F, CHEN M. Estimates of the potential for energy conservation and CO2 emissions mitigation based on Asian–Pacific integrated model（AIM）: the case of the iron and steel industry in China［J］. Journal of Cleaner Production, 2014, 65: 120–130.

［313］ WILLRICH M. Energy and world politics［M］. New York: The Free Press, 1975: 1–69.

［314］ WINDARTA J, PURWANGGONO B, HIDAYANTO F, et al. Application of LEAP model on long–term electricity demand forecasting in Indonesia, period 2010—2025［J］. In Proceedings of the SHS Web of Conferences, Gda'nsk, Poland, 2018:49.

［315］ WOODWARD R, DUFFY N. Cement and concrete flow analysis in a rapidly expanding economy: Ireland as a case study［J］. Resources, Conservation and Recycling, 2011, 55(4): 448–455.

［316］ WU J, WANG Z, ZHU Q T, et al. Forecast on china's energy consumption and carbon emissions driven by micro innovation［J］. Complex Syst. Complex. Sci., 2016, 13: 68–79.

［317］ WU K. China's energy security: Oil and gas［J］. Energy Policy, 2014, 73(6): 4–11.

［318］ WU M, JIA F R, WANG L, et al. Evaluation of ecological pressure for the resource–based and heavy industrial city: A case study of Fushun, China［J］. Procedia Environmental Science, 2012, 13: 1165–1169.

［319］ XIE L. Research on the developmental level evaluation of low–carbon economy for the resource–based city with 2–tuple linguistic information［J］. Journal of Convergence Information Technology. 2012, 7(17): 133–139.

［320］ XU G, SCHWARZ P, Yang H. Adjusting energy consumption structure to achieve China's CO_2 emissions peak［J］. Renew. Sustain. Energy Rev., 2020, 122: 109737.

［321］ YAN R, MASOOD N A, SAHA T K, et al. The anatomy of the 2016 South Australia blackout: A catastrophic event in a high renewable network［J］. IEEE Trans. Power Syst., 2018, 33: 5374–5388.

［322］ YANG F, ZHANG D Z, SUN C W. China's regional balanced development based on the investment in power grid infrastructure. Renewable & Sustainable Energy Reviews, 2016, 53: 1549–1557.

[323] YAO X, ZHOU H C, ZHANG A Z, et al. Regional energy efficiency, carbon emission performance and technology gaps in China: A meta-frontier non-radial directional distance function analysis[J]. Energy Policy, 2015, 84: 142-154.

[324] YAO L, CHANG Y. Shaping China's energy security: The impact of domestic reforms[J]. Energy Policy, 2015, 77(11): 131-139.

[325] ZENG M, SONG X, LI L Y, et al. China's large-scale power shortages of 2004 and 2011 after the electricity market reforms of 2002: Explanations and differences[J]. Energy Policy, 2013, 61: 610-618.

[326] ZHANG N, KONG F B, YU Y N. Measuring ecological total-factor energy efficiency incorporating regional heterogeneities in China[J]. Ecological indicators, 2015, 51: 165-172.

[327] ZHANG Z X. The overseas acquisitions and equity oil shares of Chinese national oil companies: A threat to the West but a boost to China's energy security?[J]. Energy Policy, 2012, 48: 698-701.

[328] ZHONG S, OKIYAMA M, TOKUNAGA S. Impact of Natural Hazards on Agricultural Economy and Food Production in China: Based on a General Equilibrium Analysis[J]. Journal of Sustainable Development, 2014, 7 (2): 45-69.

[329] ZOU C, XIONG B, XUE H, et al. The role of new energy in carbon neutral[J]. Pet. Explor. Dev. 2021, 48: 480-491.

附　录
可用的中国CGE基础模型(BEGIN)

CGE模型在关注资源经济与政策相关领域已经得到了广泛应用,即立足于经济学视角,面向多种发展目标,探索多种资源利用及其相互关联的优化配置模式,并通过比较分析选择最优化策略,也使CGE模型成为一种"制式"模型。

现有的CGE模型教材呈现两种类型及相应内容倾向:一种是基础入门教材,面向新入门或希望入门的学生,主要内容是解释CGE模型的经济学基础,并提供简单CGE模型和标准CGE模型的基本框架及软件代码,如Hosoe等的 *Textbook of Computable General Equilibrium Modelling* 和张欣的《可计算一般均衡模型的基本原理与编程》;另一种是基于实证经济分析和政策需求应用的复杂CGE模型,面向具备一定建模基础或经验的学生或专业科研人员,主要内容是针对能源、水或环境等具体问题,实现了CGE模型多方面的模块化或系统化扩展,如邓祥征的《环境CGE模型及应用》,以及本书构建的PLANER模型和BRACE模型。

然而,这两种倾向对于那些已经完成CGE入门学习但又缺乏实证建模训练的学生而言形成了一种挑战,即从教材CGE模型扩展到实证CGE模型存在一定难度的跨越,而这个跨越过程是否顺利,取决于学生本人对于CGE模型相关基础理论的掌握程度、相关编程技能的熟悉程度、目标实证模型的理解程度等因素。从笔者培养多个学生的经验出发,如果在这个过程中,能够获取并演练面向真实世界的CGE基础模型,如在此提供的"可用的中国CGE基础模型"(BEGIN),或将非常有益于这个跨越的快速实现。学生只要再花费一定时间学习演练这个基础模型,就能直接在这个模型上根据自身研究需要进行相关研究扩展和情景模拟研究。

在此以BEGIN模型为例,学习演练包括以下三部分内容。

(1) 理解BEGIN模型的理论框架,即假设条件、全部公式和公式之间的相互关系,参见下文的A1~A3部分。

(2) 熟悉BEGIN模型在GAMS程序的建模结构与过程,参见下文的A4~A6部分。

(3) 领会BEGIN模型的基本验证过程,为进一步扩展做准备,参见下文的A7部分。

笔者已经陆续培养了多位学生在BEGIN模型的训练。这些学生都在较短时间内完成了针对具体研究问题的扩展。如读者在实际训练或应用过程中发现问题或错误，请与笔者联系。BEGIN模型构建过程参考了ECOMOD Network（https://ecomod.net/）的建模范式。

A1 BEGIN静态模型的基本结构

BEGIN模型遵循CGE模型的基本理论及结构，具体可参考章节3.1，基本假设与PLANER模型一致，可参考章节3.4.1。模型的基础数据是中国社会核算矩阵2007（CHISAM2007）。其中，CHISAM2007构建过程参考了赵永、王劲峰、王其文、李善同的方法和要求，数据来源于《2007年中国投入产出表》《中国统计年鉴2008》《中国能源统计年鉴2008》《中国财政年鉴2008》《中国劳动年鉴2008》，以及国家统计局网站"国家数据"（data.statas.cn）和中国知网主管的"中国社会经济统计数据库"（data.cnki.net），在此不作赘述。

BEGIN静态模型包括生产、国际贸易、居民与企业、投资与储蓄、政府、市场平衡等6个模块，如A1.1~A1.6所示。

A1.1 生产模块

农业部门中劳动与资本以Cobb–Douglas形式组成增加值。

1）资本需求

$$K_{\text{prima}} = \beta_{\text{FK}_{\text{prima}}} \times P_{\text{VA}_{\text{prima}}} \times \text{VA}_{\text{prima}} / P_K \tag{1}$$

2）劳动需求

$$L_{\text{prima}} = \beta_{\text{FL}_{\text{prima}}} \times P_{\text{VA}_{\text{prima}}} \times \text{VA}_{\text{prima}} / P_L \tag{2}$$

3）增加值需求

$$\text{VA}_{\text{prima}} = b_{F_{\text{prima}}} \times \left(K_{\text{prima}}^{\beta_{\text{FK}_{\text{prima}}}} \times L_{\text{prima}}^{\beta_{\text{FL}_{\text{prima}}}} \right) \tag{3}$$

非农部门中劳动与资本以CES形式组成增加值。

1）资本需求

$$K_{\text{inse}} = \left(\frac{\text{VA}_{\text{inse}}}{\alpha_{F_{\text{inse}}}} \right) \times \left(\frac{1 - \gamma_{F_{\text{inse}}}}{P_K} \right)^{\sigma_{F_{\text{inse}}}} \times \left(\begin{array}{c} \gamma_{F_{\text{inse}}}^{\sigma_{F_{\text{inse}}}} \times P_L^{(1-\sigma_{\text{inse}})} \\ + (1 - \gamma_{F_{\text{inse}}})^{\sigma_{F_{\text{inse}}}} \times P_K^{(1-\sigma_{\text{inse}})} \end{array} \right)^{\frac{\sigma_{F_{\text{inse}}}}{(1-\sigma_{F_{\text{inse}}})}} \tag{4}$$

2）劳动力需求

$$L_{\text{inse}} = \left(\frac{\text{VA}_{\text{inse}}}{\alpha_{F_{\text{inse}}}} \right) \times \left(\frac{\gamma_{F_{\text{inse}}}}{P_L} \right)^{\sigma_{F_{\text{inse}}}} \times \left(\begin{array}{c} \gamma_{F_{\text{inse}}}^{\sigma_{F_{\text{inse}}}} \times P_L^{(1-\sigma_{\text{inse}})} \\ + (1 - \gamma_{F_{\text{inse}}})^{\sigma_{F_{\text{inse}}}} \times P_K^{(1-\sigma_{\text{inse}})} \end{array} \right)^{\frac{\sigma_{F_{\text{inse}}}}{(1-\sigma_{F_{\text{inse}}})}} \tag{5}$$

3）零利润条件

$$P_{\text{VA}_{\text{inse}}} \times \text{VA}_{\text{inse}} = P_L \times L_{\text{inse}} + P_K \times K_{\text{inse}} \tag{6}$$

增加值与中间投入以Leontief形式组成产出。

1)中间投入需求

$$IO_{sec,secc} = iio_{sec,secc} \times X_{D_{secc}} \tag{7}$$

2)农业部门增加值需求

$$VA_{prima} = iva_{prima} \times X_{D_{prima}} \tag{8}$$

3)非农部门增加值需求

$$VA_{inse} = iva_{inse} \times X_{D_{inse}} \tag{9}$$

4)农业部门中生产者价格与增加值价格及其他中间投入价格的关系

$$P_{D_{prima}} = iva_{prima} \times P_{VA_{prima}} \times (1 + tva_{prima}) + \sum_{sec} P_{sec} \times iio_{sec,prima} \tag{10}$$

5)非农部门的零利润条件

$$P_{D_{inse}} = iva_{inse} \times P_{VA_{inse}} \times (1 + tva_{inse}) + \sum_{sec} P_{sec} \times iio_{sec,inse} \tag{11}$$

A1.2 国际贸易模块

1)服从Armington函数的进口需求

$$M_{sec} = \left(\frac{X_{sec}}{\alpha_{A_{sec}}}\right) \times \left(\frac{\gamma_{A_{sec}}}{P_{M_{sec}}}\right)^{\sigma_{A_{sec}}} \times \left(\begin{array}{c} \gamma_{A_{sec}}^{\sigma_{A_{sec}}} \times P_{M_{sec}}^{(1-\sigma_{A_{sec}})} \\ +(1-\gamma_{A_{sec}})^{\sigma_{A_{sec}}} \times P_{DD_{sec}}^{(1-\sigma_{A_{sec}})} \end{array}\right)^{\frac{\sigma_{A_{sec}}}{(1-\sigma_{A_{sec}})}} \tag{12}$$

2)服从Armington函数的本地产出需求

$$X_{DD_{sec}} = \left(\frac{X_{sec}}{\alpha_{A_{sec}}}\right) \times \left(\frac{1-\gamma_{A_{sec}}}{P_{DD_{sec}}}\right)^{\sigma_{A_{sec}}} \times \left(\begin{array}{c} \gamma_{A_{sec}}^{\sigma_{A_{sec}}} \times P_{M_{sec}}^{(1-\sigma_{A_{sec}})} \\ +(1-\gamma_{A_{sec}})^{\sigma_{A_{sec}}} \times P_{DD_{sec}}^{(1-\sigma_{A_{sec}})} \end{array}\right)^{\frac{\sigma_{A_{sec}}}{(1-\sigma_{A_{sec}})}} \tag{13}$$

3)Armington函数的零利润条件

$$P_{sec} \times X_{sec} = P_{M_{sec}} \times M_{sec} + P_{DD_{sec}} \times X_{DD_{sec}} \tag{14}$$

4)服从CET函数的出口需求

$$E_{sec} = \left(\frac{X_{D_{sec}}}{\alpha_{T_{sec}}}\right) \times \left(\frac{1-\gamma_{T_{sec}}}{P_{E_{sec}}}\right)^{\sigma_{T_{sec}}} \times \left(\begin{array}{c} (1-\gamma_{T_{sec}})^{\sigma_{T_{sec}}} \times P_{E_{sec}}^{(1-\sigma_{T_{sec}})} \\ +\gamma_{T_{sec}}^{\sigma_{T_{sec}}} \times P_{DD_{sec}}^{(1-\sigma_{T_{sec}})} \end{array}\right)^{\frac{\sigma_{T_{sec}}}{(1-\sigma_{T_{sec}})}} \tag{15}$$

5)服从CET函数的本地产品需求

$$X_{DD_{sec}} = \left(\frac{X_{D_{sec}}}{\alpha_{T_{sec}}}\right) \times \left(\frac{\gamma_{T_{sec}}}{P_{DD_{sec}}}\right)^{\sigma_{T_{sec}}} \times \left(\begin{array}{c} (1-\gamma_{T_{sec}})^{\sigma_{T_{sec}}} \times P_{E_{sec}}^{(1-\sigma_{T_{sec}})} \\ +\gamma_{T_{sec}}^{\sigma_{T_{sec}}} \times P_{DD_{sec}}^{(1-\sigma_{T_{sec}})} \end{array}\right)^{\frac{\sigma_{T_{sec}}}{(1-\sigma_{T_{sec}})}} \tag{16}$$

6)CET函数的零利润条件

$$P_{D_{sec}} \times X_{D_{sec}} = P_{E_{sec}} \times E_{sec} + P_{DD_{sec}} \times X_{DD_{sec}} \tag{17}$$

7)进口价格

$$P_{M_{sec}} = (1 + tm_{sec}) \times ER \times \overline{p_{wmz_{sec}}} \tag{18}$$

8)出口价格

$$P_{E_{sec}} = ER \times \overline{p_{wez_{sec}}} \tag{19}$$

A1.3　居民与企业模块

1）居民其他商品消费

$$P_{\text{sec}} \times C_{\text{sec,hou}} = P_{\text{sec}} \times \text{mu}_{H_{\text{sec,hou}}} + \alpha_{\text{HLES}_{\text{sec,hou}}} \times \left[\text{CBUD}_{\text{hou}} - \sum_{\text{nce}} \text{mu}_{H_{\text{sec,hou}}} \times P_{\text{sec}} \right] \quad (20)$$

2）居民与企业储蓄

$$\text{SP}_{\text{insdng}} = \text{mps}_{\text{insdng}} \times (1 - \text{ty}_{\text{insdng}}) \times Y_{\text{insdng}} \quad (21)$$

3）居民与企业收入

$$Y_{\text{insdng}} = \left(\sum_{\text{sec}} P_K \times K_{\text{sec}} - \text{ER} \times \overline{\text{KSRW}} \right) \times \text{shareKS}_{\text{insdng}} \quad (22)$$

$$+ P_L \times \text{LS}_{\text{insdng}} + \text{ER} \times \overline{\text{NFD}}_{\text{insdng}} + \text{PCINDEX} \times (\text{TRI}_{\text{insdng,"GOV"}} + \text{TRI}_{\text{insdng,"ENT"}})$$

4）居民总消费

$$\text{CBUD}_{\text{hou}} = (1 - \text{ty}_{\text{hou}}) \times Y_{\text{hou}} - \text{SP}_{\text{hou}} - \text{TRI}_{\text{"GOV",hou}} \quad (23)$$

5）居民福利等价变化（equivalent variations，EV）

$$\text{PLES}_{\text{hou}} = \prod_{\text{sec}} P_{\text{sec}}^{\alpha_{\text{HLES}_{\text{sec,hou}}}} \quad (24)$$

$$\text{PLES\_10}_{\text{hou}} = \text{PLES}_{\text{hou}} / \text{PLESZ}_{\text{hou}} \quad (25)$$

$$\text{SI}_{\text{hou}} = \text{CBUD}_{\text{hou}} - P_{\text{sec}} \times \mu_{H_{\text{sec,hou}}} \quad (26)$$

$$\text{EV}_{\text{hou}} = \text{SI}_{\text{hou}} / \text{PLES\_10}_{\text{hou}} - \text{SIZ}_{\text{hou}} \quad (27)$$

$$\text{CV}_{\text{hou}} = \text{SI}_{\text{hou}} - \text{SIZ}_{\text{hou}} \times \text{PLES\_10}_{\text{hou}} \quad (28)$$

A1.4　投资与储蓄

1）总储蓄

$$S = \sum_{\text{insdng}} \text{SP}_{\text{insdng}} + \text{SG} + \text{ER} \times \overline{\text{SF}} \quad (29)$$

2）银行的部门投资

$$P_{\text{sec}} \times I_{\text{sec}} = \alpha_{I_{\text{sec}}} \times S \quad (30)$$

A1.5　政府模块

1）政府储蓄

$$\text{SG} = \text{mpg} \times \text{TAXR} \quad (31)$$

2）政府投资收益

$$\text{IG} = \alpha_{\text{IG}} \times S \quad (32)$$

3）政府消费

$$P_{\text{sec}} \times \text{CG}_{\text{sec}} = \alpha_{\text{CG}_{\text{sec}}} \times \left[\begin{array}{l} \text{TAXR} + \text{IG} \\ - \left(\text{PCINDEX} \times \sum_{\text{insdng}} \overline{\text{TRI}}_{\text{insdng,"GOV"}} + \text{ER} \times \overline{\text{EGF}} + \text{SG} \right) \end{array} \right] \quad (33)$$

4）总税收

$$\mathrm{TAXR} = \sum_{\mathrm{prima}} \mathrm{tva}_{\mathrm{prima}} \times \left(P_{\mathrm{VA}_{\mathrm{prima}}} \times \mathrm{VA}_{\mathrm{prima}} \right) + \sum_{\mathrm{inse}} \mathrm{tva}_{\mathrm{inse}} \times \left(P_{\mathrm{VA}_{\mathrm{inse}}} \times \mathrm{VA}_{\mathrm{inse}} \right) +$$

$$\sum_{\mathrm{sec}} \mathrm{tm}_{\mathrm{sec}} \times \overline{p_{\mathrm{WmZ}_{\mathrm{sec}}}} \times \mathrm{ER} \times M_{\mathrm{sec}} + \sum_{\mathrm{insdng}} \mathrm{ty}_{\mathrm{insdng}} \times Y_{\mathrm{insdng}} \tag{34}$$

A1.6　市场平衡模块

1）消费价格指数

$$\mathrm{PCINDEX} = \frac{\sum_{\mathrm{sec}} P_{\mathrm{sec}} \times \overline{C}_{Z_{\mathrm{sec}}}}{\sum_{\mathrm{sec}} \overline{P}_{Z_{\mathrm{sec}}} \times \overline{C}_{Z_{\mathrm{sec}}}} \tag{35}$$

2）劳动市场

$$\sum_{\mathrm{sec}} L_{\mathrm{sec}} = \sum_{\mathrm{insd}} \overline{\mathrm{LS}}_{\mathrm{insd}} \tag{36}$$

3）国际收支平衡

$$\sum_{\mathrm{sec}} \overline{p_{\mathrm{WmZ}_{\mathrm{sec}}}} \times M_{\mathrm{sec}} + \overline{\mathrm{KSRW}} + \left(P_{K} / \mathrm{ER} \right) \times \overline{\mathrm{EGF}} = \sum_{\mathrm{sec}} \overline{p_{\mathrm{WeZ}_{\mathrm{sec}}}} \times E_{\mathrm{sec}} + \overline{\mathrm{SF}} +$$

$$\sum_{\mathrm{insdng}} \overline{\mathrm{NFD}}_{\mathrm{insdng}} \tag{37}$$

4）名义GDP

$$\mathrm{NGDP} = \sum_{\mathrm{nwa},\mathrm{sec}} P_{\mathrm{nwa}} \times \mathrm{IO}_{\mathrm{nwa},\mathrm{sec}} + \sum_{\mathrm{sec}} P_{\text{"WAP"}} \times \mathrm{WAP}_{\mathrm{sec}} + \sum_{\mathrm{sec},\mathrm{hou}} P_{\mathrm{sec}} \times C_{\mathrm{sec},\mathrm{hou}} +$$

$$\sum_{\mathrm{sec}} P_{\mathrm{sec}} \times \mathrm{CG}_{\mathrm{sec}} + \sum_{\mathrm{sec}} P_{\mathrm{sec}} \times I_{\mathrm{sec}} + \sum_{\mathrm{sec}} P_{E_{\mathrm{sec}}} \times E_{\mathrm{sec}} - \sum_{\mathrm{sec}} P_{M_{\mathrm{sec}}} \times M_{\mathrm{sec}} \tag{38}$$

5）实际GDP

$$\mathrm{RGDP} = \sum_{\mathrm{nwa},\mathrm{sec}} \overline{P}_{Z_{\mathrm{nwa}}} \times \mathrm{IO}_{\mathrm{nwa},\mathrm{sec}} + \sum_{\mathrm{sec}} \overline{P}_{Z_{\text{"WAP"}}} \times \mathrm{WAP}_{\mathrm{sec}} + \sum_{\mathrm{sec},\mathrm{hou}} \overline{P_{Z_{\mathrm{sec}}}} \times C_{\mathrm{sec},\mathrm{hou}} +$$

$$\sum_{\mathrm{sec}} \overline{P_{Z_{\mathrm{sec}}}} \times \mathrm{CG}_{\mathrm{sec}} + \sum_{\mathrm{sec}} \overline{P_{Z_{\mathrm{sec}}}} \times I_{\mathrm{sec}} + \sum_{\mathrm{sec}} \overline{P_{EZ_{\mathrm{sec}}}} \times E_{\mathrm{sec}} - \sum_{\mathrm{sec}} \overline{P_{MZ_{\mathrm{sec}}}} \times M_{\mathrm{sec}} \tag{39}$$

A2　BEGIN动态模型相对静态模型的扩展

A2.1　基期（t=0）总投资

$$\mathrm{KT}_t = \sum_{\mathrm{sec}} I_{\mathrm{sec},t} \Big/ \mathrm{growth}_{\mathrm{sec},t} \tag{40}$$

A2.2　基期（t=0）部门的资本存量

$$K_{\mathrm{sec},t} = \frac{\mathrm{KPAY}_{\mathrm{sec},t}}{\sum_{\mathrm{sec}} \mathrm{KPAY}_{\mathrm{sec},t}} \times \mathrm{KT}_t \tag{41}$$

A2.3　基期（t=0）部门的资本收益

$$P_{K_{\mathrm{sec},t}} = \mathrm{KPAY}_{\mathrm{sec},t} / \mathrm{KZ}_{\mathrm{sec}} \tag{42}$$

A2.4　t期总投资形成

$$\mathrm{IT}_t = \sum_{\mathrm{sec}} I_{\mathrm{sec},t} \tag{43}$$

A2.5　t期平均资本收益

$$\mathrm{PKAVERAGE}_t = \frac{\sum\limits_{\mathrm{sec}} P_{K_{\mathrm{sec},t}} \times K_{\mathrm{sec},t}}{\sum\limits_{\mathrm{sec}} K_{\mathrm{sec},t}} \tag{44}$$

A2.6　t期的各部门投资倾向

$$\alpha_{\mathrm{INV}_{\mathrm{sec}}} = \left(\frac{\mathrm{INV}_{\mathrm{sec},t=0}}{\sum\limits_{\mathrm{sec}} \mathrm{INV}_{\mathrm{sec},t=0}} \right) \times \left(\frac{\sum\limits_{\mathrm{sec}} P_{K_{\mathrm{sec},t}}}{\mathrm{PKAVERAGE}_t} \right)^{0.5} \tag{45}$$

A2.7　t期的各部门新增投资的分配

$$\mathrm{INV}_t = \mathrm{IT}_t \times \alpha\mathrm{INV}_{\mathrm{sec}} \tag{46}$$

A2.8　$t+1$期的各部门资本存量

$$K_{\mathrm{sec},t+1} = (1 - \mathrm{delta}_{\mathrm{sec}}) \times K_{\mathrm{sec},t} + \mathrm{INV}_{\mathrm{sec},t} \tag{47}$$

A3　模型变量

A3.1　集合设定

集合符号	意义
sec	行业部门全集
prima⊂sec	第一产业
inse: inse⊂sec; inse⊂ncpinse	建筑业、工业和服务业
insd	本地机构，包括政府、企业、居民
insdng: insdng⊂insd	本地非政府机构，包括企业和居民
hou: hou⊂insdng	城市和农村居民

A3.2　变量

变量符号	意义
P_K	资本收益
$P_{K_{\mathrm{sec}}}$	资产价格
P_L	劳动报酬，固定为价格基准
$P_{\mathrm{VA}_{\mathrm{sec}}}$	增加值价格
P_{sec}	本地销售商品价格
$P_{D_{\mathrm{sec}}}$	生产者价格

变量符号	意义
$P_{DD_{sec}}$	本地产出的产品价格
$P_{M_{sec}}$	进口价格,当地货币计价
$P_{E_{sec}}$	出口价格,当地货币计价
PCINDEX	商品价格指数
ER	汇率,人民币对美元
K_{sec}	资本投入
X_{sec}	本地销售产品
$X_{D_{sec}}$	本地产品产出
$X_{DD_{sec}}$	本地产出品销售
E_{sec}	出口需求
M_{sec}	进口需求
K_{sec}	资本存量
L_{sec}	劳动需求
VA_{sec}	增加值需求
$IO_{nen,secc}$	非能源中间产品投入
Y_{insdng}	本地居民和企业收入
$C_{sec,hou}$	商品消费
$CBUD_{hou}$	商品总消费
CG_{sec}	政府消费
$PLES_{hou}$	模拟变化的平均价格水平
$PLES\_10_{hou}$	平均价格水平指数
SI_{hou}	模拟变化的富余收入
EV_{hou}	等价变化
CV_{hou}	补偿变化
I_{sec}	投资需求
IG_{sec}	政府投资收益
LS_{insdng}	劳动总供应
S	总储蓄
SP_{insdng}	居民和企业储蓄
SG	政府储蓄
SF	国际收支盈余
TAXR	总税收
$TRI_{insd,insd}$	机构间的转移收入
NFD_{insdng}	要素输出收入
KSRW	对外资本需求

变量符号	意义
EGF	政府的对外支出
NGDP	名义 GDP
RGDP	实际 GDP
KT	基期总投资
$KPAY_{sec}$	基期资本支出
$growth_{sec,t}$	稳态增长率
INV_t	各部门新增资本
PKAVERAGE	平均资本收益
IT_t	t 期总投资形成
$P_{MZ_{sec}}$	基期进口价格
$P_{EZ_{sec}}$	基期出口价格

A3.3 参数

参数符号	意义
$shareKS_{insd}$	各机构资本收益分配比例
$delta_{sec}$	各部门资本折旧(按惯例取值 0.05)
ty_{insdng}	各机构直接税率
tm_{sec}	进口关税率
tva_{sec}	简介税率
$\alpha_{I_{sec}}$	银行效用函数的 Cobb–Douglas 系数
$\alpha_{CG_{sec}}$	政府效用函数的 Cobb–Douglas 系数
α_{IG}	政府的投资收益率
mps_{insdng}	本地机构的储蓄率
mpg	政府储蓄率
$\sigma_{A_{sec}}$	函数的替代弹性
$\sigma_{T_{sec}}$	CET 函数的替代弹性
$\gamma_{A_{sec}}$	Armington 函数的比例参数
$\gamma_{T_{sec}}$	CET 函数的比例参数
$\alpha_{A_{sec}}$	Armington 函数的效率参数
$\alpha_{T_{sec}}$	CET 函数的效率参数
$\sigma_{F_{inse}}$	资本–劳动的替代弹性
$\gamma_{F_{inse}}$	资本–劳动的比例参数
$\alpha_{F_{inse}}$	资本–劳动的效率参数

续表

参数符号	意义
$\beta_{FL_{prima}}$	农业部门的劳动 Cobb–Douglas 指数
$\beta_{FK_{prima}}$	农业部门的资本 Cobb–Douglas 指数
$b_{F_{prima}}$	增加值的 Cobb–Douglas 效率参数
$iio_{sec, sec}$	Leontief 函数的中间投入参数
$\alpha_{HLES_{sec, hou}}$	居民 Stone–Gary 效用函数指数:非能源
$mu_{H_{sec, hou}}$	基本消费需求

A4 BEGIN模型的GAMS程序使用说明

A4.1 基本环境设定

BEGIN模型提供了针对中国经济与政策应用需求的、易于扩展的一般均衡分析框架。通过嵌套社会核算矩阵(SAM)和投入产出过程,刻画特定时期内国家经济运行过程。

BEGIN模型对于应用平台的软硬件开发环境如下:

- 硬件环境:CPU1.4GHz以上,内存:4G以上,硬盘50G以上可用磁盘空间;
- 操作系统:Windows 7及以上;
- 开发工具:GAMS 23.9.1(通用代数建模系统),需购置使用许可。

其主要功能模块包括以下方面。

(1)行业部门设置:模型包含37个行业部门。

(2)社会核算矩阵导入:CHISAM2007,并作为系统初始值导入。

(3)变量初始值设定:系统初期模拟应复现初始值,作为情景模拟的基准水平。

(4)模型参数校准:部分模型参数通过求解最优过程得到。

(5)变量结果显示:核查并勘误变量复现初始值的情况。

(6)系统建模及动态过程设定:基于经济发展理论建立模型并设定动态过程。

(7)政策情景模拟:设定模拟情景,并导出模拟结果进行分析。

A4.2 设计说明

BEGIN模型的最优化设置需要确保生产部门的利润最大化和居民效用最大化同时实现。在微观上采用完全竞争条件下的生产部门利润最大化和消费者效用最大化同时实现的假设,通过设定商品市场均衡、要素市场均衡、国际贸易均衡、宏观经济变量均衡和各经济主体收支平衡实现从微观到宏观的链接。宏观闭合规则设定为储蓄驱动的"新古典闭合"固定政府税率和各机构储蓄率,使资本形成和储蓄总额内生;固定国际贸易差额(国外储蓄)使汇率内生;固定要素供应总额使要素在各生产部门间自由流动,统一的要素报酬率使市场出清。

A4.3　系统安装与登录

（1）双击"windows_x86_32.exe"安装程序，进入安装向导操作界面，点击"Next"按键即可继续操作。点击"Cancel"按键可退出安装。

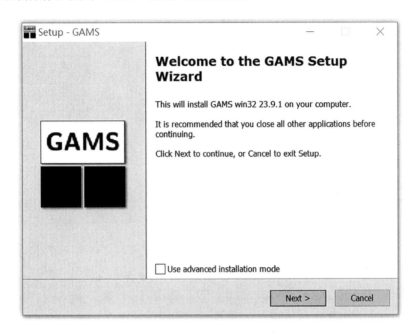

（2）选择系统安装位置，其操作界面如下图：系统默认安装位置为本地C盘，在此设置为D盘，点击"Browse…"按键即可重新选择安装路径，确认无误点击"Next"按键即可。

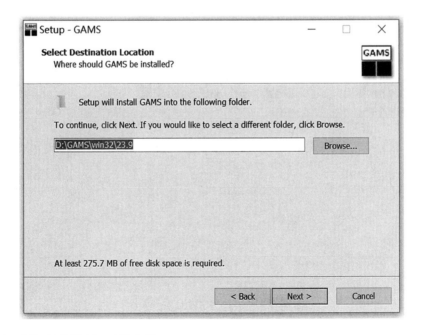

（3）确认安装路径，开始安装。

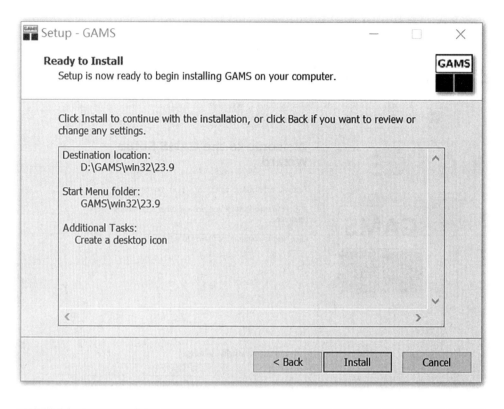

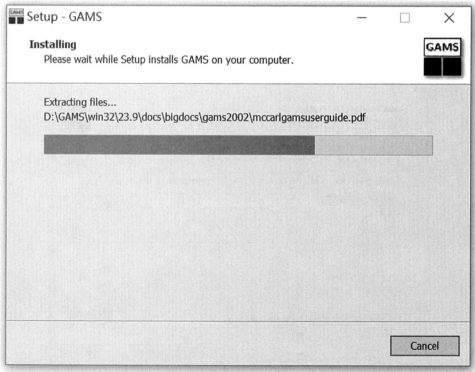

（4）选择使用许可选项，点击"Finish"按键。

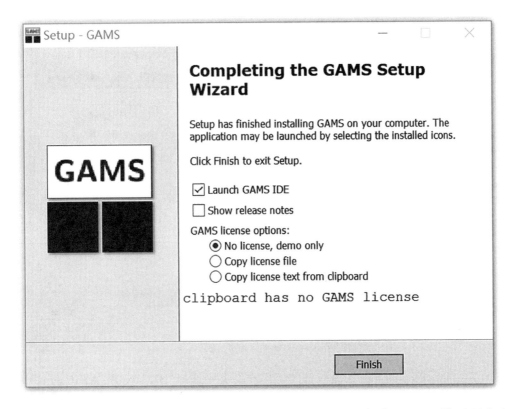

（5）设置工作路径，设置工作文件夹。工作文件夹即保存BEGIN模型程序和CHISAM2007的文件夹。该文件夹通过project文件引导。

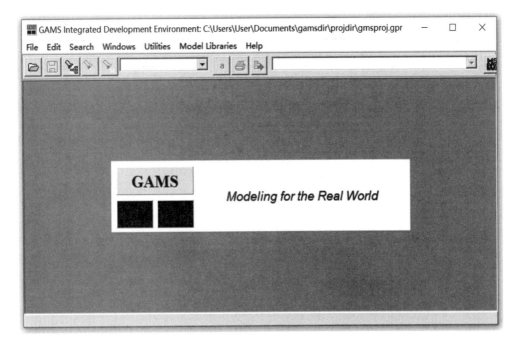

（6）点击"File — Project — Open Project"，在工作文件夹中选择"BEGIN.gpr"。

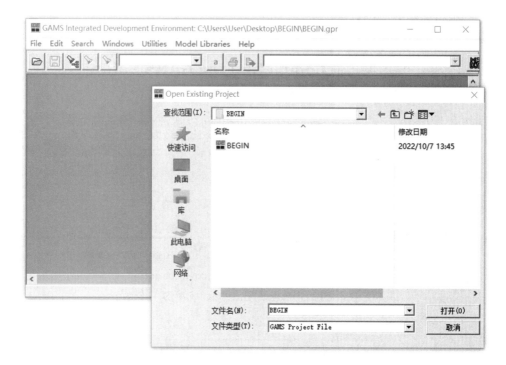

（7）点击"File－Open"，在打开的工作文件夹中选择"BEGIN_STATIC.gms"，这是BEGIN静态模型。相应地，文件夹中的"BEGIN_DYNAMIC.gms"是BEGIN动态模型，将在后续介绍。

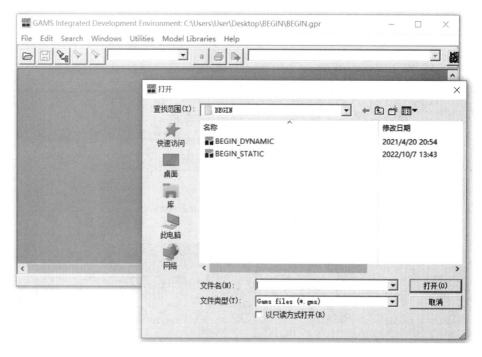

（8）启动BEGIN_STATIC后，界面如下图。

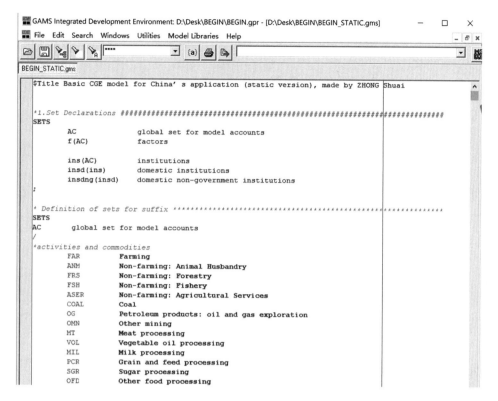

A4.4 基础设置

1) 行业部门设置模块

从注释行"*1. Set Declarations"开始作为第1部分。从"SETS"开始直到"ALIAS",包括37行业部门的设定及注释,以及不同类型行业部门的集合类型,如农业、工业、能源等分组设置。需要说明的是,在GAMS程序中,任一行开头的第一个字符如果标注"*",即该行作为注释行,不参与模型运行命令,该命令也常用于临时注销某一命令行,使模型运行时跳过该命令。如命令"$EXIT"是强制结束模型运行到其所在命令行为止,可用于分模块试运行和校验模型,当校验通过后,就在该命令前加一个"*"。任意命令结束需要用";"标注结尾,否则该命令将继续执行直到与下一命令冲突出错。

命令"SETS"是设置模型变量的集合,即特定方程变量的下标。如下图设置了模型全局集合"AC","f(AC)"的意思是设置了一个子集,注释为"要素(factors)",该子集归属于全局"AC",同理设置子集"ins(AC)""insd(AC)""insdng(AC)"。命令"ALIAS"是给集合设置别名,即在某一特定方程中,AC=ACP,sec=secc,一般用于区分行列,如(sec, secc)表示行为"sec",列为"secc"。

导航如下图所示。

```
*1.Set Declarations ###################################################################
SETS
        AC              global set for model accounts
        f(AC)           factors

        ins(AC)         institutions
        insd(ins)       domestic institutions
        insdng(insd)    domestic non-government institutions
;


* Definition of sets for suffix ***********************************************
SETS
AC      global set for model accounts
/
*activities and commodities
        FAR             Farming
        ANM             Non-farming: Animal Husbandry
        FRS             Non-farming: Forestry
        FSH             Non-farming: Fishery
        ASER            Non-farming: Agricultural Services
        COAL            Coal
        OG              Petroleum products: oil and gas exploration
        OMN             Other mining
        MT              Meat processing
```

（中间省略）

```
hou(insdng)     households
/
        HHDRUAL     Rural household
        HHDURBN     Urban Household
/


;

ALIAS   (AC,ACP),(sec,secc),(f,ff),(ins,inss),(insd,insdd),
(insdng,insdngg),(hou,houu),(enn,ene),
(inse,insee)
;
```

2）社会核算矩阵导入与行列和校验

从注释行"*2.SAM ########"开始到命令"Display"作为第2部分。通过命令"PARAMETER"新建二维变量"SAM（AC，ACP）"，通过命令"$CALL"导入社会核算矩阵CHISAM2007，根据社会核算矩阵的行和等于列和原则，对导入数据进行校验。其中，GAMS程序中将双引号和单引号中的内容作为行内注释，如下图所示。

```
*2.SAM ###########################################################################
PARAMETER SAM(AC,ACP);

$CALL GDXXRW CHISAM2007.xls Par=SAM rng=SAM2007!A1:AM39 Rdim=1 Cdim=1
$GDXIN CHISAM2007.gdx
$LOAD SAM
DISPLAY 'Check of SAM', AC,ACP,SAM;
$GDXIN

SAM(AC,ACP)=SAM(AC,ACP)/1000;

Parameter
        CHK_SAM_row(AC)   values at a row in the SAM for check
        CHK_SAM_col(ACP)  values at a column in the SAM for check
        CHK_SAM_bal(AC)   a suitable result is " ( ALL 0.000 ". Check the balance between each row a

        CHK_SAM_SUMrow    sum in rows in the SAM for check
        CHK_SAM_SUMcol    sum in columns in the SAM for check
        CHK_SAM           a suitable result is "0.000". Checke the balance between sum of row and colu
;
CHK_SAM_row(AC)  =sum(ACP,SAM(AC,ACP));
CHK_SAM_col(ACP) =sum(AC,SAM(AC,ACP));
CHK_SAM_bal(AC)  =CHK_SAM_row(AC)-CHK_SAM_col(AC);

CHK_SAM_SUMrow = sum(AC,CHK_SAM_row(AC));
CHK_SAM_SUMcol = sum(ACP,CHK_SAM_col(ACP));
CHK_SAM        = CHK_SAM_SUMrow-CHK_SAM_SUMcol;

Display '<<<=========================START:Check for loading data========>>>',
        SAM,CHK_SAM_bal,CHK_SAM
        '<<<=========================END:Confirm for suffix in "Set"=======>>>'
;
```

3) 模型变量的设置及初始值设定

从注释行"*3. Loading the initial values######"开始作为第3部分。命令"SCA-LAR"是设置一维外生变量和参数,命令"PARAMETER"是设置多维外生变量和参数(包括一维)。基于导入的变量SAM(AC,ACP)设定变量初始值。需要说明的是,在此设定的变量是作为模型的初始变量,所以将其作为外生变量,每个变量名称后都加"Z",作为与后面第5部分的模型变量区分。模型初始价格都设定为"1",这是根据经济学理论,假设消费者或厂商的购买决策并不取决于商品或要素的初始价格,或者是在初始价格不变的条件下消费者或厂商不会改变购买行为,而只有不同价格的相对变化才会导致购买行为的转变,因此初始价格均设定为"1",一方面是方便模型运算,另一方面也易于捕捉价格的相对变化,如下图。

```
*$exit
*3.Loading the initial values######################################################
SCALAR
        PLZ                initial wage to labor                            /1/
        PKZ                initial return to capital                        /1/
        ERZ                initial exchange rate (LCU against FCU)          /1/
        PCINDEXZ           initial consumer price index (commodities)       /1/

        SZ                 initial total savings
        SGZ                initial government savings
        SFZ                initial foreign savings

        TAXRZ              initial total tax revenue

        EGFZ               initial expenditure from government to ROW
        KSRWZ              initial foreign capital endowment (factor income to ROW)

;
PARAMETER
        tmp0               temporary variable without dimension
        tmp1(*)            temporary variable with one dimension
        tmp2(*,*)          temporary variable with two dimensions

        PVAZ(sec)          initial value-added
        PDZ(sec)           initial price level of domestic output of firm (sec)
        PZ(sec)            initial price level of domestic sales of composite commodities
        PDDZ(sec)          initial price level of domestic output sale to home market
```

(中间省略)

```
* Private sector's Income
  YZ(insdng)    = PKZ*KSZ(insdng) + PLZ*LSZ(insdng)
                + sum(insd,TRIZ(insdng,insd))
                + NFDZ(insdng)*ERZ;

  CBUDZ(hou)    = sum(sec, CZ(sec,hou)*PZ(sec)) ;

DISPLAY CZ,CGZ,IZ,IOZ,KZ,LZ,VAZ,EZ,MZ,
        KSZ,LSZ,
        TRIZ, NFDZ,
        SPZ,SGZ,SFZ,SZ,
        TRYZ,TRVAZ,TRMZ,TAXRZ,KSRWZ,
        XDZ,XDDZ,XZ,
        YZ, CBUDZ;

* Tax rates
        ty(insdng)      = TRYZ(insdng)/YZ(insdng);

        tva(sec)        = TRVAZ(sec)/(PKZ*KZ(sec) + PLZ*LZ(sec));

        tm(sec)         = ( TRMZ(sec)/MZ(sec) )$(MZ(sec) ne 0)
                        + 0;

display ty,tva,tm;
```

225

其中,大多数变量赋值是从第2部分引入的变量SAM(AC, ACP)进行一一定位赋值。如下图,"TRYZ(insdng) = SAM("DTAX", insdng)"的意思是变量"TRYZ(insdng)"赋值自"SAM(AC, ACP)"中的"DTAX"行和子集insdng所覆盖的列集合。

```
* Government
  TRYZ(insdng) = SAM("DTAX",insdng);
  TRVAZ(sec)   = SAM("INDTAX",sec);
  TRMZ(sec)    = SAM("TAR",sec);
```

运算符sum(集合,变量(集合))表示数学中求和符号$\sum_{集合}$变量(集合),如下图。

```
  TAXRZ        = sum(insdng,TRYZ(insdng)) + sum(sec,TRVAZ(sec) + TRMZ(sec)) ;
```

4) 模型参数校准和变量结果显示

从注释行"*4.Calibration#####"开始作为第4部分,即参数校准。根据给定方程组的最优化求解公式和弹性参数校准其他参数,之后通过"Display"命令核对。校准的意思是根据现有初始变量和给定参数,通过对方程形式的转换获取所需参数。如Cobb–Douglas的方程形式中,在最优化目标下参数α(alpha)的取值为占比值或份额值;在CES的方程形式中,弹性参数σ(sigma)需要外部给定,而份额参数γ(gamma)和转换参数需要转换方程形式校准得出。在此外生给定的参数如sigmaA、sigmaT、sigmaF、elasY、frisch来自部分参考文献,如由于这些参考文献时间较久,在实际应用中建议参考最新文献修正,如下图。

```
*4.Calibration###########################################################################
* Investment demand
Parameters
        alphaI(sec)    constant share of the bank's utility function (=Investment demand share)
        alphaIG        constant share of investment return of government
;
        alphaI(sec)    = PZ(sec)*IZ(sec)/SZ ;
        alphaIG        = IGZ/SZ              ;


DISPLAY PZ,IZ,alphaI,alphaIG;

SCALAR
        mpg            government's marginal propensity to save
;

PARAMETERS
        mps(insdng)    private sectors's marginal propensity to save

        sigmaA(sec)    substitution elasticties of ARMINGTON function
/
        FAR   2.0,
        ANM   2.0,
        FR5   2.0,
        FSH   2.0,
        ASER  2.0,
        COAL  2.0,
        OG    2.0,
        OMN   2.0,
```

(中间省略)

```
* Initial utility level

        UZ(hou)  = prod(sec, (CZ(sec,hou) - muH(sec,hou))**alphaHLES(sec,hou)) ;

parameters
    PLESZ(hou)          aggregate price level in the "benchmark equilibrium"
    SIZ(hou)            supernumerary income in the "benchmark equilibrium"
    EVZ(hou)            equivalent variation
    CVZ(hou)            compensating variation
;
*   Supranumerary income and the aggregate price level in the benchmark -
*   for the derivation of equivalent and compensating variation

    PLESZ(hou) = prod(sec,PZ(sec)**alphaHLES(sec,hou)) ;
    SIZ(hou)   = CBUDZ(hou)-sum(sec, muH(sec,hou)*PZ(sec)) ;
    EVZ(hou)   = 0 ;
    CVZ(hou)   = 0 ;

* Government demand
        alphaCG(sec)     = PZ(sec)*CGZ(sec)
                         /((TAXRZ + IGZ )-(sum(hou, PCINDEXZ*TRIZ(hou,"GOV"))
                         + ERZ*EGFZ + SGZ));
;

Display mps,mpg,betaFK,betaFL,bF,iio,iva,gammaA,aA,gammaT,aT,
        aux,alphaHLES,muH,PLESZ,SIZ,EVZ,CVZ,alphaCG,alphaI,alphaIG
;
*$exit
```

A5　BEGIN静态模型建模过程

A5.1　变量、方程与模型设定

从注释行"5. Model system######"开始作为第 5 部分，依次通过命令"VARI—BLES（5-1 Declaration of model variables）""EQUATIONS（5-2 Declaration of model equations）""MODEL（5-3 Specification of model equations）"实现 BEGIN 建模过程。需要注意的是，VARIABLES 中设置的内生变量需要与 EQUATIONS 中设置的方程一一对应，并确保 MODEL 里包括了 EQUATIONS 里的全部方程，如下图。

```
*5.Model system########################################################################
*5-1    Declaration of model variables
VARIABLES
        PK              return to capital
        PL              wage rate of labor of firm
        PVA(sec)        price of value-added

        PD(sec)         price level of domestic output of firm
        P(sec)          price level of domestic sales of composite commodities
        PDD(sec)        price level of domestic output sale to home market

        PE(sec)         price level of exports in local currency
        PM(sec)         price level of imports in local currency
        ER              exchange rate

        PCINDEX         consumer price index of commodities

        XD(sec)         gross domestic production (output) level of firm (sec)
        X(sec)          domestic sales of composite commodities (sec)
        XDD(sec)        domestic production sale to home market
```

（中间省略）

```
*5-2    Declaration of model equations
EQUATIONS
* Domestic production: firms
* farming
        EQK_prima(prima)        capital demand function
        EQL_prima(prima)        labor demand function
        EQVA_prima(prima)       value-added demand function

* industry and service
        EQK_inse(inse)          Capital demand function
        EQL_inse(inse)          Labor demand function
        EQVA_inse(inse)         zero profit condition of value-added

        EQIO(sec,secc)          intermediate input demand function

        EQPVA_prima(prima)      value-added demand function
        EQPVA_inse(inse)        zero profit condition of value-added

        EQPROFIT_prima(prima)   zero-profit condition
        EQPROFIT_inse(inse)     zero-profit condition
```

（中间省略）

```
*5-4    Model definition-----------------------------------------------
MODEL   BEGIN_STATIC   /
* Domestic production: firms
        EQK_prima
        EQL_prima
        EQVA_prima

* industry and service
        EQK_inse
        EQL_inse
        EQVA_inse

        EQIO
        EQPVA_prima
        EQPVA_inse

        EQPROFIT_prima
        EQPROFIT_inse
```

EQUATIONS是设定方程名称，与A1部分所列的方程一一对应，其方程形式也保持一致。如A1.1中方程（1）的形式如下：

$$K_{\text{prima}} = \beta_{\text{FK}_{\text{prima}}} \times P_{\text{VA}_{\text{prima}}} \times \text{VA}_{\text{prima}}/P_K$$

而在程序中的代码形式如下，EQK_prima表示求解K的方程名称，而这个方程是针对农业部门子集prima的。

```
* Domestic production: firms
EQK_prima(prima)..
        K(prima)  =E= betaFK(prima)*PVA(prima)*VA(prima)/PK ;
```

"5-5 Variable initialization and bounds"部分是设定变量的初始值和最小值。如PK.L即本部分通过命令VARIABLES设定的方程变量P_K，PKZ是第3部分通过命令PARAMETERS设定的作为外生的初始变量。在此设定 PK.L=PKZ 表示变量P_K的初始值等于PKZ；PK.LO=0.001*PKZ 表示P_K的最小值等于0.001*PKZ。

```
*5-5    Variable initialization and bounds-----------------------------------
* Include initial (equilibrium) levels for the endogenous variables
        PK.L              = PKZ;
        PL.L              = PLZ;
        PVA.L(sec)        = PVAZ(sec)  ;

        PD.L(sec)         = PDZ(sec);
        P.L(sec)          = PZ(sec);
        PDD.L(sec)        = PDDZ(sec);
        PE.L(sec)         = PEZ(sec);
        PM.L(sec)         = PMZ(sec);
        ER.L              = ERZ;
        PCINDEX.L         = PCINDEXZ;
        XD.L(sec)         = XDZ(sec);
        X.L(sec)          = XZ(sec);
        XDD.L(sec)        = XDDZ(sec);
        E.L(sec)          = EZ(sec);
        M.L(sec)          = MZ(sec);
        K.L(sec)          = KZ(sec);
        L.L(sec)          = LZ(sec);
        VA.L(sec)         = VAZ(sec);
```

"5-6 Model closure and numeraire"部分是设定模型闭合规则和价格基准。在此将模型变量LS(insd)设定为外生并等于初始值，即LS.FX(insd)=LSZ(insd)，同样设定如KS(insd)、TRI(insd, insdd)、NFD(insdng)、EGF、KSRW、SF。BEGIN模型将汇率

ER作为内生变量，则SF作为外生变量，意味着在给定外汇储备水平下，通过汇率变动调节国际贸易收支平衡。同时BEGIN模型将劳动力工资水平P_L作为价格基准，即假设在给定时期（静态条件），劳动力工资水平是全社会全部商品和要素价格水平的基准参照，即假设劳动力供给过剩而导致劳动力工资水平稳定不变，如下图。

```
*5-6    Model closure and numeraire -----------------------------------------
* Exogenously fixed; capital and labor endowment
        LS.FX(insd)     = LSZ(insd);
        KS.FX(insd)     = KSZ(insd) ;

* Exogenously fixed:
*       SG.FX           = SGZ;
     TRI.FX(insd,insdd) = TRIZ(insd,insdd);
        NFD.FX(insdng)  = NFDZ(insdng)      ;
         EGF.FX         = EGFZ              ;
        KSRW.FX         = KSRWZ             ;

* Exogenously fixed: foreign savings
        SF.FX           = SFZ;

* Fixing of the numeraire
        PL.FX           = PLZ;
```

与设定P_L作为价格基准及其假设相对应，要将劳动力市场出清方程EQMARKETL在MODEL中注销，如下图。同理，如果将P_K作为价格基准，需要将EQMARKETK注销。

```
* Market clearing
*       EQMARKETL
        EQMARKETK
```

A5.2　静态情景模拟

静态模拟是通过调整系统的相关参数或变量实现对短期冲击的影响效应评价。一般情况按以下方式实现。

（1）在注释行"*Policy Simulation"和"5-7 Model Solution"之间编写模拟方程的代码。

（2）直接调整相关参数。

（3）直接调整相关外生变量。

（4）在特定情况下，如需调整内生变量，需要遵循"方程数＝内生变量数"的原则，将所需调整的内生变量转变为外生变量，并新增内生变量，或将原外生变量（或参数）转变为内生变量。

（5）静态影响评价是模拟结果与基期结果的比价分析。

（6）静态模型的假设设定对模拟结果存在较大影响，如不同的闭合规则将导出不同的模拟结果，这是由于不同的闭合规则代表不同的宏观经济条件设定。

例如，假定资本总供给增长20％，在"* Policy Simulation"下方设定：

* Policy Simulation

KS.FX(insd)　　＝(1＋0.2)*KSZ(insd) ;

A5.3　模拟结果显示及导出

"6 Display static results ######"部分是呈现模拟分析结果并输出。首先,通过命令 PARAMETERS设定比较参数。如前所述,静态分析主要关注模拟期与初始期的相对变化,设定参数dPK,使其等于100*(PK.L/PKZ−1),即比较P_K的模拟值和初始值的相对百分比变化。之后,再通过命令PARAMETER设定"results"参数导出模拟结果,并通过命令execute_unload和execute将模拟结果导入Excel表格并另存于工作路径。

```
*6 Display static results ####################################################
PARAMETERS
dPK,dPL,dPVA(sec),dPD(sec),P_index(sec),dPDD(sec),dPE(sec),dPM(sec),dER
dXD(sec),dX(sec),dXDD(sec),dE(sec),dM(sec),
dK(sec),dL(sec),dVA(sec),
dC(sec,hou),dCG(sec),dI(sec),dIG(sec),dIO(sec,secc),dPCINDEX
dY(ins),dS,dSP(insd),dSG,dSF,dTAXR,
dNGDP,dRGDP,U_index(hou),dCBUD(hou)
;
dPK             = 100*(PK.L / PKZ-1)  ;
dPL             = 100*(PL.L / PLZ-1)  ;
dPVA(sec)       = 100*(PVA.L(sec) / PVAZ(sec)-1);
dPD(sec)        = 100*(PD.L(sec)  / PDZ(sec)-1) ;
P_index(sec)    = 100*(P.L(sec) / PZ(sec)-1)    ;
dPDD(sec)       = 100*(PDD.L(sec) / PDDZ(sec)-1) ;
dPE(sec)        = 100*(PE.L(sec) / PEZ(sec)-1)  ;
dPM(sec)        = 100*(PM.L(sec) / PMZ(sec)-1)  ;
dER             = 100*(ER.L / ERZ-1)   ;
dPCINDEX        = 100*(PCINDEX.L / PCINDEXZ-1)  ;
dXD(sec)        = 100*(XD.L(sec) / XDZ(sec)-1)  ;
dX(sec)         = 100*(X.L(sec) / XZ(sec)-1);
dXDD(sec)       = 100*(XDD.L(sec) / XDDZ(sec)-1);
dE(sec)$(EZ(sec) ne 0)
```

（中间省略）

```
* Outputs from GAMS to Excel-----------------------------------------
Parameter
   results_0(*)         Results at dimension 1
   results_1(*,*)       Results at dimension 2
   results_2(*,*,*)     Results at dimension 3
   results_EV(*,*)
;
results_EV("EV",hou)    = EV.L(hou)          ;

results_0("dER")        = dER            ;
results_0("dNGDP")      = dNGDP          ;
results_0("dRGDP")      = dRGDP          ;
results_0("dPCINDEX")   = dPCINDEX       ;
results_0("dS")         = dS             ;
results_0("dSG")        = dSG            ;
results_0("dSF")        = dSF            ;
results_0("dTAXR")      = dTAXR          ;
results_0("dPK")        = dPK            ;
results_0("dPL")        = dPL            ;
```

（中间省略）

```
display results_EV,results_0,results_1;

execute_unload 'BEGIN_STA_results.gdx',results_EV, results_0,results_1,results_2;

execute '=gdxxrw.exe i=BEGIN_STA_results.gdx o=BEGIN_STA_results.xlsx  par=results_EV rng=Sheet1!B2'
execute '=gdxxrw.exe i=BEGIN_STA_results.gdx o=BEGIN_STA_results.xlsx  par=results_0 rng=Sheet2!B2';
execute '=gdxxrw.exe i=BEGIN_STA_results.gdx o=BEGIN_STA_results.xlsx  par=results_1 rng=Sheet3!B2';
execute '=gdxxrw.exe i=BEGIN_STA_results.gdx o=BEGIN_STA_results.xlsx  par=results_2 rng=Sheet4!B2';

*Open an output file (Excel)
execute 'shellexecute "BEGIN_STA_results.xlsx"';

*6 End of  static results ####################################################
```

A6　BEGIN动态模型的扩展及结果导出

首先，通过"File－OPEN－BEGIN_DYNAMIC.gms"打开BEGIN动态模型。

A6.1　动态相关变量设置

首先，设定资产存量总值KTZ，以及假定稳态情况下的平均增长率水平growthz（外生给定，具体实证中需要根据不同的稳态增长假设重新设定）。然后，设定各部门的初始资本收益水平KPAYZ(sec)、初始资本存量水平K(sec)和各部门初始投资水平INVZ(sec)，而由于各部门的初始资本存量和初始资本收益水平皆不同，故设定不同部门的初始资本收益率水平PKZ(sec)。再次，设定资本折旧率delta(sec)和不同机构部门的资本收益分配率shareKS(insd)。

```
* Dynamic setting
      KTZ                  initial total capital stock
      growthz              steady-state growth rate          /0.149805771/
;

* Dynamic setting
      PKZ(sec)             initial return to capital

* Dynamic setting
      KPAYZ(sec)           initial payment to capital
      KZ(sec)              initial capital stock
      INVZ(sec)            initial investment carried out in the sectors

* Dynamic setting
      delta(sec)           Depreciation rate
      shareKS(insd)        share rate of capital return to different institutions
;
```

A6.2　动态相关变量赋值

上述初始变量的赋值通过下图的方程实现。其中，下图包含了A2节的方程(40)～方程(42)的内容。

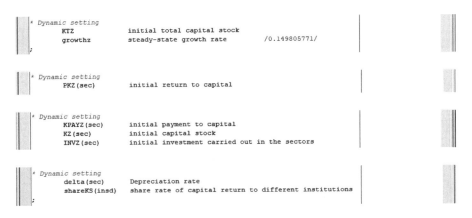

```
* Dynamic setting
      KPAYZ(sec)       = SAM("CAP",sec)                              ;
      KTZ              = sum(sec,IZ(sec))/growthz ;
      KZ(sec)          = (KPAYZ(sec)/sum(secc,KPAYZ(secc)))*KTZ ;
      PKZ(sec)         = KPAYZ(sec)/KZ(sec)                          ;

      delta(prima)     = 0.05 ;
      delta(inse)      = 0.05 ;

*     INVZ(sec)        = growthz*KZ(sec) ;
      INVZ(sec)        = (growthz-delta(sec))*KZ(sec) ;

* Dynamic setting
      shareKS(insdng) = KSZ(insdng)/(sum(sec,PKZ(sec)*KZ(sec)) - ERZ*KSRWZ) ;
```

在"5. Model system ######"部分的VARIABLES、EQUATIONS和MODEL也需要做相应的修改。体现在静态模型中的P_K变为PK(sec)，注销变量KS(insd)和方程EQMARKETK，设定各部门资本存量为外生，即KS.FX(sec)＝KZ(sec)，同时在MODEL中恢复方程EQMARKETL，如下图。

```
EQK_prima(prima)..
        K(prima)  =E= betaFK(prima)*PVA(prima)*VA(prima)/PK(prima) ;


* -composite value-added: industry and service
EQK_inse(inse)..
        K(inse)  =E= ( VA(inse)/aF(inse) )*
                            ( (1-gammaF(inse))/PK(inse) )**sigmaF(inse)*
                            ( gammaF(inse)**sigmaF(inse)*PL**
                            (1-sigmaF(inse))+(1-gammaF(inse))**sigmaF(inse)*
                            PK(inse)**(1-sigmaF(inse)))**
                            ( sigmaF(inse)/(1-sigmaF(inse)) )
;

EQL_inse(inse)..
        L(inse)  =E= ( VA(inse)/aF(inse) )*
                            ( gammaF(inse)/PL )**sigmaF(inse)*
                            ( gammaF(inse)**sigmaF(inse)*PL**
                            (1-sigmaF(inse))+(1-gammaF(inse))**sigmaF(inse)*
                            PK(inse)**(1-sigmaF(inse)))**
                            ( sigmaF(inse)/(1-sigmaF(inse)) )
;

EQVA_inse(inse)..
        PVA(inse)*VA(inse)  =E= PL*L(inse) + PK(inse)*K(inse)  ;


EQTAXREV..
        TAXR    =E=        sum(prima,tva(prima)*(PL*L(prima)+PK(prima)*K(prima)))
                        + sum(inse,tva(inse)*(PL*L(inse)+PK(inse)*K(inse)))
                        + sum(sec,tm(sec)*pWmZ(sec)*ER*M(sec))
                        + sum(insdng, ty(insdng)*Y(insdng))
;


EQINCOME(insdng)..
        Y(insdng)
                =E= (sum(sec,PK(sec)*K(sec))-ER*KSRW)*shareKS(insdng)
                        + PL*LS(insdng)
                        + ER*NFD(insdng)
                        + PCINDEX*(TRI(insdng,"GOV")
                                + TRI(insdng,"ENT") )
;
```

在此将价格指数变量PCINDEX作为价格基准,相应地在MODEL中注销对应方程EQPCINDEX,如下图。

```
* Fixing of the numeraire
*       PL.FX          = PLZ;
        PCINDEX.FX     = PCINDEXZ;


* Definitions
*       EQPCINDEX
        EQINCOME
        EQCBUD
        EQPLES
        EQPLES_10
        EQSI
        EQEV
        EQCV
```

A6.3 动态模块设定

动态模块从"===Recursive dynamic==="开始。这里是设定递归动态形式,首先设定时间序列参数 t,给定10期(代码/1*10/意思是从1到10),这里的"期"可以是年,也可以是月,根据具体研究需要设定。通过命令Parameters设置动态变量或参数,有些变量随时间变化而变化,则在变量名后增加"DYN"为后缀,如PKDYN(sec, t)。

```
*==========================Recursive dynamic===========================
Set
    t            time horizon            /1*10/
;

Parameters
    IT           total investment
    PKAVERAGE    average return to capital
    INV(sec)     investment carried out in the sectors
    aINV(sec)    investment carried out in the sectors

    walrasd(t)                walras law each period
*$ONTEXT
    PKDYN(sec,t)        return to capital
    PLABDYN(sec,t)      wage rate of labor of firm (sec)

    PVADYN(sec,t)        price of value-added
    PVAWDYN(sec,t)       price of composite value-added and water

    PDDYN(sec,t)         price level of domestic output of firm (sec)
    PDYN(sec,t)          price level of domestic sales of composite commodities
    PDDDYN(sec,t)        price level of domestic output sale to home market
```

（中间省略）

```
    INVDYN(sec,t)    investments carried out in the sectors

    UUD(hou,t)
    EVD(hou,t)                equivalent variation of policy scenario
    TEVD(t)


*$OFFTEXT
;
```

通过命令Loop（t，……）设定随着t变化而变化的递归方式。在命令Solve...之前的代码形式表达了A2节的方程（43）和方程（44）。同时，对于外生变量TRI（insd，insdd）、NFD（insdng）、EGF、KSRW根据模拟时期的需要，设定一个稳定的外生变化率，即每一个时期都按同样变化率发生变化，见下图。

```
Loop
(t,

* Total investments

  IT = sum(sec,I.L(sec)) ;

*  Average return to capital

*  PKAVERAGE = sum(sec, PK.L(sec)*K.L(sec))/sum(sec, K.L(sec)) ;

  PKAVERAGE = sum(sec, PK.L(sec)*K.L(sec))/sum(sec, K.L(sec)) ;

*************************

* EXOGENOUS VALUABLE
* Exogenously fixed:
    TRI.FX("HHDURBN","GOV") = (1+0.11)*TRI.L("HHDURBN","GOV");
    TRI.FX("HHDURBN","ENT") = (1+0.09)*TRI.L("HHDURBN","ENT");
    TRI.FX(hou,"GOV")       = (1+0.12)*TRI.L(hou,"GOV");
    TRI.FX(hou,"ENT")       = (1+0.12)*TRI.L(hou,"ENT");

    NFD.FX(insdng)   = (1+0.12)*NFD.L(insdng);
    EGF.FX           = (1+0.09)*EGF.L;
    KSRW.FX          = (1+0.05)*KSRW.L;
```

根据模拟期的具体需要设定外生变量SF和LS的平均增长率，以及不同生产部门外生的技术进步率bF（prima）（第一产业部门）和aF（inse）（第二、三产业部门）。上述参数设定是假定稳定的变化率或增长率,在具体实证中应根据研究需要调整,如下图。

```
* Exogenously fixed: foreign savings
        SF.FX            = (1+0.03)*SF.L;

* Labor supply
        LS.FX(insd)      = (1+0.04)*LS.L(insd);

*******************************************************************
* no labor and/or land increase after 2016

* Technology improvement

        bF(prima)  = (1+0.03)*bF(prima)  ;
        aF(inse)   = (1+0.02)*aF(inse)   ;
```

下图表达了A2节的方程(45)~方程(47)的内容。

```
* New capital stock

    aINV(sec)    = (INVZ(sec)/sum(secc,INVZ(secc)))
                   * (PK.L(sec)/PKAVERAGE)**0.5 ;

    INV(sec)     = IT*aINV(sec)   ;

* Text using
*   K.FX(sec)  = K.L(sec) + INV(sec)   ;

* Simulation using
    K.FX(sec) = (1-delta(sec))*K.L(sec) + INV(sec)   ;


Solve BEGIN_DYNAMIC using NLP maximizing OBJ  ;
```

A6.4　动态结果导出

动态结果导出从Solve...之后开始,首先检查瓦尔拉斯规则是否符合。然后利用前文设置的带"DYN"后缀的变量读取动态结果。例如,$PKDYN(sec, t) = PK.L(sec)$是指读取$t$期内每一期的变量$PK(sec)$的值,然后赋值给$PKDYN(sec, t)$。

```
* Check whether Walras Law holds:

    walrasd(t) = sum(sec,L.L(sec)) - sum(insd,LS.l(insd)) ;

    PKDYN(sec,t)    = PK.L(sec)    ;
    PLABDYN(sec,t)  = PL.L         ;

    PVADYN(sec,t)       = PVA.L(sec)      ;

    PDDYN(sec,t)    = PD.L(sec)    ;
    PDYN(sec,t)     = P.L(sec)     ;
    PDDDYN(sec,t)   = PDD.L(sec)   ;

    PEDYN(sec,t)    = PE.L(sec)    ;
    PMDYN(sec,t)    = PM.L(sec)    ;
    ERDYN(t)        = ER.L         ;

    PCINDEXDYN(t)       = PCINDEX.L  ;

XDYN(sec,t)     = X.L(sec)   ;
XDDYN(sec,t)    = XD.L(sec)   ;
XDDDYN(sec,t)   = XDD.L(sec)  ;

EDYN(sec,t)$(EZ(sec) ne 0)
                = E.L(sec)     ;
MDYN(sec,t)$(MZ(sec) ne 0)
                = M.L(sec)     ;
```

(*中间省略*)

```
* Households welfare
  UUD(hou,t)          = prod(sec,(C.L(sec,hou)-muH(sec,hou))**alphaHLES(sec,hou));
  EVD(hou,t)          = sum(sec,C.L(sec,hou))-sum(sec,CZ(sec,hou))          ;
  TEVD(t)             = SUM(hou,EVD(hou,t))                                 ;

*$EXIT
```

然后通过命令Display展现各个变量。之后注意用单括号")；"结尾,至此动态模块的命令Loop(t, ……)结束。

```
DISPLAY
*$ONTEXT
          PKDYN
          PLABDYN

          PVADYN

          PDDYN
          PDYN
          PDDDYN

          PEDYN
          PMDYN
          ERDYN
```

（中间省略）

```
          TAXRDYN

          TRIDYN

          EGFDYN
          KSRWDYN
          NFDDYN

          NGDPDYN
          RGDPDYN

          INVDYN
*$OFFTEXT

);
```

与静态模型类似,通过命令Parameter、execute_load和execute将模拟结果导入Excel表格并另存于工作路径。

```
* Parameters used to report perentage changes in variables included
* Scenario relative to the steady-state baseline scenario(index=100)
*$EXIT
Parameter
      results_0(*)       Results at dimension 0
      results_1(*,*)     Results at dimension 1
      results_2(*,*,*)   Results at dimension 2
      results_3(*,*,*,*) Results at dimension 2
;
      results_1("walrasd",t)     = walrasd(t)   ;
      results_1("SDYN",t)        = SDYN(t)       ;
      results_1("ERDYN",t)       = ERDYN(t)      ;

      results_1("PCINDEXDYN",t) = PCINDEXDYN(t) ;

    results_1("IGDYN",t)        = IGDYN(t) ;
    results_1("SGDYN",t)        = SGDYN(t) ;
```

（中间省略）

```
        results_2("SPDYN",insdng,t)    = SPDYN(insdng,t)  ;
        results_2("NFDDYN",insdng,t)   = NFDDYN(insdng,t) ;
        results_2("INVDYN",sec,t)      = INVDYN(sec,t)    ;

        results_3("IODYN",sec,secc,t)    = IODYN(sec,secc,t)  ;
        results_3("CDYN",sec,hou,t)      = CDYN(sec,hou,t)  ;
        results_3("TRIDYN",insd,insdd,t) = TRIDYN(insd,insdd,t) ;

display results_1, results_2, results_3 ;

execute_unload 'BEGIN_DYNAMIC_results.gdx', results_1, results_2,results_3;
execute '=gdxxrw.exe i=BEGIN_DYNAMIC_results.gdx o=BEGIN_DYNAMIC_results.xlsx par=results_1 rng=Shee
execute '=gdxxrw.exe i=BEGIN_DYNAMIC_results.gdx o=BEGIN_DYNAMIC_results.xlsx par=results_2 rng=Shee
execute '=gdxxrw.exe i=BEGIN_DYNAMIC_results.gdx o=BEGIN_DYNAMIC_results.xlsx par=results_3 rng=Shee
*Open an output file (Excel)
execute 'shellexecute "BEGIN_DYNAMIC_results.xlsx"';
```

A7　BEGIN模型的可用性校验

CGE模型的可用性校验是模型构建完成之后不可缺少的过程,决定了该模型及其扩展是否可以应用于实际问题分析。BEGIN模型及其后续根据不同研究需求进行的扩展或改进,也必须完成这一过程。

BEGIN模型的可用性校验是针对静态模型,主要包括以下三部分内容,需要依次进行。

(1)结构完整性检验,即确保方程数与内生变量数相等,如果不相等,常见情况是变量数大于方程数,也就是存在多余的内生变量,需要将其设置为外生变量或者增加相应的表示方程,而变量数小于方程数的情况,则是存在多余的方程,需要逐一排查。

(2)数据一致性检验,即所构建模型在GAMS中的第一次运转是否"重现"基期,如果无法重现,要么是变量和参数引入模型的过程发生错误,要么某个方程设定出现变量或参数的冗余或缺失。

(3)价格齐次性检验,即模型价格机制的有效性检验,当基准价格变动时,所有价格变量以及与价格变量相乘得到的价值变量将变化同样水平,而非价格变量的数值不变。这项检验确保了CGE模型或CGE模型作为主要内核的复杂模型的经济学理论基础,即将市场经济条件下的价格变动作为表达市场供需行为响应的关键传导因素。换言之,如果这项检验没有通过,那么意味着所构建CGE模型或其扩展模型的价格机制无法有效运转,则基于此模型进行模型模拟结果也无法采用。

A7.1　结构完整性检验

通过"File—OPEN—BEGIN_STATIC.gms"打开BEGIN静态模型。点击通过"File—Run"或按键 运行程序,运行结束,如果模型的方程运算没有问题,则会在窗口弹出"BEGIN_STATIC.lst"页面并呈现出模型运行结果。在左边目录栏选择"Column—Model Statistics ..."查看模型结构信息,当右边页面的指标"SINGLE EQUATIONS"显示数字等于指标"SINGLE VARIABLES"时,表示该模型的方程数等于内生变量数,结构性检验通过。反之,如果这两个数不相等,则需要——检查VARIABLES和EQUATIONS里设置的内生变量和方程,是否有遗漏变量或者多余方程,如下图。

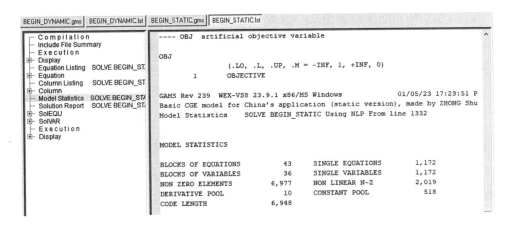

A7.2　数据一致性检验

删掉命令行"*OPTION iterlim ＝ 0;"前面的"*"，也即激活该命令OPTION iterlim＝0，该命令表示仅运转模型1次，即取消了模型求解的过程，如下图。

```
*5-7    Model solution -----------------------------------------------------
OPTION iterlim = 0;
BEGIN_STATIC.holdfixed = 1;
BEGIN_STATIC.TOLINFREP = 0.0001;
```

再次运行模型，"BEGIN_STATIC.lst"页面再次弹出，先在左边目录栏选择"Execution"在搜索框输入"****"，然后点击搜索按钮，如果搜索结果直接跳转到模型信息结尾"**** SOLVER STATUS ..."，则表示模型完全重现了基期或者初始期的结果，建模过程的方程中并未出现变量值变化情况，如下图。

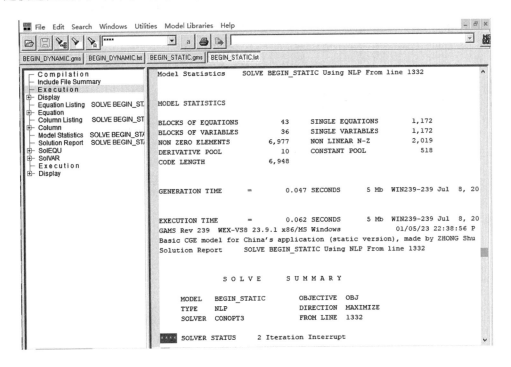

反之,如果搜索结果跳转至某一方程结尾,那么就意味着该方程求解的变量与初始变量不一致。例如,在EQMARKETK方程的结尾添加多余值"+200",然后运转方程,如下图。

```
EQMARKETK..
        sum(sec,K(sec))  =E= sum(insd, KS(insd)) + KSRW + 200
```

在弹出"BEGIN_STATIC.lst"页面的左边目录栏选择"Execution",在搜索框输入"****",搜索结果定位到EQMARKETK方程,显示方程左侧运算结果和右侧初始变量值不一致,如下图。

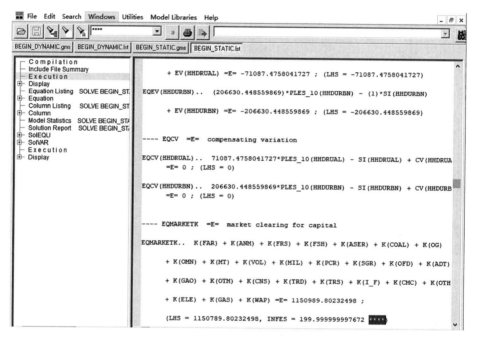

A7.3　价格齐次性检验

价格齐次性检验需要模型进行求解运算,需要通过"*"注销命令OPTION iterlim = 0,然后将价格基准乘以2,如下图。

```
* Fixing of the numeraire
        PL.FX          = PLZ;

*#######################
* Homogeneity test
        PL.FX          = 2*PLZ ;

*#######################

* Policy Simulation

*        KS.FX(insd)    = (1+0.2)*KSZ(insd) ;


*5-7    Model solution --------------------------------------
*OPTION iterlim = 0;
BEGIN_STATIC.holdfixed = 1;
BEGIN_STATIC.TOLINFREP = 0.0001;
```

再运行模型，将弹出模型运算页面"No active process"（表示此时运算已结束，在运算时则会显示"1 active process"），页面末尾会显示"** Optimal solution. There are no superbasic variables."，表示模型运算取得最优解。需要说明的是，能否得到这个显示结果是检验模型运算是否取得了最优解，因此也是后续进行实证模型扩展之后是否可用的标准之一，如下图。

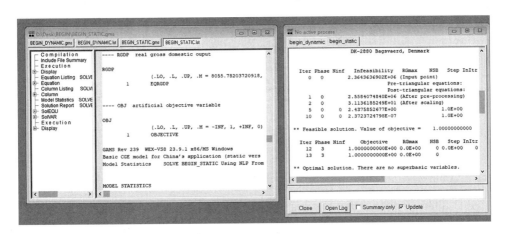

在弹出"BEGIN_STATIC.lst"页面的左边目录栏选择"SolVAR"，即显示变量求解之后的模拟值。任意选择一个价格变量，如选取变量PK，可以看到各部门的P_K值（LEVEL列）都为"2"，如下图。

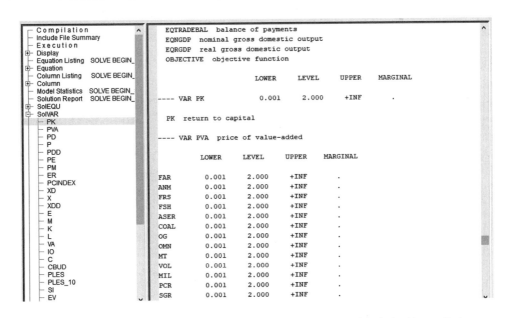

再任意选择一个非价格变量，如选取变量XD，可以看到各部门的XD值（LEVEL列）都没有发生变化，还是等于初始值，如下图。

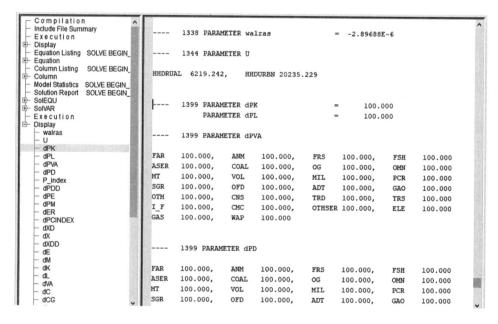

更直观的表现可以在左边目录栏选择最后一行"Display",这是通过比较分析呈现变量的变化程度。例如,选取dPK,可以看到页面中呈现的dPK、dPL、dPVA等价格变量的变化值都等于100,表示当价格基准从1变为2,即增加100%时,所有价格变量值都增加100%,变化程度一致,如下图。

选取dXD,可以看到页面中呈现的dXD和dX等非价格变量的变化值都非常小,近乎等于0。如此,表示价格齐次性检验通过,如下图。

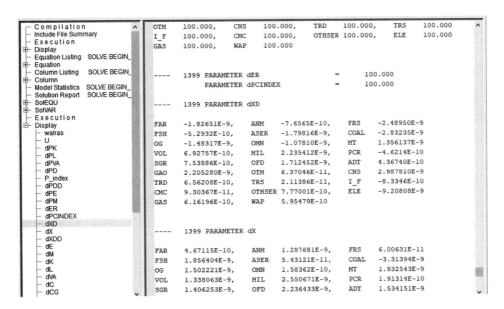

反之，如果模型中的价格变量设置有问题，比如某个方程遗漏或增加了一个价格变量，则齐次性检验不通过。例如，假如EQINCOME方程中漏写了变量P_K，即原式中是"PK*KS(insdng)＋ ... "，但由于疏忽写成了"KS(insdng)＋ ... "，如下图。

```
EQINCOME(insdng)..
        Y(insdng)
            =E=     PK*KS(insdng) + PL*LS(insdng)
                    + ER*NFD(insdng)
                    + PCINDEX* (TRI(insdng,"GOV")
                        + TRI(insdng,"ENT") )


EQINCOME(insdng)..
        Y(insdng)
            =E=     KS(insdng) + PL*LS(insdng)
                    + ER*NFD(insdng)
                    + PCINDEX* (TRI(insdng,"GOV")
                        + TRI(insdng,"ENT") )
```

运行模型之后可以发现，结构完整性检验和数据一致性检验都可以通过（在此省略图例），模型运算页面"No active process"也显示得到"** Optimal solution. There are no superbasic variables."，如下图。

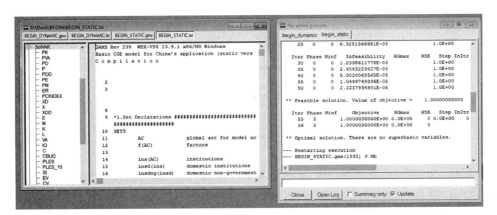

然而,齐次性检验没有通过。例如,选取dPK,可以看到页面中除了作为价格基准的P_L变化值为100,其他的dPK、dPVA、dPD等价格变量的变化值都不等于100,如下图。

| BEGIN_DYNAMIC.gms | BEGIN_DYNAMIC.lst | BEGIN_STATIC.gms | BEGIN_STATIC.lst |

```
Display
  walras        ----    1338 PARAMETER walras          =   -137294.257
  U
  dPK           ----    1344 PARAMETER U
  dPL
  dPVA          HHDRUAL  7233.174,    HHDURBN 27802.147
  dPD
  dPDD
  P_index       ----    1399 PARAMETER dPK             =        41.328
  dPE                   PARAMETER dPL             =       100.000
  dPM
  dER           ----    1399 PARAMETER dPVA
  dPCINDEX
  dXD           FAR    96.524,   ANM    95.843,   FRS    96.794,   FSH    96.495
  dX            ASER   96.728,   COAL   69.507,   OG     54.064,   OMN    64.760
  dXDD          MT     75.102,   VOL    70.826,   MIL    60.259,   PCR    70.434
  dE            SGR    66.083,   OFD    67.471,   ADT    68.577,   GAO    66.371
  dM            OTM    65.052,   CNS    73.266,   TRD    57.454,   TRS    58.117
  dK            I_F    59.734,   CMC    50.750,   OTHSER 72.209,   ELE    52.872
  dL            GAS    61.710,   WAP    65.218
  dVA
  dC
  dCG           ----    1399 PARAMETER dPD
  dI
  dIO           FAR    88.016,   ANM    83.703,   FRS    89.167,   FSH    86.778
  dY            ASER   84.081,   COAL   70.691,   OG     61.135,   OMN    69.163
  dS            MT     74.113,   VOL    73.421,   MIL    70.888,   PCR    73.450
  dSP           SGR    72.254,   OFD    72.298,   ADT    70.886,   GAO    70.393
  dSG
  dSF
  dTAXR
  dNGDP
  dRGDP
  U_index
  EV
  CV
```

同时,选取dXD,可以看到页面中呈现的dXD和dX等非价格变量在各部门都出现了不同程度的变化值。如此,表示价格齐次性检验不通过,如下图。

| BEGIN_DYNAMIC.gms | BEGIN_DYNAMIC.lst | BEGIN_STATIC.gms | BEGIN_STATIC.lst |

```
Display
  walras        OTM    72.485,   CNS    72.485,   TRD    72.485,   TRS    72.485
  U             I_F    72.485,   CMC    72.485,   OTHSER 72.485,   ELE    72.485
  dPK           GAS    72.485,   WAP    72.485
  dPL
  dPVA
  dPD           ----    1399 PARAMETER dER             =        72.485
  P_index               PARAMETER dPCINDEX        =        72.101
  dPDD
  dPE
  dPM           ----    1399 PARAMETER dXD
  dER
  dPCINDEX
  dXD           FAR    -8.780,   ANM    -7.392,   FRS   -16.916,   FSH    -1.134
  dX            ASER  -15.862,   COAL   -5.414,   OG      0.528,   OMN    -8.972
  dXDD          MT      2.415,   VOL     1.546,   MIL     8.831,   PCR    -2.660
  dE            SGR     4.061,   OFD     6.350,   ADT     2.065,   GAO    -5.665
  dM            OTM    -9.924,   CNS   -23.449,   TRD     2.826,   TRS    -4.178
  dK            I_F     2.105,   CMC     5.321,   OTHSER -7.577,   ELE    -1.730
  dL            GAS    -1.480,   WAP    -1.928
  dVA
  dC
  dCG           ----    1399 PARAMETER dX
  dI
  dIO           FAR    -1.904,   ANM    -2.564,   FRS    -9.637,   FSH     5.462
  dY            ASER  -11.356,   COAL   -6.224,   OG     -5.903,   OMN   -10.628
  dS            MT      3.232,   VOL     2.022,   MIL     7.997,   PCR    -2.217
  dSP           SGR     3.942,   OFD     6.246,   ADT     1.285,   GAO    -6.639
  dSG           OTM   -11.101,   CNS   -23.598,   TRD    -1.485,   TRS    -7.840
  dSF           I_F    -2.191,   CMC    -1.843,   OTHSER -7.812,   ELE    -4.578
  dTAXR         GAS    -1.480,   WAP    -1.928
  dNGDP
  dRGDP
  U_index
  EV
  CV
```

同样,BEGIN动态模型也需要进行可用性检验,是在其静态模块依次进行结构完整性检验、数据一致性检验和价格齐次性检验。检验过程和标准与静态模型一致。具体做法是在动态模块的注释行"＝＝＝Recursive dynamic＝＝＝"之前激活命令$exit，即删除该命令之前的"*"，表示模型仅运行到这一行为止，然后依次开始三项检验，如下图。

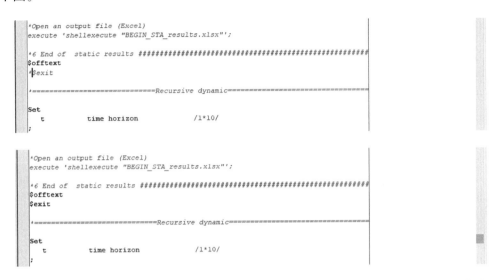

当结构完整性检验、数据一致性检验和价格齐次性检验等三项检验在静态模块运行完全通过之后，在命令$exit前再添加"*"将其注销，然后再继续后面的动态模块运行或扩展。

图书在版编目（CIP）数据

中国能源安全与碳减排的政策协同分析 / 钟帅，沈镭著 . —武汉：湖北科学技术出版社，2024.5

ISBN 978-7-5706-2941-1

Ⅰ . ①中… Ⅱ . ①钟… ②沈… Ⅲ . ①能源政策－研究－中国 ②二氧化碳－排气－环境政策－研究－中国 Ⅳ . ① F426.2 ② X511

中国国家版本馆 CIP 数据核字（2023）第 197084 号

责任编辑：刘　芳　　　　　　　　　　　　　封面设计：喻　杨

出版发行：湖北科学技术出版社
地　　　址：武汉市雄楚大街 268 号（湖北出版文化城 B 座 13—14 层）
电　　　话：027-87679468　　　　　　　　　　　　邮　　编：430070

印　　　刷：湖北新华印务有限公司　　　　　　　　邮　　编：430035

787×1092　　　1/16　　　　　　　　　16 印张　　　　380 千字
2024 年 5 月第 1 版　　　　　　　　　　2024 年 5 月第 1 次印刷
定　　价：78.00 元